电气安全必备知识 365 问

陆荣华◎编著

中国电力出版社
CHINA ELECTRIC POWER PRESS

内 容 提 要

本书从人身安全和设备安全两个方面，总结了电气工作和日常生活中常见的365个电气安全技术问题，包括电气设备、电气工具、电气工程等，从原理、运行维护、安装维修、正确使用及各种安全注意事项等方面，做了较全面、详细的分析和叙述，以帮助广大从事电气工作的人员在工作以及人们在日常生活中，安全地接触电气设备和安全用电。

本书内容通俗易懂、结合实际，适用于广大电气工作者、安全生产管理工作者，以及经常接触电气设备的工程人员。

图书在版编目（CIP）数据

电气安全必备知识365问／陆荣华编著. —北京：中国电力出版社，2021.7（2024.1重印）

ISBN 978-7-5198-5536-9

Ⅰ.①电…　Ⅱ.①陆…　Ⅲ.①电气安全—问题解答　Ⅳ.① TM08-44

中国版本图书馆 CIP 数据核字（2021）第 060376 号

出版发行：中国电力出版社
地　　　址：北京市东城区北京站西街 19 号（邮政编码 100005）
网　　　址：http://www.cepp.sgcc.com.cn
责任编辑：杨　扬（010-63412524）
责任校对：黄　蓓　朱丽芳
装帧设计：王红柳
责任印制：杨晓东

印　　　刷：北京雁林吉兆印刷有限公司
版　　　次：2021 年 7 月第一版
印　　　次：2024 年 1 月北京第二次印刷
开　　　本：850 毫米 ×1168 毫米 32 开本
印　　　张：11.5
字　　　数：239 千字
定　　　价：49.00 元

前　言

　　电作为生产和生活的重要能源，应用在国民经济各个领域和人民生活之中，给人们带来了极大的方便。但如果没有掌握安全使用它的方法，例如，我们对电气专业技术和电气安全知识掌握不够，对安全规程、安全规范了解不够，在生产、生活中对电气设备使用不当，或者在电气操作时出现错误，就可能发生严重的人身触电伤亡、电气设备损坏等各种电气事故，甚至还可能造成大范围停电，给国民经济造成严重损失，给社会和家庭造成不幸。所以，对电气安全技术问题一定要非常重视。

　　电气安全包括人身安全和设备安全两个方面。电气安全技术就是保障这两方面安全的技术。安全技术与专业技术基础紧密相关，本书从人身安全和设备安全两方面对电气工作和日常生活中常见的电气安全技术问题，包括电气设备、电气工具、电气工程等，从原理、运行维护、安装维修、正确使用及各种安全注意事项等作了较全面、详细的分析和叙述，以帮助广大从事电气工作的人员在工作中，以及人们在日常生活中安全地接触电气设备、安全地工作和安全地用电。

　　本书内容主要包括人身触电及触电预防，电气火灾特点及电气火灾扑救和预防，生产和生活中常遇到的电气设备、电气工具、电气工程的正确使用和安全要求，以及常用的安全规程及安全生产制度等。

　　本书在编写过程中参阅了相关书刊、文献，在此对其原作者致以崇高的敬意和感谢。

　　由于电气安全技术涉及的学科及知识面很广，限于编著者水平，书中不当之处敬请广大读者批评指正。

陆荣华

目　录

第一章　人身触电事故预防

1. 电流通过人体有哪些危害？　电流对人体伤害如何分类？

电作为生产和生活的重要能源，在给人们带来方便的同时，也具有很大的危险性和破坏性。如果操作和使用不当，会危及人的生命、财产以及电力系统的安全，造成重大的损失。因此，具备足够的预防人身触电知识和触电救护知识，尤为重要。

（1）电流对人体的危害。电流通过人体肢体，其热效应、化学效应会造成人体电灼伤、电烙印和皮肤金属化；通过人体头部会使人昏迷，甚至醒不过来；通过人体脊髓会使人肢体瘫痪；通过中枢神经或有关部位会导致中枢神经系统失调；通过心脏会引起心室颤动，致使心脏停止跳动而死亡。因此，电流通过人体非常危险，尤其是通过心脏、中枢神经和呼吸系统危险性更大。

（2）电流对人体的伤害分类。电流对人体的伤害可分为电击和电伤两大类。

1）电击。电击就是通常所说的触电，绝大部分的触电死亡事故都是电击造成的。当人体在触及带电导体、漏电设备的金属外壳，或距离高压电太近，以及遭遇雷击等情况下，都可能导致电击。电击是电流对人体器官的伤害，例如通过破坏人体心脏、肺部、神经系统等造成人死亡。电击的伤害程度主要取决于电流的大小和触电持续时间的长短。电流通过人体的时间较长，可引起呼吸肌抽缩，造成缺氧而致使心脏停搏；较大的电流流过呼吸中枢，会使呼吸肌长时间麻痹或严重痉挛，造成缺氧而致使心脏停搏；低压触电，会引起心室纤维颤动或严重心律失常，使心脏停止有节律的泵血活动，导致大脑缺氧而死亡。

2）电伤。电伤是指电流通过人体，它的热效应、化学效应以及电刺击引起的生物效应对人体造成的伤害。电伤多见于肌肉外部，往往会在肌体上留下难以愈合的伤痕。常见的电伤有电弧烧伤（电灼伤）、电烙印和皮肤金属化等。

a. 电灼伤。电弧烧伤（电灼伤）是最常见，也是极严重的电伤。在低压系统中，带负荷（特别是感性负荷）拉合裸露的闸刀开关时，炽热的金属微粒飞溅出来可能造成人体灼伤；在高压系统中，由于误操作，如带负荷拉合隔离开关、带电挂接地线等，会产生强烈的电弧，将人严重灼伤。另外，人体与带电体间距小于放电距离时，会直接产生强烈的电弧对人放电，造成人电击死亡或大面积烧伤而死亡。强烈电弧还会使眼睛受伤。

b. 电烙印。电烙印也是电伤的一种，当通过电流的导体长时间接触人体时，电流的热效应和化学效应会使接触部位的人体肌肤发生变质，形成肿块，肿块呈灰黄色且有明显的边缘，如同烙印一般，故称之为电烙印。电烙印一般不发炎、不化脓、不出血，受伤皮肤会出现硬化，进而造成局部麻木甚至失去知觉。

c. 皮肤金属化。在电流电弧的作用下，一些熔化和蒸发的金属微粒会渗入人体皮肤表层，使皮肤变得粗糙而坚硬，导致皮肤金属化，危害人体健康。

2. 人身触电的严重程度与哪些因素有关？

电流通过人体，对人的危害程度与通过的电流强度、持续时间、电压高低、频率、通过人体的途径、人体电阻情况，以及人身体健康状况等有密切关系。

（1）不同电流强度对人身触电的影响。通过人体的电流越大，人的生理反应越明显，引起心室颤动所需的时间越短，致命的危险就越大。不同电流强度对人体的影响，如表 1-1 所示。

表 1-1　不同电流强度对人体的影响

电流强度（mA）	对人体的影响	
	交流电	直流电
0.6~1.5	开始感觉，手指麻刺	无感觉
2~3	手指强烈麻刺、颤抖	无感觉
5~7	手部痉挛	热感
8~10	手部感觉到痛，勉强可以摆脱电源	热感增多
20~25	手迅速麻痹，不能自立，呼吸困难	手部轻微痉挛
50~80	呼吸麻痹，心室开始颤动	手部痉挛，呼吸困难
90~100	呼吸麻痹，心室经 3s 及以上颤动即发生麻痹停止跳动	呼吸麻痹

（2）电流通过人体的持续时间对人身触电的影响。电流通过人体的时间越长，对人体组织破坏越厉害，后果越严重。人体心脏每收缩和扩张一次之间有一个时间间隙，在此间隙内触电，心脏对电流特别敏感，即使电流很小，也会引起心室颤动。所以，如果触电持续时间超过 1s，情况就相当危险。

为了能够迅速解救触电人员，GB 26860—2011《电力安全工作规程　发电厂和变电站电气部分》规定：在发生人身触电时，应立即断开有关设备的电源。

（3）作用于人体的电压对人身触电的影响。当人体电阻一定时，作用于人体的电压越高，流过人体的电流就越大，这样就越危险。而且，随着作用于人体电压的升高，人体电阻还会下降，导致流过人体的电流更大，对人体的伤害更严重。根据资料，随着电压而变化的人体电阻如表 1－2 所示。

表 1－2　随电压而变化的人体电阻

U（V）	12.5	31.3	62.5	125	220	250	380	500	1000
R（Ω）	16500	11000	6240	3530	2222	2000	1417	1130	640
I（mA）	0.8	2.84	10	35.2	99	125	268	1430	1560

（4）电源频率对人身触电的影响。人身触电碰到的电源频率越高或越低，对人身触电的危险性不一定就越大。对人体伤害最严重的是 50～60Hz 的工频交流电。各种频率人身触电的死亡率可参考表 1－3。

表 1－3　各种频率人身触电的死亡率

频率（Hz）	10	25	50	60	80	100	120	200	500	1000
死亡率（%）	21	70	95	91	43	34	31	22	14	11

（5）人体电阻对人身触电的影响。人身触电时，当接触的电压一定，流过人体的电流大小就取决于人体电阻的大小。人体电阻越小，流过人体的电流就越大，也就越危险。

人体电阻主要由两部分组成，即人体内部电阻和人体表面电阻。人体内部电阻与接触电压等外界条件无关，一般在 500Ω 左右；而人体表面电阻随皮肤表面的干湿程度、有无破伤、接触电压等的变化而变化。不同情况的人，皮肤表面的电阻差异很大，因而使人体电阻的差异也很大。但一般情况人体电阻可按 1000～2000Ω 考虑。不同皮肤状态下的人体电阻可参考表 1－4。

表 1-4　不同皮肤状态下的人体电阻

接触电压（V）	人体电阻（Ω）			
	皮肤干燥①	皮肤潮湿②	皮肤湿润③	皮肤浸在水中④
10	7000	3500	1200	600
25	5000	2500	1000	500
50	4000	2000	875	440
100	3000	1500	770	375
250	1500	1000	650	325

① 干燥场所的皮肤，电流途径为单手至双脚。
② 潮湿场所的皮肤，电流途径为单手至双脚。
③ 有水蒸气、特别潮湿场所的皮肤，电流途径为双手至双脚。
④ 游泳池或浴池中的情况，基本为体内电阻。

（6）电流通过人体的不同途径对人身触电的影响。电流总是从电阻最小的途径通过，所以触电情况不同，电流通过人体的主要途径也不同。电流途径与通过人体心脏电流的百分数如表 1-5 所示。很明显，电流从左手到脚是最危险的途径。从右手到脚的途径，危险性相对要小些，但很容易引起剧烈痉挛而摔倒，导致电流通过全身或摔伤，造成严重危害。

表 1-5　电流途径与通过人体心脏的百分数

电流的途径	左手至双脚	右手至双脚	右手至左手	左脚至右脚
通过心脏电流的百分数（%）	6.7	3.7	3.3	0.4

（7）人体健康状况对人身触电的影响。人身体健康，精神饱满，思想就集中，工作时就不容易发生触电事故，万一触电，其摆脱电流也相对较大。反之，若人身体不好或醉酒，则精力就不易集中，容易发生触电事故；而且触电后，由于体力差，摆脱电

流也相对较小，加上自身抵抗力差，容易诱发疾病，后果更为严重。因此，人的身心健康也是影响触电的重要因素。

3. 什么是感觉电流、摆脱电流、致命电流？

不同电流强度对人身触电的影响是不同的，通过人体的电流越大，人的生理反应越明显，引起心室颤动所需的时间越短，致命的危险就越大。按照不同的电流强度通过人体时的生理反应，可将电流分成感觉电流、摆脱电流、致命电流三类。

（1）感觉电流。人体能感觉到的最小电流称为感觉电流。一般女性对电流较敏感，其感觉电流比男性小。

（2）摆脱电流。触电后人能自主摆脱电源的最大电流称为摆脱电流。一般来说，男性比女性的摆脱电流要大。

（3）致命电流。在较短时间内，危及人生命的最小电流称为致命电流。一般情况下，通过人体的工频电流超过 30 ~ 50mA 时，人的心脏就可能停止跳动，会发生昏迷或者出现致命的电灼伤。

4. 人身触电有哪几种类型？

人身触电形式一般有直接接触触电、跨步电压触电、接触电压触电等几种类型。其中，跨步电压触电、接触电压触电又称间接接触触电。

5. 什么是直接接触触电？

人体直接碰到带电导体造成触电或与高压电距离太近（小于安全距离）从而造成对人体放电，这种类型的触电，称之为直接接触触电。如果人体直接碰到电气设备或电力线路中一相带电导体，或者与高电压系统中一相带电导体的距离小于该电压的放电距离而造成对人体放电，此时电流将通过人体流入大地，这种触电称为单相触电，如图 1-1 所示。如果人体同时接触电气设备或电力线路中两相带电导体，或者在高电压系统中人体同时过分靠近两相带电导体而发生电弧放电，则电流将从一相导体通过人体流入另一相导体，这种触电现象称为两相触电，如图 1-2 所示。显然，发生两相触电的危害更加严重，因为此时作用于人体的电压是线电压。例如，380/220V 低压配电系统发生单相触电时加在人体的电压是 220V；发生两相触电时加在人体的电压是 380V，对人体的危害更严重。

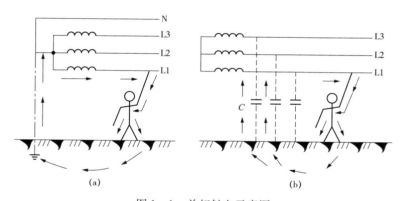

图 1-1 单相触电示意图

（a）中性点直接接地系统；（b）中性点不接地系统

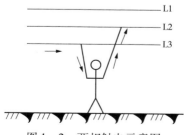

图 1-2 两相触电示意图

6. 什么是跨步电压？ 什么是跨步电压触电？

当电气设备或线路发生接地故障时，接地电流从接地点向大地四周流散，此时在地面上形成分布电位。在接地点 20m 以外，大地电位可认为是零。离接地点越近，大地电位越高。假如人在接地点周围（20m 以内）行走，其两脚之间就有电位差，这就是跨步电压。由跨步电压引起的人身触电，称为跨步电压触电，如图 1 - 3 所示。

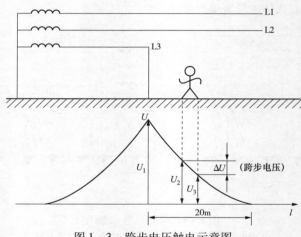

图 1 - 3   跨步电压触电示意图

GB 26860—2011《电力安全工作规程   发电厂和变电站电气部分》中规定：高压设备发生接地故障时，室内人员进入接地点 4m 以内，室外人员进入接地点 8m 以内，均应穿绝缘靴。接触设备的外壳和构架时，还应戴绝缘手套。此规程又规定：雷雨天气巡视室外高压设备时，应穿绝缘靴，不应使用伞具，不应靠近避雷器和避雷针。这些规定，都是为了防止跨步电压触电和接触电压触电，以及防止雷电通过伞具对人体放电，以保护人身安全。

7. 什么是接触电压？ 什么是接触电压触电？

电气设备的金属外壳本不应该带电，但由于设备使用时间太长，内部绝缘老化，造成绝缘击穿，导致带电部分碰到金属外壳；或由于安装不良，造成设备的带电部分碰到金属外壳；或其他原因也可能造成电气设备金属外壳带电。人若碰到带电外壳，会发生触电事故，这种触电称为接触电压触电。接触电压是指人站在带电外壳旁（水平方向 0.8m 处），人手触及带电外壳时，其手、脚之间承受的电位差。由接触电压引起的人身触电，称为接触电压触电。

8. 离接地点越近，跨步电压越大还是越小？ 离接地点 20m 以外，跨步电压多大？

离接地点越近，跨步电压越大；离接地点越远，跨步电压越小。离接地点 20m 以外，跨步电压为零。因为当电气设备或线路发生接地故障时，接地电流从接地点向大地四周流散，此时在地面上形成分布电位。离接地点越近，大地电位越高；离接地点越远，大地电位越低；离接地点 20m 以外，大地电位可以认为等于零。

9. 离接地点越近，接触电压越大还是越小？ 离接地点 20m 以外，接触电压多大？

离接地点越近，接触电压越小；离接地点越远，接触电压越大；离接地点 20m 以外，接触电压为最大。接触电压是人手碰到设备带电外壳时，加在手和脚之间的电位差。离接地点越近，地上电位越高，手碰到设备带电外壳时，手和脚之间电位差越小，接触电压越小。离接地点越远，地上电位越低，手碰到设备带电外壳时，手和脚之间电位差越大，接触电压越大。离接地点 20m 以外，大地电位等于零，手碰到设备带电外壳时，手和脚之间电位差最大，接触电压最大。

10. 防止人身触电要掌握哪些原则？ 防止人身触电的技术措施有哪些？

防止人身触电，要时刻谨记"安全第一"，在工作中做到一丝不苟。要努力学习专业业务，掌握操作技能，掌握电气专业知识和电气安全知识。另外，必须严格遵守规程规范和各种规章制度。设计、设备制造、设备安装验收、设备运行维护管理以及检修，都必须严格按照规程规范执行，要保证质量，每个环节都不能马虎。

除上述这些要求外，为确保安全，还要有防止人身触电的一些技术措施。防止人身触电的技术措施有设置绝缘、屏护、安全距离、安全标志、保护接地、保护接零，以及采用安全电压、装设剩余电流动作保护器等。

11. 电气接地一般分为几类？ 什么是工作接地？

电气接地一般可分为两类：工作接地和保护接地。

工作接地是指为了保证电气设备在系统正常运行和发生事故情况下能正常工作而进行的接地。例如，380/220V 低压配电系统中的配电变压器中性点接地就是工作接地，在这种配电系统中，假如配电变压器中性点不接地，那么当配电系统中有一相导线断线时，其他两相导线电压就会升高 $\sqrt{3}$ 倍，即 220V 升高为 380V，这样就会损坏用电设备；还有像避雷针、避雷器的接地也是工作接地，假如避雷针、避雷器不接地或接地不好，雷电流就不能向大地通畅泄放，这样避雷针、避雷器就不能起防雷保护作用。所以工作接地是指为了保证电气设备安全可靠工作，必须接地。

12. 什么是保护接地？ 保护接地电阻如何规定？

将电气设备的外露可导电部分（如电气设备金属外壳、配电装置的金属构架等）通过接地装置与大地相连称为保护接地，如图1-4（b）所示。保护接地的接地电阻不能大于4Ω。

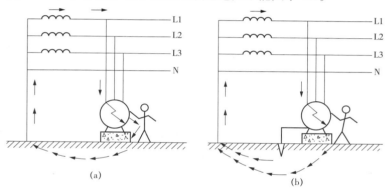

图1-4 中性点直接接地系统保护接地原理图
（a）未装保护接地；（b）装设保护接地

13. 保护接地的工作原理及实施保护接地的注意事项有哪些？

图1-4（a）中没采取保护接地，电气设备发生漏电或碰壳时，人碰到带电外壳，漏电（或碰壳）电流将全部通过人体，将会发生严重触电事故。

图1-4（b）中采用保护接地，假如电气设备发生带电部分碰壳或漏电，当人体触及带电外壳时，由于人体电阻与接地装置的接地电阻并联，人的电阻有1000～2000Ω，而保护接地电阻小

于 4Ω，人体电阻较保护接地的接地电阻大得很多，因此，大部分电流通过保护接地装置流走，仅一小部分电流流过人体，大大减小了人身触电危险。

保护接地的接地电阻越小，流过人体的电流就越小，这样危险性就越小；反之，假如保护接地的接地电阻不符合要求，电阻越大，流过人体的电流就越大，不能起到安全保护的作用。所以，在实施保护接地时，接地电阻必须符合要求，而且越小越好。

14. 什么是接地装置？ 什么是接地体？ 什么是接地线？

接地装置是接地体和接地线的总称。接地体是埋在地下与土壤直接接触的金属导体；接地线是连接电气设备接地部分与接地体的导体。

接地体有自然接地体和人工接地体两种类型。自然接地体是指利用埋在地下的金属导体，如建筑物钢筋等作为接地体；人工接地体是指人工埋入地下的金属导体。人工接地体一般用镀锌角钢，接地线一般用镀锌扁钢。

15. 人工接地体安装有何规定？ 接地体与接地线如何连接？

人工接地体安装有如下规定：人工接地体一般用 L50×5mm 的镀锌角钢，长度 2.5m。垂直敷设时，打入地下的有效深度不小于 2.0m，接地体不少于两根，接地体之间间距不小于 2 倍埋深。水平敷设时，埋入地下深度不小于 0.6m。

接地体与接地线连接采用焊接。

16. 什么是接地电阻？ 接地电阻如何测量？

电气接地一般分为工作接地和保护接地。无论哪种接地，接地必须良好，必须符合要求，接地电阻必须达到规定要求，否则就起不了接地的作用。

接地电阻是指接地体电阻、接地线电阻和土壤流散电阻三部分之和，其中主要是土壤流散电阻。假如通过接地体流入地中的电流是工频交流电，那么测出的是工频接地电阻；假如通过接地体流入地中的电流是冲击电流，那么测出的是冲击接地电阻。

测量接地电阻的方法很多，用得最普遍的是接地电阻测量仪、接地绝缘电阻表。测量前必须仔细阅读测量仪表使用说明书，严格按说明书上的规定进行测量。

17. 减小接地电阻有哪些措施？

接地电阻中流散电阻大小与土壤电阻有直接关系。土壤电阻率越小，流散电阻也就越小，接地电阻就越小。所以，遇到电阻率较高的土壤，如砂质、岩石以及长期冰冻的土壤，装设人工接地体时，往往要采取措施来达到设计要求的接地电阻值，常用的方法如下。

（1）对土壤进行混合或浸渍处理：在接地体周围土壤中适当混入一些木炭粉、炭黑等以提高土壤的导电率；或用降阻剂浸渍接地体周围的土壤，对降低接地电阻也有明显效果。浇灌盐水虽能降低接地电阻值，但对接地体有较强的腐蚀作用。

（2）改换接地体周围部分土壤：将接地体周围换成电阻率较低的土壤，如黏土、木炭粉土等。

（3）增加接地体埋设深度：当碰到地表面岩石或高电阻率土壤不太厚，而下部就是低电阻率土壤时，可将接地体采用钻孔深埋或开挖深埋至低电阻率的土壤中。

（4）外引式接地：当接地处土壤电阻率很大而在距接地处不

太远的地方有导电良好的土壤或有不冰冻的河流、湖泊时，可将接地体引至该低电阻率地带，然后按规定做好接地（防雷接地不用此法，防雷接地要直接接地，接地线要短而直）。

18. 电气设备的哪些金属部分应进行保护接地或保护接零？

凡是在正常情况下不带电，而当绝缘损坏产生漏电、相线碰壳或其他故障时，有可能带电的电气设备的金属部分及其附件都应实施保护接地或保护接零。举例如下：

（1）电机、变压器、断路器等电气设备的金属外壳。

（2）配电屏（盘）和控制屏（台）的框架，变、配电所的金属构架及靠近带电部分的金属遮栏和金属门，钢筋混凝土构架中的钢筋。

（3）导线、电缆的金属保护管和金属外皮，接线盒和终端盒的金属外壳，母线架、保护罩和保护网等。

（4）照明装置、电扇及电热设备等家用电器金属外壳和底座，起重机的轨道等。

（5）架空地线和架空线路的金属杆塔，以及装在杆塔上的开关、电容器等电气设备的金属外壳和支架。

（6）电流互感器和电压互感器的二次绕组。

（7）超过安全电压而未采用隔离变压器的手持电动工具或移动式电气设备的金属外壳等。

（8）电气设备的传动装置。

（9）避雷器、保护间隙、避雷针和耦合电容器的底座等。

19. 什么是保护接零？ 保护接零的工作原理是什么？

保护接零是指低压配电系统中将电气设备外露可导电部分

（如电气设备的金属外壳）与供电变压器的中性线（三相四线制供电系统中的零干线）直接相连，如图 1-5 所示。

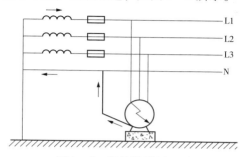

图 1-5 保护接零原理图

实施保护接零后，假如电气设备发生漏电或带电部分碰到外壳（碰壳），就会构成单相短路，短路电流很大，使碰壳相电源自动切断（熔断器熔丝熔断或自动空气开关跳闸），此时人碰到设备外壳时，就不会发生触电。图 1-5 中，电动机 L1 相（A相）碰壳，此时 L1 相熔断器熔丝立即熔断，电动机外壳不再带电，人碰到外壳时，就不会发生触电事故。这就是保护接零保护人身安全的基本原理。

20. 实施保护接零的注意事项有哪些？

实施保护接零时，必须注意中性线（零线）不能断线。否则，在接零设备发生带电部分碰壳或漏电时，就不能构成单相短路，电源就不会自动切断。这样会产生两个后果：一是使接零设备失去安全保护，因为此时相当于没有实施保护接零；二是会使后面的其他完好的接零设备外壳、保安插座的保安触头带电，引起大范围电气设备和移动电器（如家用电器）外壳带电，造成可怕的触电危险。为了防止变压器中性线（零线）断线造成的后果，常采用两项措施：一是在三相四线制的供电系统中，规定在零干线上不准装熔断器和闸刀等开关设备，因为可能会出现熔丝熔断、熔丝拔掉、闸刀等开关设备误拉开等现象，从而造成中性线（零线）断开；二是实施中性线（零线）重复接地。

21. 变压器中性线（零线）的作用是什么？ 为什么变压器中性线（零线）不能断线？

在三相负载不对称的三相四线制供电系统中，中性线（零线）的作用是维持三相负载电压对称。也就是说，只要中性线（零线）不断，尽管三相负载不对称，但加在三相负载上的电压是对称的。如果中性线（零线）断线，那么会因负载不对称造成三相电压不对称，使有的相电压很高，有的相电压很低。电压很高的相可能会损坏设备，电压很低的相可能会影响设备用电。所以，变压器中性线（零线）不能断线。

22. 什么是重复接地？ 为什么要重复接地？ 重复接地电阻如何规定？

所谓重复接地，是指将变压器中性线（三相四线制供电系统中的零干线）多点接地，目的是防止变压器中性线（零线）断线产生严重后果。重复接地的接地电阻要求小于 10Ω。采用重复接地后，如果变压器中性线（零线）断线，接零设备发生漏电或带电部分碰壳时仍有安全保护，而且不会发生其他完好接零设备外壳带危险触电电压的情况，即中性线（零线）断线时，接零设备发生漏电或带电部分碰壳，重复接地后可减小接零设备外壳对地电压，对保护人身安全有很重要的作用。重复接地见图 1 - 6所示。

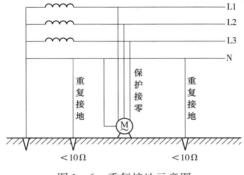

图 1 - 6　重复接地示意图

23. 实施保护接地和保护接零时应注意什么？ 为什么？

实施保护接地和保护接零时必须注意在同一配电变压器供电的公共低压电网内，不准有的设备实施保护接地，而有的设备实施保护接零。假如有的设备采用保护接地，有的设备采用保护接零，那么当保护接地的设备发生带电部分碰壳或漏电时，会使变压器中性线（三相四线制系统中的零干线）电位升高，造成所有采用保护接零的设备外壳带电，构成触电危险，如图 1 - 7 所示。

在图 1 - 7 中，电动机 M1 和 M2 接在同一供电网络中，M1 保护接零，M2 保护接地，这样会产生严重后果。当采用保护接地的电动机 M2 发生带电部分碰壳或漏电时，变压器中性线（零线）电位会升高，造成电动机 M1 等其他完好接零设备外壳带电，引发触电危险。

24. 什么是 IT 系统、TT 系统、TN 系统？

国际电工委员会（IEC）第 64 次技术委员会将低压电网的配电制及保护方式分为 IT、TT、TN 三类。

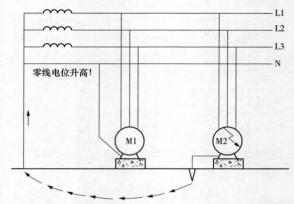

图 1-7　同一供电系统同时采用接地、接零时危险性示意图

（1）IT 系统。IT 系统是指电源中性点不接地或经足够大阻抗（约 1000Ω）接地，电气设备的外露可导电部分（如电气设备的金属外壳）经各自的保护线 PE 分别直接接地的三相三线制低压配电系统。

（2）TT 系统。TT 系统是指电源中性点直接接地，而设备的外露可导电部分经各自的 PE 线分别直接接地的三相四线制低压配电系统。

（3）TN 系统。电源系统有一点（通常是中性点）接地，而设备的外露可导电部分（如金属外壳）通过保护线连接到此接地点的低压配电系统，称为 TN 系统。依据中性线（零线）N 和保护线 PE 的不同组合情况，TN 系统又分为 TN-C、TN-S、TN-C-S 三种形式。

1）TN-C 系统。整个系统内中性线（零线）N 和保护线 PE 是合用的，且标为 PEN，如图 1-8 所示。

2）TN-S 系统。整个系统内中性线（零线）N 与保护线 PE 是分开的，如图 1-9 所示。

3) TN – C – S 系统。整个系统内中性线（零线）N 与保护线 PE 是部分合用的。即前边为 TN – C 系统（N 线和 PE 线是合用的），后边是 TN – S 系统（N 线与 PE 线是分开的，分开后不允许再合并）如图 1 – 10 所示。

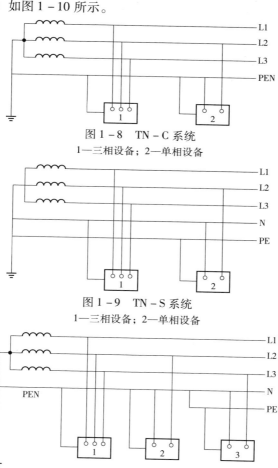

图 1 - 8　TN - C 系统

1—三相设备；2—单相设备

图 1 - 9　TN - S 系统

1—三相设备；2—单相设备

图 1 - 10　TN - C - S 系统

1—三相设备；2、3—单相设备

25. TN－S 系统有什么优点？ 它与 TN－C 系统有什么区别？

中性线（零线）断线有两个严重后果：①假如三相负载不对称，会造成三相电压不对称，使有的相电压很高，有的相电压很低，电压很高的相可能损坏设备，电压很低的相可能影响设备正常用电；②实施保护接零的系统，假如没有做重复接地或重复接地没有做好，那么只要有一个接零设备发生漏电或相线碰壳，就会使所有接零设备外壳带电，构成严重触电危险。

TN－S 系统有两根中性线（零线），设备工作接零和保护接零分别接在两根中性线（零线）上，所以中性线（零线）断线只会发生一个严重后果，不会两个严重后果同时发生；而 TN－C 系统只有一根中性线（零线），设备工作接零和保护接零都接在同一根中性线（零线）上，所以中性线（零线）断线两个严重后果会同时发生。这就是 TN－S 系统的优点及与 TN－C 系统的主要区别。当然，TN－C 系统只有一根中性线（零线），价格较便宜；而 TN－S 系统有两根中性线（零线），价格较贵。

26. 什么是安全电压？ 我国安全电压如何规定？

为防止触电事故，保障人身安全而制定的电压系列称安全电压。安全电压是低压，但低压不一定是安全电压。GB 26860—2011《电力安全工作规程 发电厂和变电站电气部分》规定，低电压指用于配电的交流系统中 1000V 及其以下的电压等级。高电压指：①通常指超过低压的电压等级；②特定情况下，指电力系统中输电的电压等级。人接触到工频 1000V 及以下的电压等级电压时，会发生触电伤亡事故，所以低压不等于安全电压。

我国国家标准 GB/T 3805—2008《特低电压（ELV）限值》

规定的安全电压值为 42、36、24、12、6V，应根据作业场所、操作员条件、使用方式、供电方式、线路状况等因素选用。通常安全电压是指 36V 及以下的电压（36、24、12V）。例如，机床的局部照明应采用 36V 及以下安全电压；行灯的电压不应超过 36V；在特别潮湿场所或工作地点狭窄、行动不方便场所（如金属容器内）应采用 12V 安全电压；还有一些移动电器设备等都应采用安全电压，以保护人身用电安全。

27. 什么是剩余电流保护器？ 剩余电流保护器的作用是什么？

剩余电流动作保护装置是指电路中带电导体对地故障所产生的剩余电流超过规定值时，能够自动切断电源或报警的保护装置。它包括各类剩余电流动作保护功能的断路器、移动式剩余电流动作保护装置和剩余电流动作电气火灾监控系统、剩余电流继电器及其组合电器等。

在低压配电系统中，广泛采用额定动作电流不超过 30mA、无延时动作的剩余电流动作保护器，作为直接接触触电保护的补充防护措施（附加防护）。

三相电路中没发生人身触电事故、设备漏电或接地故障时通过剩余电流动作保护装置零序电流互感器的电流矢量和为零，即没有剩余电流值。当发生人身触电事故、设备漏电或接地故障时，流过剩余电流动作保护装置零序电流互感器的电流矢量和不再为零，此时就有剩余电流。当剩余电流超过规定值时，剩余电流动作保护装置就会动作。

28. 装设剩余电流保护器有哪些注意事项？

安装和使用剩余电流保护器，除了正确选用外，还必须注意以下问题：

（1）装在中性点直接接地电网中的保护器后面的电网中性线（零线）不准再重复接地，电气设备只准保护接地，不准保护接零，以免引起保护器误动作。

（2）被保护支路应有各自的专用中性线（零线），以免引起保护器误动作。

（3）用电设备的接线应正确无误，以保证保护器能正确工作。

（4）安装保护器的设备和没有安装保护器的设备不能共用一套接地装置，如图 1-11 所示。图中电动机 M1 与 M2 共用一套接地装置，当未装保护器的 M1 电动机发生漏电或带电部分碰壳时，电动机 M1 外壳上的对地电压必然反映到电动机 M2 的外壳上，当人触及带电的电动机 M2 的外壳时，就会发生触电事故，因为此时触电电流并不经过保护器，因而保护器不会动作，不能起到安全保护的作用。

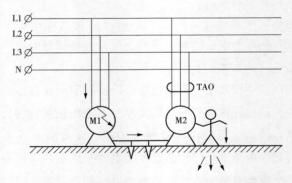

图 1-11　M1、M2 共用一套接地装置的危险

装设了保护器的系统，如果发生严重漏电、单相接地短路或有人触电时，保护器应正确动作，若不动作或系统正常时动作，则说明保护器本身有缺陷，如控制失灵、损坏或与系统配合不当

等，此时应及时对保护器进行检查，找出问题，予以处理。对已损坏的保护器应予以更换。

（5）装设剩余电流保护器作附加防护需要说明的是：正常工作条件下的直接接触触电防护，主要依靠基本防护措施（绝缘、屏护、安全电压、安全接地等），剩余电流保护器只是在基本防护失效后发挥补充防护的作用。它能在规定条件下，当电流值达到或超过给定的动作电流值时有效地自动切断电源，起到人身触电的防护作用。所以，装设剩余电流保护器虽然是一种很有效的触电防护措施，但不能作为单独的直接接触触电的防护手段，它必须和基本防护措施一起做好，只有这样才能有效地防止触电伤亡事故发生。

GB 13955—2017《剩余电流动作保护装置安装和运行》中规定，在直接接触电击防护中必须安装剩余电流保护装置。

29. 如何选择剩余电流保护器的额定剩余动作电流值？

选择剩余电流保护器的额定剩余动作电流值时，应充分考虑到被保护线路和设备可能发生的正常泄漏电流值，选用的剩余电流保护器的额定剩余动作电流值不应小于电气线路和设备正常最大泄漏电流值的 2 倍。

30. 发生触电事故时应采取哪些救护措施？

发生触电事故时，应在保证救护者本身安全的同时，先设法使触电者迅速脱离电源，然后进行以下抢救工作：

（1）解开妨碍触电者呼吸的紧身衣服。

（2）检查触电者的口腔，清除口腔中的黏液，取下假牙（如果有的话）。

（3）立即就地进行急救。

触电者未脱离电源前，救护人员不准直接用手触及伤员，因为有触电危险。触电急救必须分秒必争，立即就地用心肺复苏法进行抢救，并坚持不断地进行。同时，及早与医疗部门联系，争取医务人员接替救治。在医务人员未接替救治前，不应放弃现场抢救，更不能只根据没有呼吸或脉搏擅自判定伤员死亡，放弃抢救。只有医生有权做出伤员死亡诊断。

31. 发生触电事故时，能否不经许可立即切断电源？

GB 26860—2011《电力安全工作规程　发电厂和变电站电气部分》规定，发生人身触电时，应立即断开有关设备的电源，解救触电人员。

《国家电网公司电力安全工作规程》规定，在发生人身触电事故时，为了抢救触电人，可以不经许可，即行断开有关设备的电源，但事后应立即报告调度和上级部门。

32. 如何使触电者迅速脱离电源？

首先要使触电者迅速脱离电源，因为电流通过人体的时间越长，对生命的威胁越大。可根据情况选择采用以下几种方法，使触电者解脱电源。

（1）脱离低压电源。如果触电者是触及低压带电设备，则救护人员应迅速设法切断电源，方法如下：

1）拉开电源开关或刀开关，拔除电源插头。

2）使用绝缘工具、干燥木棒、木板、绳索等不导电物体，设法使触电者与电源脱离。救护者也可用抓住触电者干燥而不贴身的衣服（不能碰到金属物体和触电者的裸露身躯），将触电者拖离电源。

3）戴绝缘手套或用干燥衣物将手包起来绝缘，解救触电者。

4）站在绝缘垫或干木板上绝缘自己，然后进行救护，将触电者从电源解脱。

解脱触电者时，救护人员最好用一只手进行。如果电流通过触电者入地，并且触电者紧握导线，救护人员可设法将干木板塞到触电者身下，使其与地绝缘，隔断电源，然后再采取其他办法切断电源，如用干木柄斧头或有绝缘柄的钳子将电源线剪断。剪断电源线时要分相，一根一根分开距离剪断，并尽可能站在绝缘物体或干木板上剪。

（2）脱离高压电源。如果触电者触及高压电源，因高压电源电压高，一般绝缘物不能保证救护人员的安全，而且往往电源的高压断路器（高压开关）距离较远，不易切断电源，此时应采取下列措施：

1）立即通知有关部门停电。

2）戴好绝缘手套、穿好绝缘靴，拉开高压断路器（高压开关）或用相应电压等级的绝缘工具拉开跌落式熔断器，切断电源。救护人员在抢救过程中应注意保持自身与周围带电部分足够的安全距离。

33. 救护触电者脱离电源时应注意哪些事项？

（1）救护人员不得采用金属和其他潮湿的物品作为救护工具。

（2）若未采取任何绝缘措施，救护人员不得直接触及触电者的皮肤或潮湿衣服。

（3）在使触电者脱离电源的过程中，救护人员最好用一只手操作，以防自身触电。

（4）当触电者站立或位于高处时，应采取措施防止触电者脱离电源后摔跌。

（5）夜晚发生触电事故时，应考虑切断电源后的临时照明，以利于救护。

34. 触电急救的常用方法有几种？ 在急救过程中要掌握哪些基本要领？

触电伤员呼吸和心跳均停止时，可以按照心肺复苏法支持生命的三项基本措施，就地进行抢救。这三项基本措施是：通畅气道、口对口（鼻）人工呼吸、胸外按压。

（1）通畅气道。触电伤员呼吸停止，抢救时重要的一环节就是始终确保气道通畅。如发现触电伤员口内有异物，可将其身体及头部同时侧转，迅速用一个手指或用两手指交叉从口角处插入，取出异物。另外采用仰头抬颏法（见图1-12），用一只手放在触电者前额，另一只手的手指将其下颌骨向上抬起，两手协同将头部推向后仰，舌根随之抬起，气道即可通畅。严禁用枕头或其他物品垫在触电伤员头下，因为头部抬高前倾会加重气道阻塞，且使胸外按压时流向脑部的血流量减少，甚至消失。同时要解开触电者衣领，松开上身紧身衣着，使触电者胸部可自由扩张。

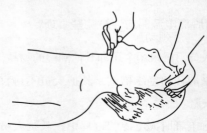

图1-12　仰头抬颏法

（2）口对口（鼻）人工呼吸。人工呼吸法很多，它主要是通过人工的机械方法促使肺部扩张和收缩来达到气体交换的目的。口对口（鼻）人工呼吸是较有效的方法，不需要任何设备条件便能进行抢救。凡是呼吸停止或呼吸不规则的情况都可以使用此法，如图 1 - 13 所示。

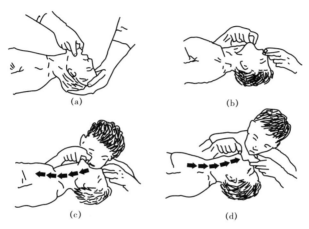

图 1 - 13　口对口人工呼吸法示意图
（a）头部后仰；（b）捏鼻掰嘴；（c）贴嘴吹气；（d）放松换气

口对口（鼻）人工呼吸的具体做法如下：救护人员用放在触电伤员额上的手的手指捏住伤员鼻翼，深吸气后，与触电者口对口紧合，在不漏气的情况下，先连续大口吹气两次，每次 1 ~ 1.5s。如两次吹气后颈动脉仍无搏动，可判断心跳已停止，要立即同时进行胸外按压。除开始时大口吹气两次外，正常口对口（鼻）人工呼吸的吹气量不需过大，以免引起胃膨胀。吹气和放松时要注意伤员胸部应有起伏的呼吸动作。吹气时如有较大阻力，可能是头部后仰不够，应及时纠正。每次吹气完毕，救护者的口应立即离开触电者的口，并放松鼻孔，等触电者自身胸部回缩，达到呼吸的目的。触电者如果牙关紧闭，可口对鼻人工呼吸。口对鼻人工吸吹气时，要将触电者嘴唇紧闭，防止漏气。

（3）胸外按压。人工胸外按压法如图 1-14 所示，其原理是用人工机械方法按压心脏，代替心脏跳动，以达到血液循环的目的。凡触电者心脏停止跳动或不规则的颤动可立即用此法急救。

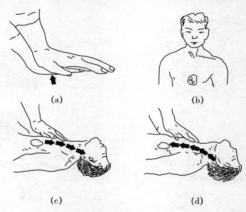

图 1-14　胸外心脏挤压法示意图
（a）叠手方式；（b）正确压点；（c）向下挤压；（d）迅速放松

胸外按压的操作步骤如下：

1）使触电者朝天仰卧，后背着地结实（硬地、木板之类）。

2）救护者位于触电者一侧或骑跨在触电者腰部，两手交叠，手掌根部放在正确的压点上，即心口窝稍高、两乳头间略低、胸骨下 1/3 处，如图 1-14（b）所示。

3）救护人员两臂伸直，双肩在伤员胸骨上方正中，靠自身重力垂直向下压。压陷深度 3~5cm（瘦弱儿童酌减）。

4）压到要求程度后，立即全部放松，但放松时救护人员的掌根不得离开胸壁。按压必须有效，有效的标志是按压过程中可感觉到触电者颈动脉跳动。

5）胸外按压要以均匀速度进行，每分钟 80～100 次左右，每次按压和放松的时间相等。

6）胸外按压与口对口（鼻）人工呼吸同时进行，其节奏为：单人救护时，每按压 15 次后吹气 2 次（15∶2），反复进行；双人救护时，每按压 5 次后由另一人吹气 1 次（5∶1）反复进行。

（4）抢救过程中的再判定。

1）胸外按压和口对口（鼻）人工呼吸 1min 后，应当用看、听、试方法在 5～7s 内完成对触电者呼吸及心跳是否恢复的判定。

2）若判定颈动脉已有搏动但无呼吸，则暂停胸外按压，再进行 2 次口对口（鼻）人工呼吸，接着每 5s 吹气一次。如果脉搏和呼吸均未恢复，则继续坚持心肺复苏法抢救。

3）在抢救过程中，要每隔数分钟再判定一次，每次判定时间均不得超过 5～7s。在医务人员未接替抢救前，现场抢救人员不得放弃现场抢救。

（5）触电伤员好转后处理。如果触电者的心跳和呼吸经抢救后均已恢复，则可暂停心肺复苏法操作。但心跳、呼吸恢复的早期有可能再次骤停，应严密监护，随时准备再次抢救。初期恢复后，伤员可能神志不清、精神恍惚、躁动，应设法使其安静。

35. 杆上或高处触电急救有哪些规定？

（1）发现杆上或高处有人触电时，应争取时间及早在杆上或高处开始进行抢救。救护人员登高时，应随身携带必要的工具和绝缘工具以及牢固的绳索等物品，并紧急呼救。

（2）救护人员应在确认触电者已与电源隔离，且救护人员本身所涉环境安全距离内无危险电源时，方能接触触电伤员进行抢救，并应注意防止发生高空坠落。

（3）高处抢救。

1）触电伤员脱离电源后，应将伤员扶卧在自己的安全带上，注意保持伤员气道通畅。

2）救护人员迅速判定触电者反应、呼吸循环情况。

3）如伤员呼吸停止，立即进行口对口（鼻）吹气 2 次，再触摸颈动脉，如有搏动，则每 5s 继续吹气一次；如颈动脉无搏动，用空心拳头叩击心前区 2 次，促使心脏复跳。

4）高处发生触电，为使抢救更为有效，应及早设法将伤员送至地面。

5）在将伤员由高处送至地面前，应再口对口（鼻）吹气 4 次。

6）触电伤员送至地面后，就立即继续按心肺复苏法坚持抢救。

36. 抢救过程中触电伤员的移动有哪些注意事项？

（1）心肺复苏应在现场就地坚持进行，不要为方便而随意移动伤员，如确需要移动时，抢救中断时间不应超过 30s。

（2）移动伤员或将伤员送医院时，应使伤员平躺在担架上，并在其背部垫以平硬宽木板。在移动或送医院过程中，应继续抢救。心跳、呼吸停止者要继续用心肺复苏法抢救，在医务人员未接替救治前不能中止。

（3）应创造条件，用塑料袋装入碎冰屑做成帽子状包绕在伤员头部，露出眼睛，使脑部温度降低，争取心、肺、脑完全复苏。

37. 触电伤员的外伤如何处理？

对于电伤和摔跌造成的人体局部外伤，在现场救护中也不能忽视，必须做适当处理，防止细菌侵入感染，防止折骨刺破皮肤、周围组织、神经和血管，并迅速送医院治疗。

一般性的外伤表面，可用无菌盐水或清洁的温开水冲洗后用消毒纱布、防腐绷带或干净的布片包扎，然后送医院治疗。

伤口出血严重时，应采用压迫止血法止血，然后迅速送医院治疗。如果伤口出血不严重，可用消毒纱布叠几层盖住伤口，压紧止血。

高压触电时，可能会造成大面积的严重电弧灼伤，往往深达骨骼，处理起来很复杂，现场可用无菌生理盐水或清洁的温开水冲洗，再用酒精全面消毒，然后消毒被单或干净的布片包裹送医院治疗。

对于因触电摔跌而四肢骨折的触电者，应首先止血、包扎，然后用木板、竹竿、木棍等物品临时将骨折肢体固定，之后立即送医院治疗。

38. 为防止人身触电事故发生，应严格遵守哪些规程规范和安全规章制度？

防止人身触电，首先要时刻具有"安全第一"的思想，在工作中一丝不苟。要努力学习专业业务，掌握电气专业技术和电气安全知识。必须严格遵守规程规范和各种规章制度。从设计、设备制造、设备安装验收、设备运行维护管理以及检修都必须按规程规范要求保证质量，每个环节都不能马虎。除上述这些要求外，为确保安全，还要有防止人身触电的一些技术措施（绝缘、屏护、安全间距、安全标志、保护接地、保护接零、采用安全电压、装设剩余电流动作保护器等）。在工作中要认真做好下列各项：

（1）保证电气设备制造质量和安装质量，做好保护接地或保护接零，在电气设备的带电部分安装防护罩、防护网。

（2）加强安全管理，建立和健全安全工作规程和制度，并严格执行。

（3）电气设备的运行、维护、检修，应严格遵守有关安全规程和操作规程。

（4）尽量不进行带电作业，特别危险场所（如高温、潮湿地点）严禁带电工作；必须带电工作时，应使用各种安全防护用具、安全工具，如使用绝缘棒、绝缘夹钳和必要仪表，戴绝缘手套、穿绝缘靴等，并设专人监护。

（5）对各种电气设备应按规定进行定期试验检查和检修，如发现绝缘损坏、漏电和其他故障，应及时处理；对不能修复的设备，不可带"病"运行，应立即更换。

（6）根据规定，在不宜使用 380/220V 电压的场所，应使用 12 ~ 36V 的安全电压。

（7）禁止非电工人员乱装、乱拆电气设备，更不得乱接导线。

（8）加强技术培训和安全培训，不断提高从业人员安全生产和安全用电水平。

39. 什么是电气安全用具？ 电气安全用具分哪几类？

电气安全用具是用来防止电气工作人员在工作中发生触电、电弧灼伤、高空坠落等事故的重要工具。

电气安全用具分绝缘安全用具和一般防护安全用具两大类。

40. 绝缘安全用具分哪几类？ 有何区别？

绝缘安全用具又分为基本安全用具和辅助安全用具两类。常用的基本安全用具有绝缘棒、绝缘夹钳、验电器等。常用的辅助安全用具有绝缘手套、绝缘靴、绝缘垫、绝缘站台等。基本安全用具的绝缘强度能长期承受工作电压，并能在该电压等级内产生过电压时保证工作人员的人身安全。辅助安全用具的绝缘强度不能承受电气设备或线路的工作电压，只能起加强基本安全用具的保护作用，主要用来防止接触电压、跨步电压对工作人员的危害，不能直接接触高压电气设备的带电部分。

41. 一般防护安全用具有哪些？ 一般防护安全用具与绝缘安全用具有何区别？

一般防护安全用具有携带型接地线、临时遮栏、标示牌、警告牌、安全带、防护目镜等。这些安全用具用来防止工作人员触电、电弧灼伤及高空摔跌。

一般防护安全用具与绝缘安全用具不同之处是它们本身是不绝缘物。而绝缘安全用具不管是基本安全用具还是辅助安全用具都是绝缘物，只是绝缘强度不同，作用不同。

42. 绝缘安全用具的存放和保管有什么要求？

（1）绝缘安全用具使用完毕应存放在干燥通风的场所。

（2）绝缘棒应悬挂或架在支架上。

（3）绝缘手套应放在密闭的橱内，并与其他工具仪表分开存放。

（4）绝缘靴应存放在橱内或倒放在支架上，并与其他工具分开存放。

（5）绝缘垫和绝缘台应保持清洁、无损伤。

（6）高压验电器应放在防潮的盒内，并置于干燥处。

43. 用绝缘棒操作时，有哪些注意事项？

绝缘棒又称绝缘杆、操作棒，其结构如图 1 – 15 所示。绝缘棒主要用来断开或闭合高压隔离开关、跌落式熔断器，安装和拆除携带型接地线，以及进行带电测量和试验等工作。

图 1-15 绝缘棒结构示意图

用绝缘棒操作时，应注意下列事项：

（1）操作人员应戴绝缘手套、穿绝缘靴，并应有人监护。

（2）所用绝缘棒应经试验合格，且在有效期内。绝缘棒的定期试验周期为每年一次。

（3）应使用电压等级合适、无损伤、合格的绝缘棒。

（4）在使用前，应用清洁、干燥的毛巾将绝缘棒擦净。如产生疑问，应用 2500V 绝缘电阻表（兆欧表）进行测量，其绝缘电阻值应合格。

（5）雨天室外倒闸操作应按规定使用带有防雨罩的绝缘棒。

（6）使用绝缘棒时，绝缘棒禁止装接地线。

（7）绝缘棒使用完后，应垂直悬挂在专用的架上，以防绝缘棒弯曲。

44. 使用绝缘手套有哪些安全注意事项？

绝缘手套是用特种橡胶制成的。它是辅助安全用具，不能直接接触高压电。使用绝缘手套的安全注意事项如下：

（1）使用前应检查有无漏气或裂口等。

（2）戴绝缘手套时应将外衣袖口放入手套的伸长部分。

（3）绝缘手套不得挪作他用。普通的医疗、化验用的手套不能代替绝缘手套。

（4）绝缘手套用后应擦净晾干，撒上一些滑石粉，以免粘连，然后放在通风、阴凉的柜子里。

45. 验电器分哪几类？ 使用验电器有哪些安全注意事项？

验电器分为高压和低压两种。低压验电器又称验电笔，主要用途是检查低压电气设备或线路是否带有电压。高压验电器用于测量高压电气设备或线路上是否带有电压（包括感应电压）。

（1）使用高压验电器的安全注意事项如下：

1）高压验电器型式较多，使用时应严格按照产品使用说明书要求正确使用。

2）验电时应戴绝缘手套，并使用与被测设备相应电压等级的验电器。验电前，应在有电的设备上或线路上进行试验，确保验电器良好。

（2）使用低压验电器的安全注意事项如下：验电时，验电笔的笔尖金属体触及被测电气设备，手握笔尾（手要触及笔尾金属体）。如果被测电气设备或线路有电，则在验电笔的小窗孔中可以看到氖管发光。其他型式的验电笔使用要严格按照产品说明书要求操作。

46. 安全用具的使用有哪些注意事项？

（1）每次使用之前，必须认真检查，确证安全用具质量合格，无任何损伤。安全用具的技术性能必须符合规定，选用安全用具必须符合工作电压，必须符合电气安全工作制度、电力安全工作规程的规定。

（2）使用前应将安全用具擦拭干净，还应在有电的设备上进行试验，确证验电器良好。

（3）使用完的安全用具，要擦拭干净，放到固定位置，不可随意乱放，也不准另作他用，更不能用其他工具来代替安全用具。接地线与导体连接要用专用线夹，不准用缠绕的方法接地或短路。不能用普通绳带代替安全带。

（4）安全用具应有专人负责妥善保管，防止受潮，防止脏污和损坏，放置做到整齐清楚，拿用方便。绝缘操作棒应放在固定的木架上，不得贴墙放置或横放在墙脚。绝缘靴、绝缘手套应放在箱、柜内，不应放在阳光下暴晒或放在有酸、碱、油的地方。验电器应放在盒内，置于通风干燥处。

（5）所有安全用具都要按规定进行定期试验和检查，对不符合要求的安全用具应及时停用并更换，以保证使用时安全可靠。

47. 常用登高安全用具有哪些？ 试验周期如何规定？

常用登高安全用具有安全带、安全绳、升降板、安全帽、脚扣、竹（木）梯等。

根据《国家电网公司电力安全工作规程（变电站和发电厂电气部分）（试行)》，登高工器具试验标准如表 1 - 6 所示。

表 1 - 6 登高工器具试验标准表

序号	名称	项目	周期	要求			说明
1	安全带	静负荷试验	1 年	种类	试验静拉力（N）	载荷时间（min）	牛皮带试验周期为半年
				围杆带	2205	5	
				围杆绳	2205	5	
				护腰带	1470	5	
				安全绳	2205	5	
2	安全帽	冲击性能试验	按规定期限	受冲击力小于4900N			使用寿命：从制造之日起，塑料帽不超过 2.5 年，玻璃钢帽不超过 3.5 年
		耐穿刺性能试验	按规定期限	钢锥不接触头模表面			

续表

序号	名称	项目	周期	要求	说明
3	脚扣	静负荷试验	1年	施加1176N静压力，持续时间5min	
4	升降板	静负荷试验	半年	施加2205N静压力，持续时间5min	
5	竹(木)梯	静负荷试验	半年	施加1765N静压力，持续时间5min	

48. 常用电气绝缘工具试验周期如何规定？

GB 26860—2011《电力安全工作规程　发电厂和变电站电气部分》规定，绝缘安全工器具试验项目、周期和要求如表1-7所示。

表1-7　绝缘安全工器具试验项目、周期和要求

序号	器具	项目	周期	要求				说明
1	电容型验电器	启动电压试验	1年	启动电压值不高于额定电压的40%，不低于额定电压的15%				试验时接触电极应与试验电极相接触
		工频耐压试验	1年	额定电压（kV）	试验长度（m）	工作耐压（kV）		
						持续时间1min	持续时间5min	
				10	0.7	45	—	
				35	0.9	95	—	
				66	1.0	175	—	
				110	1.3	220	—	
				220	2.1	440	—	
				330	3.2	—	380	
				500	4.1	—	580	

序号	器具	项目	周期	要求					说明
2	携带型短路接地线	成组直流电阻试验	≤5	在各接线鼻之间测量直流电阻，对于 25、35、50、70、95、120mm² 的各种载面，平均每米的电阻值应分别小于 0.79、0.56、0.40、0.28、0.21、0.16mΩ					同一批次抽测，不少于 2 条，接线鼻与软导线压接的应做该试验
		操作棒的工频耐压试验	5 年	额定电压（kV）	试验长度（m）	工作耐压（kV）			试验电压加在护环与紧固头之间
						持续时间 1min	持续时间 5min		
				10	—	45	—		
				35	—	95	—		
				66	—	175	—		
				110	—	220	—		
				220	—	440	—		
				330	—	—	380		
				500	—	—	580		
3	个人保安线	成组直流电阻试验	≤5	在各接线鼻之间测量直流电阻，对于 10、16、25mm² 的各种载面，平均每米的电阻值应分别小于 1.98、1.24、0.97mΩ					同一批次抽测，不少于 2 条
4	绝缘杆	工频耐压试验	1 年	额定电压（kV）	试验长度（m）	工作耐压（kV）			
						持续时间 1min	持续时间 5min		
				10	0.7	45	—		
				35	0.9	95	—		
				66	1.0	175	—		

续表

序号 4　绝缘杆　工频耐压试验　周期：1 年

额定电压（kV）	试验长度（m）	工作耐压（kV）持续时间 1min	工作耐压（kV）持续时间 5min
110	1.3	220	—
220	2.1	440	—
330	3.2	—	380
500	4.1	—	580

说明：（空）

序号 5　核相器

连接导线绝缘强度试验　周期：必要时　说明：浸在电阻率小于 100Ω·m 水中

额定电压（kV）	工作耐压（kV）	持续时间（min）
10	8	5
35	28	5

绝缘部分工频耐压试验　周期：1 年

额定电压（kV）	试验长度（m）	工频耐压（kV）	持续时间（min）
10	0.7	45	1
35	0.9	95	1

电阻管泄漏电流试验　周期：半年

额定电压（kV）	工频耐压（kV）	持续时间（min）	泄漏电流（mA）
10	10	1	≤2
35	35	1	≤2

动作电压试验　周期：1 年　最低动作电压应达 0.25 倍额定电压

序号 6　绝缘罩　工频耐压试验　周期：1 年

额定电压（kV）	工作耐压（kV）	持续时间（min）
6～10	30	1
35	80	1

续表

序号	器具	项目	周期	要求			说明
7	绝缘隔板	表面工频耐压试验	1 年	额定电压（kV）	工作耐压（kV）	持续时间（min）	电极间距离 300mm
				6 ~ 35	60	1	
		工频耐压试验	1 年	额定电压（kV）	工频耐压（kV）	持续时间（min）	
				6 ~ 10	30	1	
				35	80	1	
8	绝缘胶垫	工频耐压试验	1 年	电压等级	工作耐压（kV）	持续时间（min）	使用于带电设备区域
				高压	15	1	
				低压	3.5	1	
9	绝缘靴	工频耐压试验	半年	工频耐压（kV）	持续时间（min）	泄漏电流（mA）	
				15	1	≤7.5	
10	绝缘手套	工频耐压试验	半年	电压等级	工频耐压（kV）	持续时间（min）	泄漏电流（mA）
				高压	8	1	≤9
11	导电鞋	直流电阻试验	穿用 ≤ 200h	电阻值小于 100kΩ			

续表

序号	器具	项目	周期	要求				说明
12	绝缘夹钳	工频耐压试验	1 年	额定电压（kV）	试验长度（m）	工频耐压（kV）	持续时间（min）	
				10	0.7	45	1	
				35	0.9	95	1	
13	绝缘绳	工频耐压试验	半年	100kV/0.5m，持续时间5min				

第二章 电气火灾预防及扑救

49. 电气火灾和爆炸的原因是什么？

电气火灾事故是指由电气原因引起的火灾事故，在火灾事故中占有很大比例。电气火灾除可能造成人身伤亡和设备损坏外，还可能造成电力系统停电，给国民经济造成重大损失。因此，防止电气火灾是安全工作的重要内容之一。

电气火灾的原因，除了设备缺陷或安装不当等设计、制造和施工方面的原因外，在运行中，电流的热量和电火花、电弧等都是电气火灾的直接原因。

（1）电气设备过热主要有下列原因：

1）短路。线路发生短路时，线路中电流将增加到正常工作电流的几倍甚至几十倍，使设备温度急剧上升，尤其是连接部分接触电阻大的地方，当温度达到可燃物的起燃点，就会引起燃烧。

引起线路短路的原因很多，如电气设备载流部分的绝缘损坏，这种损坏可能是由于设备长期运行，绝缘自然老化；可能是由于设备本身不合格，绝缘强度不符合要求；也可能是由于绝缘受外力损伤引起短路事故。再如在运行中误操作造成弧光短路。还有小动物误入带电间隔或鸟、禽跨越裸露的相线之间造成短路等。必须采取有效措施防止短路发生，发生短路后应以最快的速度切除故障部分，保证线路安全。

2）过负荷。由于导线截面积和设备选择不合理，或运行中电流超过设备的额定值，引起发热并超过设备的长期允许温度而过热。

3）接触不良。导线接头做得不好，连接不牢靠，活动触头（开关、熔丝、接触器、插座、灯泡与灯座等）接触不良，导致接触电阻过大，电流通过时接头就会过热。

4）铁芯过热。变压器、电动机等设备的铁芯压得不紧而使磁阻很大，铁芯绝缘损坏，长时间过电压使铁芯损耗大，运行中使铁芯过饱和，非线性负载引起高次谐波，这些都可能造成铁芯过热。

5）散热不良。设备的散热通风措施遭到破坏，设备运行中产生的热量不能有效散发而造成设备过热。

6）发热量大的一些电气设备安装或使用不当，也可能引起火灾。例如，电阻炉的温度一般可达 600℃，照明灯泡表面的温度也会达到很高的数值，一只 60W 的灯泡表面温度可达 130～180℃。

（2）电火花和电弧。电火花和电弧在生产和生活中是经常见到的一种现象，电气设备正常工作时或正常操作时都会发生电火花和电弧。直流电机电刷和整流子滑动接触处，交流电机电刷与集电环滑动接触处，在正常运行中会有电火花。开关断开电路时会产生强烈的电弧；拔掉插头或接触器断开电路时都会有电火花。电路发生短路或接地事故时产生的电弧更大。绝缘不良造成电气闪络等也会有电火花、电弧产生。

电火花、电弧的温度很高，特别是电弧，温度可高达 6000℃，这么高的温度不仅能引起可燃物燃烧，还能使金属熔化、飞溅，构成危险的火源。在有爆炸危险的场所，电火花和电弧更是十分危险的因素。电气设备本身就会发生爆炸，例如变压器、油断路器、电力电容器、电压互感器等充油设备。电气设备周围空间在下列情况下也会引起爆炸。

1）周围空间有爆炸性混合物，当遇到电火花或电弧时就可能会引起爆炸。

2）充油设备的绝缘油在电弧作用下分解和汽化，喷出大量油雾和可燃性气体，遇到电火花、电弧时或环境温度达到危险温度时可能发生火灾和爆炸事故。

3）氢冷发电机等设备，如发生氢气泄漏，形成爆炸性混合物，当遇到电火花、电弧或环境温度达到危险温度时也会引起爆炸和火灾事故。

电气火灾的危害很大，因此要坚决贯彻"安全第一、预防为主、综合治理"的方针。万一发生电气火灾时，必须迅速切断电源，迅速采取正确有效措施，及时扑灭电气火灾。

50. 防止电气火灾和爆炸事故的措施有哪些？

发生电气火灾的原因可以概括为两条，即现场有可燃物质、现场有引燃的条件。所以应从这两方面采取防范措施，防止电气火灾事故发生。

（1）排除可燃物质。

1）保持良好的通风，使现场可燃气体、粉尘和纤维浓度降低到不致引起火灾的限度内。

2）加强密封，减少和防止可燃物质泄漏。有可燃物质的生产设备、贮存容器、管道接头和阀门应严加密封，并经常巡视检测。

（2）排除电气火源。应严格按照防火规程的要求来选择、布置和安装电气装置。对运行中可能产生电火花、电弧和高温危险的电气设备和装置，不应放置在易燃的危险场所。在易燃易爆危险场所安装的电气设备应采用密封的防爆电器。另外，在易燃易爆场所应尽量避免使用携带式电气设备。

在容易发生爆炸和火灾危险的场所内，电力线路的绝缘导线和电缆的额定电压不得低于电网的额定电压，低压供电线路不应低于500V。要使用铜芯绝缘线，导线连接应保证接触良好、可靠，应尽量避免接头。工作中性线（零线）的截面积和绝缘应与相线相同，并应敷设在同一护套或管子内。导线应采用阻燃型导线（或阻燃型电缆），穿管敷设。

在突然停电有可能引起电气火灾和爆炸危险的场所，应有两路以上的电源供电，几路电源能自动切换。

在运行管理中要加强对电气设备的维护、监督，防止发生电气事故。

51. 电气火灾有什么特点?

从灭火角度考虑，电气火灾与其他火灾相比有以下两个特点：一是着火后电气装置或设备可能仍然带电，而且因电气绝缘损坏或带电导线断落接地，在一定范围内会存在跨步电压和接触电压，如果不注意，可能会引起触电事故；二是有些电气设备内部充有大量油（如电力变压器、电压互感器等），着火后受热，油箱内部压力增大，可能会发生喷油，甚至爆炸，造成火灾蔓延。

电气火灾的危害很大，万一发生电气火灾时，必须立即切断电源，迅速采取正确有效措施，及时扑灭电气火灾。平时要落实好防止电气火灾和爆炸的各项措施，防止电气火灾和爆炸事故发生。

52. 断电灭火有哪些注意事项?

当电气装置或设备发生火灾或引燃附近可燃物时，首先要切断电源。室外高压线路或杆上配电变压器起火时，应立即打电话与供电部门联系拉断电源；室内电气装置或设备发生火灾时应尽快拉掉开关切断电源，并及时正确选用灭火器进行扑救。

断电灭火时应注意下列事项：

（1）断电时，应按规程规定的程序进行操作，严防带负荷拉隔离开关（刀闸）。在火场内的开关和闸刀，由于烟熏火烤，其绝缘可能降低或损坏，因此，操作时应戴绝缘手套、穿绝缘靴，并使用相应电压等级的绝缘工具。

（2）紧急切断电源时，切断地点要选择适当，防止切断电源后影响扑救工作的进行。切断带电线路导线时，切断点应选择在电源侧的支持物附近，以防导线断落后触及人身、造成短路或引起跨步电压触电。切断低压导线时应分相并在不同部位剪断，剪的时候应使用有绝缘手柄的电工钳。

（3）夜间发生电气火灾，切断电源时，应考虑临时照明，以利扑救。

（4）需要电力部门切断电源时，应迅速用电话联系，说清情况。

53. 带电灭火有哪些注意事项？

发生电气火灾时应首先考虑断电灭火，因为断电后火势可减小下来，同时扑救比较安全。但有时在危急情况下，如果等切断电源后再进行扑救，会延误时机，使火势蔓延，扩大燃烧面积，或者断电会严重影响生产，此时就必须在确保灭火人员安全的情况下，进行带电灭火。带电灭火一般限在 10kV 及以下电气设备上进行。

带电灭火很重要的一条就是正确选用灭火器材。绝对不准使用泡沫灭火剂对有电的设备进行灭火，一定要用不导电的灭火剂灭火。

带电灭火时，为防止发生人身触电事故，必须注意以下几点：

（1）扑救人员及所使用的灭火器材与带电部分必须保持足够的安全距离，并应戴绝缘手套。

（2）不准使用导电灭火剂（如泡沫灭火剂、喷射水流等）对有电设备进行灭火。

（3）使用水枪带电灭火时，扑救人员应穿绝缘靴、戴绝缘手套，并应将水枪金属喷嘴接地。

（4）在灭火中电气设备发生故障，如电线断落在地上，局部地区会形成跨步电压，在这种情况下，扑救人员必须穿绝缘靴（鞋）。

（5）扑救架空线路的火灾时，人体与带电导线之间的仰角不应大于45°，并应站在线路外侧，以防导线断落触及人体发生触电事故。

54. 油浸式电力变压器发生火灾的原因有哪些？ 怎样预防？

（1）油浸式电力变压器发生火灾的常见原因：

1）变压器线圈绝缘损坏发生短路。变压器线圈的纸质和棉纱绝缘材料，如果经常受到过负荷发热或绝缘油酸化腐蚀等作用，将会发生老化变质，造成绝缘损坏，引起匝间、层间短路。变压器线圈短路也可能是由于制造质量不好、绝缘损坏引起的，也可能是在检修过程中，碰动高低压线圈引线和铜片时，使其与箱壁相碰或接近，造成绝缘间距太小而形成接地或相间短路。短路时，电流急增，造成线圈发热超过允许温度引起燃烧。同时，绝缘油因热分解，产生可燃气体，当遇到火花时也会发生燃烧或爆炸。

2）接触不良。在变压器中，线圈与线圈之间、线圈端部与分接头之间、分接头转换开关触点接触部分等，如果接触不良或连接不好，都可能由于接触电阻过大造成局部高温，引起油燃烧，甚至爆炸。

3）铁芯过热。变压器铁芯硅钢片间绝缘损坏、夹紧螺栓绝缘损坏、铁芯硅钢片固定不紧密等，会使变压器运行中铁芯发热过大，造成起火，并使绝缘油分解燃烧。

4）油中电弧闪络。变压器线圈之间、与油箱壁之间由于损坏而放电产生电弧闪络。雷击过电压击穿等引起电弧闪络，使油发生燃烧。变压器漏油，使油箱中的油面降低而减弱油流的散热作用，也会使变压器的绝缘材料过热和燃烧。

5）外部原因引起变压器短路起火。例如变压器高低压套管上爬上鼠类、鸟类等小动物造成短路；风筝落在变压器或输出线路上，引起短路；高低压保护在故障时拒动，不能切断电路等都可能造成变压器起火。

（2）预防措施：

1）保证油箱上防爆管（防爆阀）完好和防爆膜完好。

2）保证变压器装设的保护装置正确完好。

3）变压器的设计安装必须符合规程规范的规定。

4）加强变压器的运行管理和检修工作。要认真做好运行巡视；变压器上层油温一般不超过85℃（最高不超过95℃）；定期做油化试验，定期做变压器的预防性试验。变压器在安装和检修过程中，要防止高低压套管穿芯螺栓转动，安装和检修完毕后要根据规定做必要的电气试验等。

5）可装设离心式水喷雾、电气火灾灭火剂组成的固定式灭火装置及其他自动灭火装置。

6）干式变压器通风冷却一定要做好，必要时可采用人为措施降低干式变压器环境温度或帮助干式变压器通风冷却。

55. 电动机发生火灾的原因有哪些？ 怎样预防？

（1）电动机发生火灾的常见原因：

1）电动机在运行中，由于线圈发热、机械损伤、通风不良等原因而烤焦或损坏绝缘使电动机发生短路引起燃烧。

2）带动负载过大或电源电压降低使电动机转矩减小，从而引起过负荷；电动机在运行中电源缺相（一相断线）造成电动机转速降低，而在其余两相中发生严重过负荷。电动机长时过负荷会使绝缘老化加速，甚至损坏，其发热引起燃烧。

3）电动机定子绕组发生相间短路、匝间短路、单相接地等故障，使线圈中电流急增，引起过热而使绝缘燃烧。在绝缘损坏处还可能发生对外壳放电而产生电弧和火花，引起绝缘层起火。

4）电动机轴承内的润滑油量不足或润滑油太脏，会卡住转子使电动机过热，引起绝缘燃烧。

5）电动机拖动的生产机械被卡住，使电动机严重过电流，造成线圈过热而引起火灾。

6）电动机接线端子处接触不好，接触电阻过大，在运行中产生高温和火花，引起绝缘或附近的可燃物燃烧。

7）电动机维修不良，通风槽被粉尘或纤维堵塞，热量散不出去，造成线圈过热起火。

（2）预防措施：

1）选择、安装电动机要符合防火安全要求。在潮湿、多粉尘场所应选用封闭型电动机；在干燥清洁场所可选用防护型电动机；在易燃易爆场所应选用防爆型电动机。

2）电动机应安装在耐火材料的基础上。如安装在可燃物的基础上时，应铺铁板等非燃烧材料使电动机和可燃基础隔开。电动机不能装在可燃结构内。电动机与可燃物应保持一定距离，周围不得堆放杂物。

3）每台电动机要有独立的操作开关和短路保护、过负荷保护装置。对于容量较大的电动机，在电动机上可装设缺相保护或装设备指示灯监视电源，防止电动机缺相运行。

4）电动机应经常检查维护，及时清扫，保持清洁；对润滑油要做好监视，并及时补充和更换润滑油；要保证主电刷完整、压力适宜、接触良好；对电动机运行温度要加强控制，使其不超过规定值。

5）电动机使用完毕应立即拉开电动机电源开关，切断电源，确保电动机和人身安全。

56. 室内电气线路的火灾预防措施有哪些？

（1）由于电气线路短路而引起火灾的预防措施：

1）线路安装好后要认真严格检查线路敷设质量。测量线路绝缘电阻合格［用 500V 绝缘电阻表测量，绝缘电阻值不应小于 0.5MΩ］。

2）检查导线及电气器具产品质量，应符合国家现行技术标准和要求。

3）定期检查测量线路的绝缘状况，发现缺陷应及时进行处理。

4）线路中的保护设备（自动空气开关、熔断器等）要选择正确，保证动作可靠。

（2）由于电气线路中导线过负荷而引起火灾的预防措施：

1）导线截面积要根据线路最大工作电流正确选择，而且导线质量一定要符合现行国家技术标准。

2）不得在原有的线路中擅自增加用电设备。

3）经常监视线路运行情况，如发现严重过负荷，应及时切除部分负荷或加大导线截面积。

4）线路保护设备应完备，一旦发生严重过负荷或长期过负荷，且电流相当大时，能自动切断电路，避免事故发生。

（3）由于线路连接部分接触电阻过大造成发热严重而引发火灾的预防措施：

线路中导线与导线或导线与开关、熔断器、闸刀等设备的连接地方，如果连接不紧密、不牢固、接触不良，连接处接触电阻就会大大增加，电流通过时就会过热，引发火灾事故。同时，接触不良的地方还会产生电火花，引起附近可燃物起燃，引发火灾。因此，导线连接及导线与设备连接必须严格按规范规定进行，必须接触紧密，认真处理连接处，保证连接后接触电阻符合规定，同时应尽量减少接头。

导线连接要做到：①连接后与未连接时导线电阻应保持一样；②导线连接后恢复绝缘的绝缘电阻应与未连接时的绝缘电阻保持一样；③连接后导线机械强度不能减小到80%以下。

平时应经常在运行中监视线路和设备的连接部分，如发现松动或过热现象应及时处理或更换，保证安全。

（4）在有电气设备和电气线路的场所，应设置一定数量的电气火灾灭火器材，并保证能正确使用。

（5）做好安全用电宣传，普及安全用电知识，严禁乱接乱拉电气设备。

57. 电加热设备发生火灾的原因是什么？ 如何预防？

（1）电加热设备发生火灾的原因：电熨斗、电烙铁、电炉、工业电炉等电加热设备表面温度很高，可达数百摄氏度，甚至更高。可燃物如果碰到这些设备，会很快燃烧起来。这些设备如果在使用中无人看管，或者下班时忘记切断电源，放在可燃物上或易燃物附近，那就相当危险。这些设备如果电源线过细，运行中电流大大超过导线允许电流，或者不用插头而直接用线头插入插座内，还有插座电路无熔断装置保护等都会因过热而引发火灾事故。

（2）预防措施：

1）正在使用的电加热设备必须有人看管，人离开时必须切断电源，有加热设备的车间、班组应装设电源总开关和指示灯，每天下班时有专人负责切断电源。

2）电加热设备必须装设在陶瓷、耐火砖等耐热、隔热材料内。使用时远离易燃和可燃物。

3）电加热设备在导线绝缘损坏或没有过电流保护（熔断器或低压断路器）时，不得使用。

4）电源线导线的安全载流量必须满足电加热设备的容量要求。

当电能表及导线的容量能满足电加热设备的容量要求时，才可接入照明电路中使用。工业用的电加热设备应装设单独的电路供电。

58. 白炽灯、日光灯发生火灾的原因是什么？ 如何预防？

白炽灯、日光灯等照明灯具是日常生活中常用的电气设备，如果使用不当，也会引起火灾，甚至还会发生人员触电事故。

（1）白炽灯引起火灾的原因：白炽灯工作时表面温度很高，且白炽灯功率越大、使用时间越长，则温度越高。根据测定，一只功率为 60W 的灯泡表面温度可达到 130～180℃；一只功率为 200W 的灯泡，表面温度可达 150～200℃；碘钨灯、汞灯、氙灯的表面温度可达 800～1000℃。因此，如果白炽灯用纸做灯罩或过分靠近易燃物，例如木板、棉花、稻草、麻丝及家庭中的衣物、蚊帐、被褥等都可能引起火灾，甚至还会发生触电事故。

（2）预防白炽灯引发火灾的措施：

1）安装白炽灯必须根据使用场所的特点，正确选择白炽灯形式。如在有易燃易爆气体的车间、仓库内，应安装防爆灯；在户外应安装防雨式灯具。

2）不可用纸做灯罩，或用纸、布包住正在工作的灯泡；灯泡与可燃物应保持一定距离，不可贴近；不可在灯泡上烘烤手套、毛巾、袜子；不可将灯泡放在蚊帐内看书；更不可用灯泡放在被窝内取暖等。

3）导线应有良好的绝缘，不得与可燃物或高温源接近。电路中要装设熔断器或自动空气开关（低压断路器），以保证发生事故时能立即可靠地切断电源。

（3）预防日光灯引发火灾的措施：

1）日光灯线路不要紧贴在天花板或木屋顶等可燃物面上，应与其保持一定的安全距离。镇流器上的灰尘要定期清扫，以利散热。

2）日光灯线路不可随便拆装，防止损坏导线绝缘。发现导线或灯具有损坏时应及时更换。日光灯不用时要及时切断电源。

第三章　电力变压器

59. 变压器是一种什么电气设备？　变压器如何分类？

　　变压器是一种静止的电气设备，它利用电磁感应原理将一种电压等级的交流电转变成同频率的另一种电压等级的交流电。将电压升高的变压器称为升压变压器；将电压降低的变压器称为降压变压器。变压器按用途一般分为电力变压器、特种变压器及仪用互感器（电压互感器和电流互感器）三种。电力变压器按冷却介质可分为油浸式变压器和干式变压器两种。

60. 什么是变压器的一次绕组？　什么是变压器的二次绕组？

　　变压器接入电源的一侧绕组称为一次绕组；输出电能的一侧绕组称为二次绕组。

61. 什么是变压器的变比？　变压器的工作原理是什么？

　　图 3－1 是单相变压器的原理图。

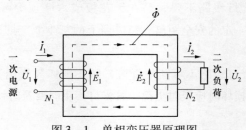

图 3－1　单相变压器原理图

变压器一次绕组通交流电 I_1 后，产生交变磁通 Φ，交变磁通 Φ 经铁芯通过一、二次绕组，由于磁通 Φ 在不断交变，所以一、二次绕组分别感应出电动势 E_1 和 E_2。变压器一、二次侧感应电动势 E_1 和 E_2 之比称为变压器的变比 K，它在数值上等于一、二次侧绕组匝数 N_1 和 N_2 之比。由于变压器一、二次侧的漏电抗和电阻都很小，可以忽略不计，所以可以近似地认为一次侧电压有效值 U_1 等于一次侧绕组感应电动势 E_1，二次侧电压有效值 U_2 等于二次侧绕组感应电动势 E_2。变压器变比 K 可写为式（3-1）。

$$K = E_1/E_2 = U_1/U_2 = N_1/N_2 \qquad (3-1)$$

变压器一、二次侧绕组匝数不同将导致一、二次侧绕组的电压高低不等，匝数多的一侧电压高，匝数少的一侧电压低，这就是变压器能够改变电压的原理。

变压器一、二次电流之比与一、二次绕组的匝数成反比，即变压器匝数多的一侧电流小，匝数少的一侧电流大。

$$\frac{I_1}{I_2} = \frac{N_2}{N_1} = \frac{1}{K} \qquad (3-2)$$

62. 电力变压器铁芯有什么要求？为什么？

变压器主要由铁芯、高低压绕组、油箱和绝缘套管等组成。

铁芯是变压器的主磁路，同时又是绕组的支撑骨架。为了提高导磁性能，减小铁芯的磁滞损耗和涡流损耗，铁芯采用磁导率很高的硅钢片迭装而成。硅钢片的厚度以前一直采用 0.35、0.5mm，但已逐渐不再使用，现在高性能的节能变压器铁芯厚度采用 0.3、0.27、0.23mm。每片硅钢片的表面都涂有绝缘漆。硅钢片的厚度越薄，铁芯损耗越小。

63. 电力变压器高、低压绕组在铁芯柱上如何排列？

绕组是变压器的电路部分，一般用绝缘导线绕制而成。

　　根据高、低压绕组排列方式的不同，绕组分为同心式和交叠式两种。同心式绕组是将高低压绕组同心地套在铁芯柱上，为了绝缘的需要，通常将低压绕组靠近铁芯柱，高压绕组套在低压绕组外面。交叠式绕组是将高低压绕组分成若干线饼，沿着铁芯柱的高度方向交替排列，为了便于绕制和绝缘需要，一般最上层和最下层放置低压绕组，即低压绕组靠近铁轭。

64. 什么是电力变压器的分接开关？ 它有什么用处？ 降压变压器二次侧输出电压偏低，分接开关应向哪个方向调？ 分接开关调整后应做哪些检查？ 为什么？

　　变压器接在电网上运行时，变压器二次侧输出电压将由于负载变化等原因而发生变化，严重时将影响用电设备的正常运行，因此变压器应具备一定的调压能力。根据变压器的工作原理，当高、低压绕组的匝数比变化时，变压器二次侧电压也随之变动，所以采用改变变压器匝数比的办法即可达到调压的目的。

　　变压器油箱盖上装有分接开关，可用它来改变一次绕组的匝数，即改变变压器一、二次绕组的匝数比（变比），以达到调节输出电压的目的。分接开关调节范围一般为额定电压的 ±5%。

　　降压变压器二次侧输出电压偏低，分接开关应向 −5% 方向调，这样才能提高降压变压器二次绕组输出电压。反之，二次侧输出电压偏高，分接开关应向 +5% 方向调，这样才能降低降压变压器二次绕组输出电压。分接开关调整后，一定要用电桥测量线圈直流电阻，判断分接开关触点接触是否良好，测出的直流电阻与出厂试验数据相比误差不能大于 1%，三相之间不能相差 2%，如果不符合要求，则说明分接开关触点接触不好，必须停下来调整，符合要求后才能投入运行，以防运行中触头接触处过热造成火灾爆炸等事故。

变压器调压方式通常分为无励磁调压和有载调压两种。当二次侧不带负载，一次侧又与电网断开时的调压为无励磁调压；在二次侧带负载下的调压为有载调压。一般无励磁调压的配电变压器的调压范围是 ±5% 或 ± （2×2.5%）。

65. 变压器油的作用是什么？ 对变压器油有什么要求？

变压器油是油浸变压器的主要绝缘和冷却介质，在油浸变压器中起绝缘和冷却散热作用。

变压器油的电气性能和化学性能好坏，直接影响整个变压器的绝缘性能和运行性能。例如，变压器油中含有少量水分和杂质时，其绝缘强度会迅速下降；而且油与氧气接触，在高温下容易氧化而变质老化。这些现象将影响变压器绝缘性能，甚至使变压器发生故障。因此，变压器油应绝缘强度高、冷却散热性能好、化学性能稳定、闪点高、黏度小、不含任何杂质。油样化验应中性，不能有酸碱反应。

66. 什么是变压器的联结组别？ 如何表示？

变压器的联结组别是指三相变压器一、二次绕组之间联结关系的一种代号，它表示变压器一、二次绕组对应电压之间的相位关系。

三相变压器的一次和二次绕组采用不同的联结方法时，会使一、二次线电压有不同的相位关系。为了表示这种相位关系，采用时钟表示法的联结组别予以区分：一、二次绕组对应的线电压之间的相位差是 30 的整数倍，正好与钟面上小时数之间的角度一样，方法就是把一次绕组线电压相量作为时钟的长针，将长针固定在 12 点（零点）上，二次绕组对应线电压相量作为时钟短针，看短针指在几点钟的位置上，就以此钟点作为该联结组的代号，如图 3 - 2 所示。星形联结用 Y 或 y 表示；三角形联结用 D 或 d 表示。变压器一次绕组联结方式用大写字母表示，如 Y、D；二次绕组联结方式用小写字母表示，如 y、d。

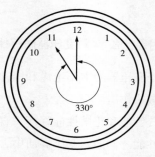

图 3 - 2　时钟表示法

67. 配电变压器联结组别 Yyn0 表示什么意思？

配电变压器联结组别 Yyn0 表示一次绕组接成星形，二次绕组也接成星形，中性线引出，是零点（12 点）接线，即每相的尾联结成中性点，每相的头引出。

68. 配电变压器联结组别 Dyn11 表示什么意思？ 它与 Yyn0 联结相比有什么优点？

配电变压器联结组别 Dyn11 表示一次绕组接成三角形，二次绕组接成星形，中性线引出，是 11 点接线，即一次绕组是将每相绕组头尾按顺时针方向联结成三角形，三角形的三个角引出。

配电变压器采用 Dyn11 联结较 Yyn0 联结具有以下优点：

（1）有利于抑制高次谐波。因为 $3n$ 次谐波励磁电流在三角形接线的一次绕组中形成环流，不至于注入高压侧公共电网。

（2）有利于单相接地短路故障的保护和切除。因为 Dyn11 联结的变压器，其零序阻抗比 Yyn0 联结的变压器的零序阻抗要小得多。

（3）有利于单相不平衡负荷的使用。GB 50052—2009《供配电系统设计规范》规定，低压为 TN 及 TT 系统时，宜选用 Dyn11 联结的变压器。Dyn11 联结的变压器其中性线电流一般不应该超过低压侧额定电流的 40%，或按制造厂的规定；而 Yyn0 联结的变压器其中性线电流不应超过低压侧额定电流的 25%。但是，Dyn11 联结的变压器的绝缘强度要求比 Yyn0 联结的变压器要高，成本也稍高。

69. 什么是变压器的额定容量?

变压器的额定容量是指变压器在铭牌规定的额定运行状态下，变压器的输出能力，用 S_N 表示，单位为 kVA。对于三相变压器，额定容量是三相容量之和。

变压器的额定容量与绕组额定容量有所区别，双绕组变压器的额定容量即为绕组的额定容量；多绕组变压器应对每个绕组的额定容量加以规定，变压器的额定容量为其中最大绕组的额定容量。

70. 什么是变压器的效率?　变压器损耗有哪几种?

变压器的效率 η 是指变压器输出的有功功率与输入的有功功率之比的百分数。通常中小型变压器的效率约为 90% 以上，大型变压器的效率在 95% 以上。

变压器的损耗包括铁损和铜损两部分。铁损是指变压器的铁芯损耗（磁滞损耗、涡流损耗），是变压器的固有损耗，在额定电压下，它是一个恒定量；铜损是指变压器线圈中的电阻通电流后的发热损耗，与电流大小的平方成正比，它是一个变量。当铁损和铜损相等时（一般在变压器带额定容量的70%左右负载时），变压器处于最经济运行状态。

变压器的损耗越小，变压器的效率就越高；变压器的损耗越大，变压器的效率就越低。因此，要加强对变压器的运行维护管理，降低变压器损耗，保证变压器安全经济运行。

71. 油浸变压器正常运行时，哪个部位温度最高？ 哪个部位次之？ 哪个部位温度最低？

变压器正常运行时各部件的温度是不同的，绕组温度最高，铁芯温度次之，变压器油的温度最低，且上层油温比下层油温高。

72. 运行规程规定油浸变压器上层油温一般不超过多少？ 最高不超过多少？ 为什么？

运行规程规定油浸变压器上层油温一般不超过85℃，最高不超过95℃。

变压器的允许温度主要决定于绕组的绝缘材料。我国电力变压器大部分采用 A 级绝缘材料，即浸渍处理过的有机材料、如纸、棉纱、木材等。对于 A 级绝缘材料，其允许最高温度为105℃，由于绕组的平均温度一般比油温高10℃，同时为了防止油质劣化，所以规定变压器上层油温最高不超过95℃。而在正常状态下，为了使变压器油不过速氧化，上层油温一般不应超过85℃。对于强迫油循环的水冷或风冷变压器，其上层油温不宜经常超过75℃。当变压器绝缘材料的工作温度超过允许值时，其使用寿命将缩短。

73. 变压器并列运行是指什么？　并列运行的目的和条件是什么？

变压器并列运行就是将两台或多台变压器的一次侧和二次侧绕组分别接于公共的母线上，同时向负载供电。

（1）并列运行目的：

1）提高供电可靠性。并列运行时，如果其中一台变压器发生故障从电网中切除时，其余变压器仍能继续供电。

2）提高变压器运行的经济性。可根据负载的大小调整投入并列运行的变压器台数，以提高运行效率。

3）可以减少总的备用容量，并可随着用电量的增加而加装新的变压器。

（2）理想并列运行的条件（见 GB/T 13499—2002《电力变压器应用导则》）：

1）变压器的联结组别相同。若联结组别不同，则变压器相连的低压侧之间会产生电压差，形成环流，严重时会烧坏变压器。

2）变压器的一、二次电压相等，电压比（变比）相同。一般允许有 ±0.5% 的差值，超过则可能在两台变压器绕组中产生环流，引起电能损耗，导致绕组过热，甚至可能烧坏变压器。

3）变压器的阻抗电压 $U_z\%$ 相等。一般允许有 ±10% 的差值。若差值大而并列运行，可能会出现阻抗电压大的变压器承受负荷偏低，而阻抗电压小的变压器承受负荷偏高的现象，从而导致过负荷。

此外，两台并列变压器的容量比也不宜超过 3:1，否则也会出现上述现象。

74. 变压器有哪些常见故障？ 如何处理？

电力变压器在运行中如发生不正常现象，决不能忽视，必须立即找出原因进行处理，防止故障扩大。油浸式电力变压器运行中常见的异常情况和故障如下：

（1）声音异常。变压器在运行中总是有一定的声音，而且运行情况不同，声音会有一定的变化。运行值班人员根据声音的正常与否，判断变压器是否发生故障。例如，在大容量电动机启动时，变压器发出的声音会增大；过负荷时，变压器声音会变高而且很沉重；铁芯松动时，变压器会发出不均匀的噪声；线圈有击穿现象时，变压器会有"劈啪"放电声；带谐波分量重的一些负荷（电弧炉、硅整流器等）时，变压器会发出较重的声音等。值班运行人员如果发现变压器声音异常，应分析判断找出原因，然后对症处理。

（2）油温过高。变压器发生绕组匝间或层间短路、铁芯硅钢片间绝缘损坏或穿芯螺栓绝缘损坏与硅钢片短接使铁芯涡流增大、分接开关有故障使接触电阻增大、低压侧线路发生短路等，都会使变压器油箱内油温升高。在正常负荷和冷却条件下，假如变压器油温较平时高出10℃以上，则变压器内部就可能发生了故障，此时必须找出原因，尽快对症处理，防止故障扩大。

（3）油色显著变化。变压器油的颜色发生显著变化，说明变压器油内已有碳粒和水分或油发生化学变化有结晶沉淀，油的酸价增高（pH值增大）。此时油的闪点降低，绝缘强度下降，容易引起导电部分对外壳放电及发生相间短路事故。

（4）储油柜或防爆管（阀）喷油。当变压器内部有短路故障，保护装置又发生拒动时，油箱内部会因短路电流产生的热量而压力急增，此时防爆管防爆膜会破损喷油，防爆阀会动作，这是很严重的事故，必须立即将变压器停用并做吊芯检查，对保护装置进行检查修复。如果喷油是由于防爆管、储油柜的质量问题引起，那么应立即停电，更换防爆管、储油柜。

（5）套管闪络或爆炸。套管密封不严、瓷件受机械损伤、套管脏污严重等都会使套管发生闪络或爆炸。发生这种事故时，应立即采取措施清扫套管脏污或停电更换套管，然后恢复运行。

（6）铁芯发生故障。铁芯硅钢片间绝缘损坏，空载损耗增大，油质变坏；铁芯硅钢片间绝缘严重损坏、穿芯螺栓绝缘损坏、有金属物将铁芯芯片短接或两点以上接地等，会使铁芯严重发热，造成油质变化甚至烧坏绕组，引起严重事故。此时应立即停用变压器，进行吊芯检查并测量片间绝缘电阻，然后进行修理，恢复正常后才能再投入运行。

（7）绕组故障。变压器绕组故障有相间短路、对地击穿、匝间短路及断线等类型。相间短路主要由线圈绝缘老化、变压器油变质绝缘强度下降等原因引起，此时继电保护装置应立即动作，自动切断变压器各侧电源，将变压器停用。绕组对地绝缘击穿的主要原因也是绕组绝缘老化、绝缘强度降低、变压器油质变坏、绕组内有金属杂物等，短路冲击或过电压冲击也会造成对地击穿。在运行过程中，过电流发热或过电压冲击会使薄弱点处（绕组绝缘原有霉点等）击穿而发生匝间短路，且短路面积会不断扩大。此时，变压器瓦斯保护动作，轻瓦斯动作发警报信号，重瓦斯动作跳闸（即自动切断变压器各侧电源，使变压器自动停用）。对于这类故障或事故，应及时进行吊芯检查处理。断线往往是由于接头焊接不良、短路电流冲击或匝间短路烧断导线所致，断线可能在断口处发生电弧，使油分解，此时瓦斯继电器（气体继电器）动作发信号或跳闸。变压器停用后应及时进行吊芯检查和有关测量，找出故障点并进行处理。

（8）分接开关故障。分接开关是调节变压器抽头、改变输出电压的装置。假如分接开关弹簧压力不够、触头滚轮压力不够、接触电阻大，则会造成触头严重过热、灼伤或熔化，影响变压器运行。因此，出现故障后应迅速对症处理。

（9）三相电压不平衡。变压器三相负载不平衡、绕组发生匝间短路或层间短路、系统发生铁磁谐振等都可能造成变压器输出电压三相不平衡，会影响供用电，使线损增大。因此，在发生三相电压较大不平衡时，应进行负荷调整并处理修复各种故障。

75. 电力变压器发生哪些情况应立即停用检查？

（1）变压器声音很大，很不均匀，有爆裂声。

（2）在正常负荷及冷却条件下，变压器温度不正常并不断上升。

（3）储油柜喷油或防爆管喷油，防爆阀动作。

（4）漏油致使油面降落到允许限度以下。

（5）油色严重变坏，油内出现碳质。

（6）套管有严重破损和放电现象。

变压器停运操作程序应在现场规程中加以规定。强迫油循环水冷变压器停运时，应先停水系统，后停油系统。水冷却器在冬季停用后应将水全部放尽。

76. 电力变压器运行监视项目和巡视检查项目有哪些？

变压器运行应严格按照铭牌规范和 DL/T 572—2010《变压器运行规程》中的规定运行。值班人员应根据装设的仪表指示，严密监视其运行状况，及时发现变压器异常。运行中主要监视项目为：温升监视（变压器上层油温一般不超过85℃，最高不得超过95℃。）、负荷监视、电压监视、变压器油质监视等。对于配电变压器还应监视在最大负荷时三相负荷的不平衡度，若超过规定应将负荷重新分配。

变压器运行巡视检查项目如下：

（1）正常的巡视检查项目：

1）检查变压器储油柜内和充油套管内的油色、油面高度是否正常，其外壳有无渗油现象，并检查气体继电器内有无气体。

2）检查变压器套管是否清洁、有无破损裂纹、有无放电痕迹及其他异常现象。

3）检查变压器的声音有无异常及变化。

4）检查变压器上层油温（一般不超过85℃），并做好记录。

5）检查防爆管及防爆膜是否完好，装防爆阀的变压器是否完好。

6）检查散热器、风扇是否运行正常，有无异常声音或停转，各散热器的阀门应全部打开。

7）检查呼吸器内的吸湿剂是否已吸潮到饱和状态。

8）检查外壳接地是否良好，接地线有无断裂和锈蚀现象。

9）对强迫油循环风冷的变压器应检查潜油泵和风扇是否正常；对强迫油循环水冷的变压器，应检查水冷却器的油压是否大于水压，从旋塞放水检查有无油迹。

10）检查引线接头、电缆、母线有无过热现象。

11）检查变压器室的门、窗、门锁是否完整，房屋有无漏水、渗水，照明和空气温度是否适宜。

（2）变压器的特殊检查项目：

1）大风时应检查变压器高压引线接头有无松动，变压器顶盖及周围有无杂物可能会被吹上设备。

2）雾天、阴雨天应检查套管、绝缘子有无电晕、闪络、放电现象。

3）雷雨、暴雨后应检查套管、绝缘子有无闪络放电痕迹。

4）下雪天应检查积雪是否熔化，并检查其熔化速度。

5）夜间应检查套管引线接头有无烧红、发热现象。

6）大修及新安装的变压器投运后几小时，应立即检查散热器排管的散热情况。

7）天气突然变化趋冷，应检查油面有无下降情况。

77. 电力变压器套管表面脏污和出现裂纹有什么危险性？

（1）套管表面脏污及裂纹会使套管的绝缘水平下降。电网过电压可能会引起脏污、裂纹套管击穿，从而造成单相接地短路或相间短路事故。

（2）雨雪和潮湿天气可能引起脏污、裂纹套管沿面放电（爬电），严重时造成单相接地或相间短路事故。

（3）套管脏污易吸收水分，导电性能提高，不仅容易引起表面放电，还可能使泄漏电流增加，使套管发热，最后导致套管炸裂。

（4）套管裂纹易引起变压器和套管内部受潮，造成变压器和套管内部绝缘下降，引起套管击穿损坏和变压器绕组损坏。

78. 电力变压器安装前应检查、试验哪些项目？

（1）变压器应有出厂产品合格证，技术文件应齐全，型号规格应与设计相符，附件、备件应齐全完好。

（2）变压器本体及附件外表应无损伤，无漏油、渗油现象，密封应完好，表面无缺陷。

（3）对变压器油进行耐压试验，试验结果应合格。

（4）测量变压器的绝缘电阻。在变压器的安装过程中要测量几次绝缘电阻。第一次应在进行变压器其他试验项目之前测量，且工频耐压试验之后还应复测。所测绝缘电阻值不应低于被测变压器出厂试验数值的70%（同一温度下），或不低于有关规定值。

（5）进行交流耐压试验并应符合要求。

（6）转动变压器调压装置（包括分接开关），检查操作是否灵活，接触点是否可靠，接触是否良好。

（7）检查滚轮距是否与基础铁轨距吻合。

（8）必要时还要做吊芯器身检查。

79. 柱上变压器安装要求有哪些?

（1）柱上变压器底部距地面的距离不得小于2.5m。

（2）柱上安装的变压器应平稳牢固。

（3）架设变压器时电杆水平倾斜不能大于台架根开的1%。

（4）高、低压引线应排列整齐，并绑扎牢固。

（5）变压器应无缺陷，外壳应可靠接地。

80. 新装和大修后的电力变压器投运前应验收、检查哪些项目?

电力变压器投入试运行前，应再一次全面检查，确认其符合运行条件时，方可投入试运行。检查项目如下：

（1）变压器本体、冷却装置及所有附件应无缺陷，且不渗油。

（2）变压器轮子的制动装置应牢固，抗震措施应牢靠。无滚轮的变压器底部应固定牢靠。

（3）油漆完整、相色标志正确、接地可靠。

（4）变压器顶盖上应无遗留杂物。

（5）事故排油设施应完好，消防设施完全。

（6）储油柜、冷却装置、油系统上的油门均应打开，且指示正确。

（7）接地引下线及其与主接地网的连接应满足设计要求，接地应可靠。

（8）储油柜和充油套管的油位应正常。

（9）分接头的位置应符合运行要求；有载调压切换装置的远方操作应动作可靠，指示位置正确。

（10）变压器的相位及绕组的联结组别均应正确。

（11）测温装置指示应正确，整定值符合要求。

（12）冷却装置试运行应正常，联动正确；水冷装置的油压应大于水压；强迫油循环的变压器应启动全部冷却装置，循环 4h 以上，放完残留空气。

（13）保护、测量、信号和控制回路接线应正确。

（14）呼吸器应装有合格的干燥剂，且无堵塞现象。

（15）防雷保护应符合要求。

（16）防爆管内部无存油，保护膜完整。采用防爆阀的变压器应完好，符合防爆要求。

（17）变压器的全部电气试验应合格；保护装置整定值符合规定；操作及联动试验正确。

81. 电力变压器投运前，施工或检修单位应移交哪些技术文件？

（1）变压器安装工程竣工验收时，应移交下列资料和文件：

1）变更设计的实际施工图（竣工图）。

2）变更设计的证明文件。

3）制造厂提供的产品说明书、试验记录、合格证件及安装图纸等技术资料。

4）安装技术记录、器身检查记录、干燥记录等。

5）试验报告。

6）备品备件移交清单。

（2）大修竣工后，检修单位应向运行单位递交下列技术文件：

1）变压器及其附属设备的检修记录。

2）变压器及其附属设备（气体继电器、套管等）的试验记录。

3）变压器的干燥记录（如进行干燥）。

4）变压器油质化验记录、加油及滤油记录。

82. 电力变压器应建立哪些技术档案?

（1）变压器履历。

（2）主要制造图纸、说明书及出厂试验记录。

（3）交接试验记录及预防性试验记录。

（4）历次干燥记录。

（5）大修记录及验收报告。

（6）滤油、加油记录，油质化验及色谱分析记录。

（7）装在变压器上的测量装置的试验记录。

（8）其他试验记录及检查记录。

（9）变压器的控制及保护回路竣工图。

（10）变压器的事故及异常情况记录。

83. 电力变压器检修有哪些基本要求?

（1）大修。变压器大修的周期一般为 10 年左右。变压器大修有以下基本要求：

1）吊芯一般应在良好的天气、相对湿度不大于 75%，并且在无灰烟、尘土、水汽的清洁场所进行。芯子在空气中暴露时间应尽量缩短，在干燥空气中（相对湿度不大于 65%）不超过 16h，在较潮湿空气中（相对湿度不大于 75%）不超过 12h。

2）对于运行时间较长的变压器，需重点检查绕组的绝缘是否老化。

3）变压器绕组间隔衬垫应牢固、线圈无松动、变形或位移，高低压线圈应对称并无油粘物。

4）分接开关触点应牢固，无过热、烧伤痕迹，绝缘板和胶管应完整无损，触点实际位置与顶盖上的标记一致。

5）铁芯紧固、整齐，漆膜完好，表面清洁，油道畅通。

6）穿芯螺栓紧固绝缘良好，用 1000V 绝缘电阻表测定 10kV 变压器的绝缘电阻不应低于 2MΩ，35kV 变压器的绝缘电阻不应低于 5MΩ。

7）铁芯接地良好。

8）气体继电器应正确完好，二次回路的绝缘电阻合格。

（2）小修。变压器小修每年应至少一次，安装在特别污秽地区的变压器还应缩短检修周期。小修的项目如下：

1）消除已发现并能就地消除的缺陷。

2）清扫外壳及出线套管，发现套管破裂或胶垫老化者应更换；漏油者应检查胶垫规格是否符合，不符合或已老化损坏者应立即更换。如果漏油原因是螺栓没有拧紧，应将螺栓拧紧；如果是漏放胶垫，则应补加规格符合的胶垫。

3）检查外部，拧紧引出线接头，如发现烧伤，应修整并接好。

4）检查油表，清除储油柜中的污物，缺油时应补充符合要求、合格的油。

5）检查呼吸器和出气孔是否堵塞，并清除污垢。

6）检查气体继电器及引线是否完好。

7）检查放油阀开闭好坏。

8）跌落式熔断器保护的变压器检查熔管和熔丝是否完好。

9）检查变压器接地线是否完好。

10）按预防性试验规程规定进行有关试验，试验结果应正常。

84. 干式变压器是什么变压器？　干式变压器有哪几种类型？

干式变压器是指铁芯和绕组不浸渍在绝缘液体中的变压器。

干式变压器的分类有很多种方法，如按型号分为 SC（环氧树脂浇注包封式）、SCR（非环氧树脂浇注固体绝缘包封式）、SG（敞开式）等；按绝缘等级分为 B 级、F 级、H 级、C 级等；按绕组结构分为空气自冷、环氧浇注和树脂绕包三大类等。

（1）环氧树脂绝缘干式变压器。用环氧树脂浇注或缠绕作包封的干式变压器称为环氧树脂干式变压器。环氧树脂是一种广泛应用的化工原料，具有难燃、防火、耐潮、耐污秽、机械强度高等优点，而且具有优越的电气性能，已逐渐为电工制造业所采用。

（2）气体绝缘干式变压器。气体绝缘变压器是在密封的箱壳内充以 SF_6（六氟化硫）气体代替绝缘油，利用 SF_6 气体作为变压器的绝缘介质和冷却介质。它具有防火、防爆、无燃烧危险、绝缘性能好、与油浸变压器相比质量轻、防潮性能好、对环境无任何限制、运行可靠性高、维修简单等优点。其缺点是过载能力稍差。

（3）H 级绝缘干式变压器。H 级绝缘干式变压器用作绝缘的纸具有非常稳定的化学性能，可以连续耐 220℃ 高温，这种绝缘纸在起火情况下，具有自熄能力，即使完全分解，也不会产生烟雾和有毒气体，电气强度高，介电常数较小。这种变压器在外观上与普通干式变压器没有区别，只是在绝缘材料上有了改进。

85. 干式变压器的运行维护应遵守哪些规定？

（1）干式变压器在运行中除遵守油浸式变压器的相关规定外，还应遵守以下规定：

1）绕组温度达到温控器超温值时，应发出"超温"报警信号；绕组温度超过极限值时，应自动跳开电源断路器。

2）定期检查变压器冷却系统及风机的紧固情况，检查风道是否畅通。

3）变压器室内通风良好，环境温度满足技术条件要求。

4）绕组温度高于温控器启动值时，应自动启动风机。

5）干式变压器投运前应投入保护和温度报警。

6）巡视检查干式变压器不得越过遮栏。

7）定期更换冷却装置的润滑脂。

8）定期进行变压器单元的清扫。

9）定期进行测温装置的校验。

（2）干式变压器运行巡视检查内容：

1）接地应可靠。

2）风冷装置应正常。

3）温控器温度指示应正常。

4）变压器外表应无裂痕、无异物。

5）检查变压器室内通风装置应正常。

6）接头无过热。

86. 什么是非晶合金铁芯变压器？

在变压器的运行费用中，除维护费外，能量损耗费占了很大的比例。为了降低变压器的空载损耗，应采用高磁导率的软磁材料。非晶合金铁芯的变压器就是用高磁导率的非晶态合金制作变压器铁芯。非晶态合金铁芯磁化性能大为改善，其 $B-H$ 磁化曲线很狭窄，因此其磁化周期中的磁滞损耗大大降低，又由于非晶态合金带厚度很薄，且电阻率高，其磁化涡流损耗也大大降低。据实测，非晶态合金铁芯的变压器与同电压等级、同容量硅钢合金铁芯变压器相比，空载损耗要低 70%～80%。空载电流可下降 80% 左右。

87. 低损耗油浸变压器 S9、S11 采用了哪些降低损耗的措施？

变压器的损耗包括铁损和铜损两部分。降低变压器的损耗就是要设法降低这两部分损耗。低损耗油浸变压器 S9、S11 采用先进的结构设计和新的材料、工艺，节能效果十分明显，主要采用了以下降低损耗的措施：

（1）采用厚度很薄的硅钢片，一般为 0.3、0.27、0.23mm，以减小铁损。

（2）采用性能优良的硅钢片，硅钢片性能越好，单位损耗就越小。

（3）采用导电率高的铜线，如 S11 系列叠铁芯变压器采用无氧铜杆拉拔的无氧铜导线。导线电阻越小，运行中铜损就越小。

（4）采用螺旋式绕组结构，其特点是并联导线多，导线总电阻减小，运行中铜损减小。

88. 单相变压器应用有哪些优缺点？

单相变压器可以直接安装在用电负荷中心，缩短供电半径，改善电压质量，同时降低低压线路损耗，也大大降低用户低压线路的投资。使用单相铁芯变压器，对供电质量有明显的改善。单相变压器多为柱上式，通常为少维护的密封式，与同容量三相变压器相比，空载损耗和负载损耗都较小，特别适用于小负荷分布分散且无三相负荷区域。因此，单相配电变压器早已使用于居民低压配电的单相系统中，其对降低低压配电损耗、改善电能质量意义很大。

单相变压器在我国的推广中应注意：

（1）我国 10kV 为中性点不接地系统，当一相断线、对地绝缘下降或发生接地故障时，其他相电压会升高，最大升高到线电压，因此 10kV 单相变压器高压侧绝缘要按线电压考虑，其造价较高。

（2）三相变压器容量较大，使用在居民密集住宅区时，每台变压器所带用户数量多，变压器容量利用率高。但在同样条件下，使用单相变压器时，则总容量将高于三相变压器。因此，单相变压器在具体使用时应因地制宜，根据实际情况认真进行技术经济比较确定。

89. 什么是互感器？ 它有几种类型？

互感器是一种特种变压器。它能将电路中的大电流变为小电流、将高电压变为低电压，供测量仪表、继电保护和自动装置用。

电路中采用互感器后，可使仪表、继电保护和自动装置等二次设备在电气上与高压隔离，解除高压给二次设备和工作人员带来的危险，同时降低仪表、继电器和自动装置等设备的绝缘要求，因为互感器二次输出电压一般为 100V 或二次输出电流为5A。由于输出电压或电流标准，所以可使二次设备的额定电压、额定电流也标准化、系列化，这样便于统一制造，大规模生产。

互感器分为电流互感器和电压互感器两大类。

90. 电流互感器的作用是什么？ 有哪几种类型？

电流互感器是将电路中的大电流变为小电流，供给测量仪表、继电保护和自动装置用。它的结构特点是：一次绕组匝数很少，有的甚至利用一次导体直接穿过互感器的铁芯，只有一匝，导体相当粗；而二次绕组匝数很多，导线截面积较小。

电流互感器的种类很多，按一次绕组的匝数分为单匝（包括母线式、套管式等）和多匝两类；按一次电压的高低分为高压和低压两类；按用途为测量用和保护用两类；按准确度等级分为0.1、0.2、0.5、1.0、3.0、10、B、D、5PX、10PX 级等；按绝缘分为瓷绝缘、浇注绝缘、树脂浇注等。

电流互感器的容量是指允许接入的二次负载容量。电流互感器的变流比是一次绕组的额定电流与二次绕组额定电流之比。二次额定电流一般为 5A。

91. 电流互感器与被测系统如何连接？

电流互感器接入电路的方式是：一次绕组串联接入一次电路；二次绕组与仪表、继电器等二次设备的电流线圈串联，形成一个闭合回路，由于二次仪表、继电器等的电流线圈阻抗很小，所以电流互感器工作时二次回路接近于短路状态。二次绕组的额定电流一般为 5A，随着电流互感器变比不同，5A 对应的一次电流大小各不相同。

92. 什么是电流互感器的准确度级？ 如何选用？

电流互感器分为测量用电流互感器和保护用电流互感器。两种互感器对准确度要求不同，因此测量用电流互感器和保护用电流互感器的标准准确度不同：标准仪表用 0.2、0.1、0.05、0.02、0.01 级，测量仪表一般用 0.5、3.0 级等，保护仪表一般用 B 级、D 级、5PX、10PX 级等。

电流互感器的准确度等级，实际上是相对误差标准。例如，0.5 级的电流互感器是指在额定工况下，电流互感器的传递误差不大于 0.5%。准确度等级越小，测量精度越高。用于继电保护设备的保护级电流互感器，应考虑暂态条件下的综合误差，一般选用 P 级或 TP 级。5P20 是指在额定电流 20 倍时其综合误差为 5%。TP 级保护用电流互感器的铁芯带有小气隙，在它规定的准确限额条件下（规定的二次回路时间常数及无电流时间等）及额定电流的某倍数下其综合瞬时误差最大为 10%。使用时应根据不同用处正确选用不同准确度的电流互感器。

93. 电流互感器使用有哪些注意事项？

（1）电流互感器二次侧不准开路。即电流互感器一次侧带电时，在任何情况下都不允许二次线圈开路，否则将出现铁芯高热和二次侧感应出危险高电压现象，威胁人身和设备安全。

（2）电流互感器二次侧必须有一点接地。防止电流互感器的一、二次绕组绝缘击穿时，一次侧的高电压窜入二次侧，危及人身和设备的安全。

（3）为保证电流互感器的准确度，二次负载不能超过其额定负载。尤其是二次连接电缆不能太长，芯线截面积不能太小（一般最小不能小于 2.5mm²）。

（4）电流互感器在接线时，要注意其端子极性。按规定，电流互感器的一次绕组端子标以 L1、L2，二次绕组端子标以 K1、

K2。L1 与 K1 互为"同名端"或"同极性端"，L2 与 K2 也互为
"同名端"或"同极性端"。如果某一瞬间，L1 为高电位，则二
次侧由电磁感应产生的电动势使得 K1 也为高电位。在安装接线
和使用中，一定要注意端子的极性不能接错，否则其二次侧所接
仪表、继电器中流过的电流会过大，甚至可能引起事故。

94. 在带电的电流互感器上工作应采取哪些安全措施？

（1）严禁将电流互感器二次侧开路。

（2）短路电流互感器二次绕组时，必须使用短路片或短路
线。短路应可靠，严禁用导线缠绕。

（3）严禁在电流互感器与短路端子之间的回路和导线上进行
任何工作。

（4）工作必须认真、谨慎，不得将回路的永久接地点断开。

（5）工作时，必须有专人监护，使用绝缘工具，并站在绝缘
垫上。

95. 为什么电流互感器运行中二次侧不准开路？

如果电流互感器在运行中二次侧开路，则二次侧电流为零，
二次侧电流的去磁作用消失，此时一次侧电流全部用来励磁，二
次侧将感应出比原来大很多倍的高电压，严重威胁设备和人身安
全，甚至会造成严重事故。另外，电流互感器二次侧开路后会造
成铁芯过饱和，使铁芯过热、烧毁电流互感器。即使未烧毁，由
于铁芯过饱和，铁芯中损耗增大，也会加大电流互感器的误差。
因此，电流互感器在运行中严禁二次侧开路。

96. 为什么电流互感器二次绕组应有一点接地？

电流互感器一次侧电压很高，可达几十万伏，而二次侧电压

一般为 100V、电流为 5A。如果运行中绝缘击穿或其他原因造成一次侧高电压窜到二次侧，二次侧接的设备将全部被击毁，可能会造成设备事故和人身伤亡事故。但如果二次绕组有一点接地，高压窜到二次侧时会构成接地短路，一次侧断路器就会立即跳闸、切断电源，这样就避免了设备事故和人身伤亡事故的发生。

97. 为什么在电流互感器使用中二次负荷不能超过其额定负荷？

电流互感器的准确度是在额定负荷下定的，假如二次负荷值超过了电流互感器的额定负荷值，则电流互感器的准确度就不能保证了。所以，电流互感器在使用中，其二次侧接的负荷值不能超过其额定负荷值。尤其是二次回路的连接线（连接电缆）不能太长，线芯不能太细（最小截面积不能小于 $2.5\mathrm{mm}^2$），具体设计时要进行仔细计算再确定。

98. 为什么电流互感器不允许长时间过负荷运行？

电流互感器在额定电流下运行时，其磁路系统工作在设计要求时，不会引起磁路饱和。但当电流互感器过负荷运行时，其铁芯中的磁通会增大，铁芯趋向饱和，此时铁芯中损耗增大，造成电流互感器的误差增大，使表计指示不正确。

另外，电流互感器过负荷运行，磁通密度增大，铁芯饱和，会造成铁芯严重发热，致使绝缘老化加速，影响电流互感器使用寿命。所以，在运行过程中，若发现互感器长期过负荷运行，应及时更换互感器。

99. 电流互感器发生哪些情况必须立即停运检查？

（1）严重过热。

（2）内部发出臭味或冒烟。

（3）内部有放电现象，声音异常或引线与外壳间有火花放电。

（4）主绝缘击穿，并造成单相接地故障。

（5）一次或二次绕组发生匝间或层间短路。

（6）充油式电流互感器漏油。

（7）二次回路发生断线故障。

当发生上述故障时，应立即汇报并切断电源进行处理。

100. 电流互感器安装时有哪些注意事项？

（1）电流互感器安装在墙孔或楼板中心时，其周边应有 2 ~ 3mm 间隙，然后塞入油纸板，以便于拆卸，同时也可避免外壳锈蚀。

（2）每相电流互感器的中心应尽量安装在同一直线上，各互感器之间的间隙应均匀一致。

（3）当电流互感器二次绕组的绝缘电阻低于 10 ~ 20MΩ 时，必须进行干燥，促使其恢复绝缘强度。

（4）接线时应注意不能使电流互感器的接线端子受到额外拉力，并接线正确。另外，接线时应特别注意：

1）极性不能接错。

2）二次侧严禁开路，且不应装设熔断器。

3）二次侧的一端和互感器外壳必须做好接地，以保证安全运行。

101. 电压互感器与被测系统如何连接？

电压互感器的高压绕组与被测电路并联，低压绕组与测量仪表电压线圈、继电器线圈并联。由于二次仪表、继电器等设备的电压线圈阻抗很大，所以电压互感器工作时二次回路接近于空载状态，相当于一台空载运行的变压器。二次绕组的额定电压一般为 100V。

102. 电压互感器的准确度级如何选用?

电压互感器的准确度等级是指在规定的一次电压和二次负荷变化范围内，负荷功率因数为额定值时，误差的最大限值。通常电压互感器的准确度等级有 0.2、0.5、1、3、3P、4P 级等。0.2 级一般用于电能表计量电能；0.5 级一般用于测量仪表；1、3、3P、4P 级一般用于保护。

103. 电压互感器的使用有哪些注意事项?

（1）电压互感器二次侧不准短路。电压互感器的一、二次侧必须加熔断器保护，以防发生短路烧坏互感器或影响一次电路正常运行。但 110kV 以上的电压互感器的一次侧不装设高压熔断器，所以一般经隔离开关直接接入主电路。

（2）电压互感器二次侧应有一端接地。以防止电压互感器一、二次绕组绝缘击穿时，一次侧的高电压窜入二次侧，危及人身和设备安全。

（3）为了保证电压互感器的准确度，二次侧总负荷不能超过电压互感器的额定容量。若超过额定容量，电压互感器误差会增大，准确度级会降低。

104. 为什么在电压互感器运行中二次侧不允许短路?

电压互感器将电路中高电压降为低电压，供测量仪表、继电保护和自动装置用，它的结构特点是：一次绕组匝数很多，而二次绕组匝数较少，相当于降压变压器。当二次短路时，由于二次阻抗小，短路电流很大，极易烧坏电压互感器，所以电压互感器二次侧不准短路。

105. 电压互感器除金属外壳要接地外，还必须将二次绕组一点可靠接地，否则不准投运，为什么？

电压互感器在运行中，一次绕组处于高电压，而二次绕组电压很低（一般为 100V），如果电压互感器一、二次绕组绝缘击穿，一次侧的高电压窜入二次侧，会损坏低电压的二次设备，还会危及工作人员人身安全。但当二次绕组一点接地后，高压窜到低压时会构成接地短路，高压断路器会自动跳闸，切断电源，这样就保证了二次设备和工作人员人身安全。

106. 电压互感器一、二次侧都应加装熔断器作保护，严禁用普通熔丝替代，为什么？

电压互感器一次侧熔断器主要用来防止互感器内部故障及一次侧引出线故障的发生。在 3 ~ 10kV 电压互感器中，常用充填石英砂的瓷管熔断器，其熔丝为镍铬材料，总电阻约 90Ω，具有限制短路电流的作用。熔丝的额定电流为 0.5A，1min 内的熔断电流为 0.6 ~ 1.8A，而且在熔管内充的石英砂有强制断流作用。当互感器发生短路时，在短路电流尚未达到最大值之前，熔断器就能将电路可靠切断，并具有良好的灭弧性能和较大的断流容量。如果用普通熔丝来代替一次侧熔断器，既不能限制短路电流，又不能熄灭电弧，当互感器发生短路故障时，就可能损坏设备，甚至扩大事故造成严重后果。因此，严禁用普通熔丝来代替电压互感器一次侧熔断器。

电压互感器一次侧并联在高压电路上，尽管所用高压熔断器是最小规格，但断流电流仍然较大，当电压互感器二次侧短路时，一次侧熔断器难以熔断，所以为保护互感器，其二次侧还必须装设熔断器。选择二次侧熔断器容量时一般应满足以下条件：①在二次回路发生短路时，熔丝的熔断时间必须小于保护装置的动作时间；②熔丝额定电流应大于最大负荷电流，但不应超过额定电流的 1.5 倍。

107. 电压互感器二次侧接的负荷不能超过电压互感器的额定容量，为什么？

电压互感器二次负荷的大小，直接影响电压互感器的变比误差和角差，影响其准确度。在设计和制造互感器时，均按其准确度等级规定了相应的使用容量。同时，还按照其长期运行的允许发热温度，给出了最大容量。所以，在使用电压互感器时，为保证其准确度和安全运行，二次负荷容量不能超过其额定容量。

108. 安装电压互感器前应进行哪些检查？

电压互感器必须外观完好无损，技术参数合格，符合设计要求，这样才能保证正确安全运行。所以，安装电压互感器前应认真进行外观检查和技术参数检查，主要检查内容如下：

（1）检查瓷套管有无裂纹损伤，瓷套管与上盖间的胶合是否牢靠。

（2）附件应齐全，无锈蚀和机械损伤。

（3）油浸式电压互感器油位应正常，密封应良好，无渗油现象。

（4）互感器的变比分接头位置应符合设计规定。

（5）二次接线板应完整，引出端子应连接牢固。绝缘良好、标志清晰。

（6）互感器型号规格、技术参数必须与设计相符。

109. 电压互感器安装和接线的注意事项有哪些?

（1）电压互感器安装应水平，同一组互感器的极性应一致，二次接线端子及油位指示的位置应便于检查。

（2）电压互感器接线时要注意:

1）接到套管上的母线，无论高压或低压线路均不能使套管受到拉力，以免损坏套管。

2）电压互感器二次侧不能短路。

3）一、二次侧都应装设熔断器作为短路保护。

4）电压互感器二次侧必须有一端接地，电压互感器二次回路只允许有一个接地点。

5）电压互感器金属外壳也必须接地。

6）电压互感器的一、二次接线应保证极性正确。当两台同型号的电压互感器接成 V 形时，必须注意极性正确，否则会导致互感器线圈烧坏。

（3）在涉及计费的电能计量装置中，电压互感器二次回路电压降不应大于其额定二次电压的 0.2%；其他电能计量装置中电压互感器二次回路电压降不应大于其额定二次电压的 0.5%（参见 DL/T 448—2016《电能计量装置技术管理规定》）。

110. 电压互感器、电流互感器运行中发生哪些情况应立即停用?

（1）电压互感器高压熔断器连续熔断 2~3 次。

（2）高压套管有严重裂纹、破损，互感器有严重放电。

（3）互感器内部有严重异声、异味，或出现冒烟或着火情况。

（4）油浸式互感器严重漏油，看不到油位；SF_6 气体绝缘互感器严重漏气、压力表指示为零；电容式电压互感器分压电容器漏油。

（5）互感器本体或引线端子严重过热。

（6）压力释放装置（防爆片）冲破。

（7）电流互感器二次开路，电压互感器二次短路、接地端子开路不能消除时。

（8）树脂浇注互感器表面出现严重裂纹或放电。

111. 电压互感器、电流互感器的交接试验包括哪些项目？

电压互感器、电流互感器安装结束后应按规范要求认真做好交接试验，不合格者不准投运，其主要试验项目如下：

（1）测量绕组的绝缘电阻。测量结果与在相同条件下（如相同的温度）的出厂试验数据值比较，应没有明显的差别。

（2）进行绕组连同套管对外壳的交流耐压试验并合格。

（3）测量 35kV 及以上互感器一次绕组连同套管的介质损失角正切值 tanδ，并符合规定。

（4）油浸式电压互感器进行绝缘油试验。主要做电气强度试验（35kV 以下的互感器若主绝缘试验合格，可不做），试验结果应符合要求。

（5）测量电压互感器一次绕组的直流电阻。测量结果与制造厂出厂试验数据比较无明显差别。

（6）测量电流互感器的励磁特性曲线。本项试验仅在对继电保护有特殊要求时才进行。当电流互感器为多抽头时，测量使用抽头。同型式电流互感器的特性，相互比较应无明显差别。

（7）测量 1000V 以上电压互感器的空载电流。

（8）检查三相互感器的联结组别和单相互感器引出线的极性，必须与铭牌和设计相符。

（9）检查互感器变比，应与铭牌和设计相符。当为多抽头互感器时，检查使用分接头的变比。

（10）测量铁芯夹紧螺栓的绝缘电阻，测量结果应符合要求。

112. 电压互感器在运行中，发生内部冒烟或有放电声音时，禁止用隔离开关将电压互感器停用，为什么？

电压互感器在运行中，若内部冒烟或有放电声音，则说明互感器发生故障，为了防止用隔离开关切断故障电流造成事故，禁止用隔离开关将故障电压互感器切除。只有特高压熔断器断开后才能拉开其隔离开关，或者可以先进行必要的倒闸操作，移去负荷，用断路器将故障电压互感器切除。

第四章 交流电动机

113. 电动机的作用是什么？ 如何分类？

工矿企业的生产机械几乎都由电动机来拖动，以电动机为原动机，通过传动机构使生产机械产生符合人们要求的机械运动以完成生产任务。人们只要通过控制设备控制电动机的运转，就能完成生产过程的自动化。

电动机分交流和直流两大类，其中交流电动机用得较多。在交流电动机中又分异步电动机和同步电动机两种，其中异步电动机用得较多。在交流异步电动机中又有鼠笼式和绕线式两种型式，其中鼠笼式异步电动机用得最多。另外，交流电动机有三相和单相两类。

114. 三相鼠笼式异步电动机的工作原理是什么？

（1）三相鼠笼式异步电动机内旋转磁场的产生。在三相鼠笼式异步电动机的定子槽中嵌有空间互差120°的三相绕组。当三相绕组接上对称的三相交流电源时，在电动机内会产生一个旋转磁场。在旋转磁场作用下，转子鼠笼条中就会产生感应电动势和感应电流（因为鼠笼条两端由短路环连接，形成了闭合电路）。此时，鼠笼条在磁场中会受到力的作用，电动机转子在力的作用下转动起来，这就是三相鼠笼式异步电动机的工作原理。为说明这个过程，现在先分析三相定子绕组通上对称三相交流电后产生旋转磁场的原理。

　　设电动机三相绕组接成星形接线，接上对称三相交流电源后，电流为正值时，电流从绕组的头端进去、尾端出来；电流为负值时，电流从绕组的尾端进去、头端出来。现在假定通入三相绕组的对称三相交流电的波形如图 4 - 1 所示，则电动机三相绕组电流通入情况如图 4 - 2 所示。

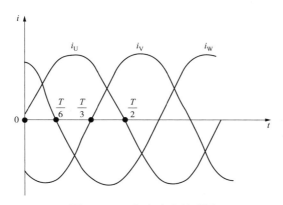

图 4 - 1　三相交流电波形图

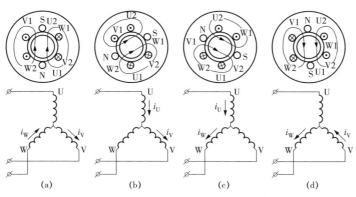

图 4 - 2　磁场方向的变化情况

（a）$t = 0$；（b）$t = T/6$；（c）$t = T/3$；（d）$t = T/2$

从图 4-2（a）可看到：在 $t=0$ 瞬间，$i_U=0$，绕组 U1-U2 中无电流流过；而这瞬间 i_V 为负值，绕组 V1-V2 中电流由 V2 进 V1 出；这瞬间 i_W 为正值，绕组 W1-W2 中电流由 W1 进 W2 出。用右手定则可判断，此时电动机中会产生如图 4-2（a）所示磁场，其合成磁场方向向上。

从图 4-2（b）可看到：在 $t=T/6$ 瞬间，$i_W=0$，绕组 W1-W2 中无电流流过；这瞬间 i_V 为负值，绕组 V1-V2 中电流从 V2 进 V1 出；这瞬间 i_U 为正值，绕组 U1-U2 中电流由 U1 进 U2 出。此时电动机内磁场分布如图 4-2（b）所示，其合成磁场方向较 $t=0$ 时刻顺时针方向旋转了一定角度。

从图 4-2（c）可看到：在 $t=T/3$ 瞬间，此时 $i_V=0$，绕组 V1-V2 中无电流通过；这瞬间 i_U 为正值，绕组 U1-U2 中的电流从 U1 进 U2 出；这瞬间 i_W 为负值，绕组 W1-W2 中电流从 W2 进 W1 出。此时电动机内磁场情况如图 4-2（c）所示，其合成磁场方向又较 $t=T/6$ 时刻顺时针转过了一定角度。

从图 4-2（d）可看到：$t=T/2$ 瞬间 i_U 又等于零，此时 U1-U2 绕组中无电流通过；而此时 i_V 为正值，绕组 V1-V2 中电流从 V1 进 V2 出；i_W 为负值，绕组 W1-W2 中电流从 W2 进 W1 出。此时电动机内磁场分布情况如图 4-2（d）所示，其合成磁场方向又较 $t=T/3$ 瞬间顺时针转过了一定角度。

从上述分析可清楚地看到三相定子绕组通入对称三相交流电后，在电动机内会产生一个顺时针方向旋转的磁场。假如通入的三相交流电相序不变，而将定子绕组的三个头 U1、V1、W1 与交流电源连接时，调换一个头，则可通过同样分析得知，电动机内产生的旋转磁场方向将变为逆时针方向旋转。旋转磁场的旋转速度称为同步转速，常用 n_1 表示。

（2）转子鼠笼条中感应电流的产生。当三相交流电通入电动机定子的三相绕组后，在电动机内会产生一个顺时针方向旋转的磁场。在这旋转磁场作用下，转子鼠笼条内会产生感应电动势和感应电流，因为磁场是顺时针方向旋转，转子鼠笼条相当于逆时针方向切割磁力线，用右手定则可判断出，此时鼠笼条中感应的电动势和电流方向如图 4 - 3 所示。如果旋转磁场旋转方向是逆时针方向，则转子鼠笼条中感应电动势和电流方向与上相反。转子鼠笼条中感应电动势方向可用右手定则判别。由于鼠笼条两端由短路环连接成闭合电路，所以鼠笼条中就有电流流过。

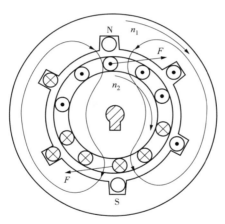

图 4 - 3　异步电动机转动原理

（3）三相鼠笼式异步电动机的转动原理。磁场内通电导体会受到力的作用，磁场越强，导体受到的力越大；磁场不变，导体中流过的电流越大，导体受到力越大。受力方向可用左手定则判别。

由于转子鼠笼条中产生了感应电流，鼠笼条在磁场中将受到力的作用。受力 F 的方向如图 4 - 3 所示。在 F 的作用下，电动机转子便沿着旋转磁场旋转的方向而转动。设电动机转子的转速为 n。

由于鼠笼式异步电动机鼠笼条中的电流是感应产生，不是外面通入，所以鼠笼式异步电动机又称感应式电动机。感应式电动机必须是异步，即转子转动速度不能等于磁场旋转速度，否则鼠笼条就不切割磁力线，就感应不出电流，没有电流，鼠笼条在磁场内就不会受到力的作用，电动机就不能转动。

（4）三相鼠笼式异步电动机的铭牌。在电动机的机座上都装有一块铭牌，铭牌上标出了该电动机的型号规格及一些主要的技术参数，供正确选用电动机和电动机安全可靠运行用。其中几个主要技术参数含义如下：

1）额定电压。表示电动机在额定运行时，规定加在定子绕组上的线电压，单位为 V（伏）。

2）额定电流。表示电动机在额定运行时，流入定子绕组中的线电流，单位为 A（安）。

3）额定功率。表示电动机在额定运行时，电动机的输出功率，对电动机而言，是指转轴上所输出的机械功率，单位为 kW（千瓦）。

4）额定转速。表示在额定工况时的转子转速，单位为 r/min（转/分）。

115. 三相鼠笼式异步电动机的正、反转控制方法是什么？

许多生产机械往往要求运动部件能向正、反两个方向运动，如机床工作台的前进与后退、轴的正反转、升降器的上升与下降等。这些生产机械一般都由电动机拖动，所以就要求电动机能正、反双向运动。

图 4-4 所示为接触器连锁的电动机正、反转控制电路。其中 KM1、KM2 是两只交流 380V 接触器；SB1、SB2、SB3 是三只

控制按钮；FU 是熔断器，起短路保护作用；FR 是热继电器，起过负荷保护作用；QS 是三相闸刀。现在常用低压断路器（自动空气开关）替代闸刀、熔断器和热继电器（由低压断路器的过电流脱扣、热脱扣装置来完成电路的短路保护和过负荷保护，由低压断路器来接通和断开电路）。

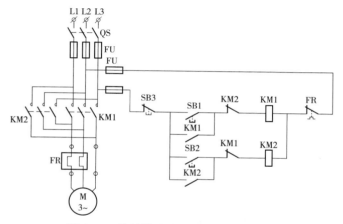

图 4-4　接触器连锁的正反转控制线路

接触器连锁的电动机正反转控制电路的工作原理介绍如下：

（1）正转控制。合上电源开关 QS，再按下正转启动按钮 SB1，接触器 KM1 的线圈便通电，KM1 动作，其动合主触点 KM1 接通电动机，电动机便正转启动运行。接触器 KM1 的一对动合辅助触点并联在按钮 SB1 两端，KM1 动作后此触点闭合，起自锁作用，此时放开按钮 SB1，接触器 KM1 线圈仍旧通电，维持电动机连续正转运行；KM1 的一对动断辅助触点串接在接触器 KM2 线圈回路中，KM1 动作后此触点断开，确保 KM2 的线圈不再通电，起到互锁作用，确保电动机运行安全。

（2）反转控制。先按下停止按钮 SB3，使接触器 KM1 线圈断电，其动合主触头断开，电动机便停止转动；其动合辅助触点和动断辅助触点同时断开和闭合，使自锁和互锁解除，电路恢复到原始状态。再按下反转按钮 SB2，接触器 KM2 的线圈便通电，接触器 KM2 动作，KM2 的动合主触头闭合接通电动机的反转电路（L1、L2、L3 三相电源接入电动机调换一个头），电动机便反转；KM2 一对动合辅助触点闭合实现自锁，KM2 的一对动断辅助触点断开，使 KM1 在 KM2 动作时不可能再动作，实现互锁。

（3）停运控制。要使电动机停止工作，可按下 SB3 动断按钮，使控制电路一切复原，电动机便停止工作。

（4）保护。当电路发生短路故障时，熔断器 FU 熔丝熔断，切断电源，电动机立即停止转动。

当电路发生较长时间的严重过负荷时，热继电器 FR 动作，切断电动机控制电路，使接触器 KM1、KM2 断电，电动机便停止转动，避免电动机过热损坏或影响使用寿命。

116. 三相鼠笼式异步电动机的启动性能如何判别？ 启动控制方法有什么？

电动机从接通电源开始，转速从零增加到额定转速的过程称为启动过程。衡量电动机启动性能好坏，主要从下列几个方面考核：

（1）启动电流应尽量小。

（2）启动转矩应足够大，保证电动机正常启动。

（3）转速应尽可能平滑上升。

（4）启动方法应简便、可靠，启动设备应简单、经济。

（5）启动过程中消耗的电功率应尽可能小。

鼠笼式异步电动机的启动方法有直接启动和降压启动两种。

117. 什么是直接启动方法？　直接启动应符合什么条件？

直接启动是指启动时把电动机定子绕组直接接到电源上，加在电动机上的电压和正常工作电压相同，所以直接启动又叫全电压启动。

当电源容量（供电变压器容量）足够大，而电动机容量较小时，采用直接启动，电源电压不致于受电动机的启动而波动很大。

一般情况，判断一台电动机能否直接启动可用式（4-1）来决定。

$$I_{st}/I_N \leqslant 3/4 + S_N/4P_N \qquad (4-1)$$

式中　I_{st}——电动机的启动电流（A）；

$\quad\quad$ I_N——电动机的额定电流（A）；

$\quad\quad$ S_N——供电给电动机的变压器容量（kVA）；

$\quad\quad$ P_N——电动机的额定功率（kW）。

I_{st}/I_N 是电动机的启动电流倍数，可在电动机样本和技术资料中查到。如果计算结果不能满足式（4-1）时，应采用降压启动。

118. 启动电流过大有什么危害？

（1）使线路上电压降增加，造成末端电压下降，影响其他用电设备用电，同时影响本身启动。

（2）使线路损耗增加，使电动机绕组铜损增加，造成电动机过热，影响电动机使用寿命。

（3）使电动机绕组端部受的电动力增加，严重时会发生变形；使电动机接线板上接线端子发热增加，因为启动电流大，接线端子接触电阻相对也大，所以发热增加，严重时会烧坏接线端子，烧坏接线板。另外，接线板的接线端子之间的电动力也会因启动电流大而增大，严重时会损坏接线端子或使接线端子变形。

119. 什么是降压启动？ 降压启动有哪些方法？

利用启动设备将电源电压适当降低后加到电动机定子绕组上启动，以限制电动机的启动电流，待电动机转速升高到接近额定转速时，再使电动机定子绕组上的电压恢复到额定值，这种启动过程称为降压启动。

降压启动既要保证有足够的启动转矩，又要减小启动电流，还要避免启动时间过长。一般将启动电流限制在电动机额定电流的 2 ~ 2.5 倍。启动时由于降低了电压，转矩也大大降低了，因此降压启动往往在电动机轻载状态下进行。

常用的降压启动方法有四种，即定子绕组中串接电阻（电抗）降压启动、自耦变压器降压启动、星形－三角形降压启动和延边三角形降压启动。

120. 自耦变压器降压启动有哪些方法？ 特点是什么？

自耦变压器降压启动是指电动机启动时，利用自耦变压器来降低加在电动机定子绕组上的启动电压，待电动机启动完毕后，再使电动机与自耦变压器脱离，在全电压下正常运行。

图 4－5 所示为手动控制自耦变压器降压启动电路图，电路的工作原理如下：先合上电源开关 QS1，再将开关 QS2 扳向"启动"位置，此时电动机定子绕组与自耦变压器二次绕组相接（二次绕组输出电压大小，可调换抽头给定），电动机便进行降压启动。待电动机转速上升到一定值时，手动将开关 QS2 扳到"运行"位置，此时电动机定子绕组与自耦变压器脱离，直接与电源

相接，电动机便在额定电压下正常运转。要使电动机停止转动，则拉开 QS1 开关就行。

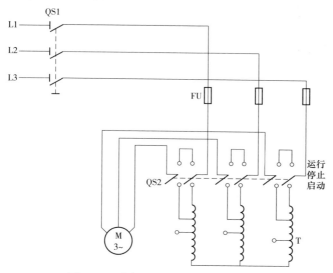

图 4 - 5 自耦变压器降压启动原理图

121. ∀ - △降压启动方法及特点是什么？

∀ - △降压启动是指电动机启动时，把定子绕组接成星形，待电动机启动完毕后再将电动机定子绕组改接为三角形，使电动机在全电压下运行。

启动时接成星形，其启动电流数值是三角形接线直接全电压启动时的 1/3。∀ - △降压启动方法只适用于三角形接线的电动机，而且电动机容量不能大，否则会启动困难。

图 4 -6 所示为手动 ∀ - △降压启动控制电路图，采用双投开关 QS2 进行控制。其工作原理如下：先合上电源开关 QS1，然后把双投开关 QS2 扳到"启动"位置，电动机定子绕组便接成星形

接线启动，当电动机转速上升到接近额定值时，将 QS2 扳到"运行"位置，电动机定子绕组便改接成三角形接线，使电动机全电压正常运行。

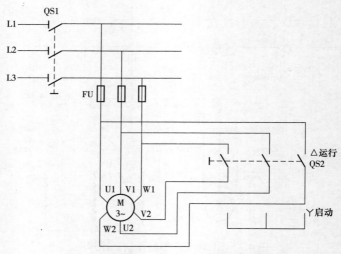

图 4 - 6　手动 Y - △降压启动控制线路

图 4 - 7 所示是时间继电器自动控制 Y - △降压启动电路图。其工作原理如下：电路主要由三个交流接触器（KM、KM$_Y$、KM$_△$）、一个热继电器 FR、一个通电延时型时间继电器 KT 和按钮等组成。

电动机启动时，先合上电源开关，然后按下启动按钮 SB1，接触器 KM 便动作，KM$_Y$ 也同时动作，电动机定子绕组便接成星形（Y）启动；在 KM、KM$_Y$ 两接触器动作的同时，时间继电器 KT 也动作，经过一定延时后（电动机转速上升到一定值时），时间继电器 KT 的动断触点断开使 KM$_Y$ 接触器断电释放，KT 的动合触点闭合使接触器 KM$_△$ 得电动作，电动机定子绕组便改接成三角形（△）接线，电动机便全电压正常运转。KM△的动合辅助触点进行自锁。电路中热继电器 FR 起过负荷保护作用，熔断器 FU 起短路保护作用。如果要电动机停止运转，按下停止按钮 SB2 即可。电路中并联在启动按钮 SB1 两端的接触器 KM 动合辅助触点也是起自锁作用。串接在 KM_Y 和 KM_△ 线圈电路中的 KM_△ 和 KM_Y 起互锁作用，即接触器 KM_Y 动作时 KM_△ 不能动作，KM_△ 动作后 KM_Y 便不能再动作，以保证电动机工作安全。

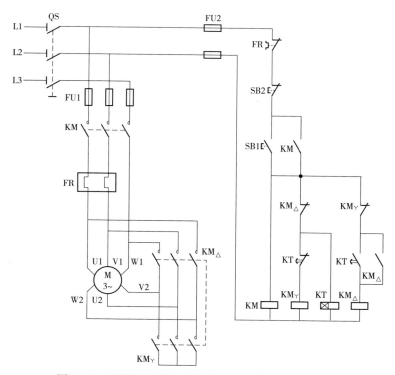

图 4-7 时间继电器自动控制 Y-△降压启动电路图

122. 三相鼠笼式异步电动机的调速控制方法是什么？

电动机的启动、调速、制动性能好坏，是衡量电动机运行性能的重要指标。

鼠笼式异步电动机调速性能差，一般不能平滑调速。在需要平滑调速的场合，常采用绕线式异步电动机。绕线式异步电动机的优点是可以通过集电环将转子绕组引出串接可调电阻，平滑调节电阻可平滑改变转子绕组感应电流的数值达到平滑调速目的。

异步电动机的转差率 $s = (n_1 - n)/n_1$，也可写为 $n = (1 - s)n_1$。旋转磁场旋转速度 $n_1 = 60f/P$，代入可得：

$$n = (1 - s)60f/P \qquad (4-2)$$

式中 n——电动机转子转动速度；

s——转差率；

P——旋转磁场极对数；

f——电源频率。

根据式（4-2），异步电动机调速可采用三种方法：改变磁场极对数 P、改变电源频率 f、改变转差率。

（1）变极调速。当电源频率 f 不变时，若改变定子旋转磁场的极对数，电动机的转速则跟着改变。例如，磁极对数从一对改为两对，转速就下降一半。所以这种调速方法只能是有级调速，阶梯式的一级变一级调速，不能平滑调速，鼠笼式异步电动机常用这种调速方法。

变极调速的原理如下：图 4-8 所示是变极调速原理图，图中画了一相绕组，将一相绕组分成两部分，如 1U1-1U2 与 2U1-2U2。若将这两部分绕组正向串联，即 1U1→1U2→2U1→2U2，产生的磁场如图 4-8（a）所示；若将两部分绕组反向串联，即 1U1→

1U2→2U2→2U1，则产生的磁场如图 4 - 8（b）所示。这样达到改变磁极对数的目的。

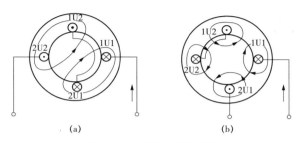

图 4 - 8　变极调速原理图

（a）正向串联磁场；（b）反向串联磁场

（2）变频调速。在实施变频调速时，为了保持主磁通不变，在改变电源频率 f 的同时，还必须改变电源电压 U，并保持 U/f 比值不变。变频调速的调速性能良好，具有较大的调速范围，而且调速平滑，但必须使用专用的调频电源设备。变频调速应用越来越多。

（3）改变转差率 s 调速。转差率 s 可通过改变外加电源电压 U 或者改变转子电路电阻来改变。

123. 三相鼠笼式异步电动机的制动控制方法是什么？

当电动机与电源断开之后，由于转动部分有惯性，不能立即停止转动，要经过一段时间后才能停转。但有些生产过程就不允许这样，为此必须对电动机进行制动控制。

三相异步电动机的制动方式分为机械制动和电气制动两大类。

（1）机械制动。机械制动是利用机械装置使电动机在电源切断之后迅速停止转动的方法。图 4 - 9 所示为电磁抱闸制动的结构图。它主要由两部分构成：一部分是电磁铁，另一部分是闸瓦制动器。电动机接通电源启动时，同时给电磁抱闸的电磁铁线圈通电，电磁铁的动铁芯被吸合，通过一系列机械结构，动铁芯克服弹簧拉力，迫使闸瓦与闸轮分开，闸轮可以自由转动，电动机正常运转。当电动机电源切断时，电磁铁线圈的电源也同时被切断，动铁芯和静铁芯分离，使闸瓦在弹簧作用下，把闸轮紧紧抱住，摩擦力矩使电动机迅速停止转动。

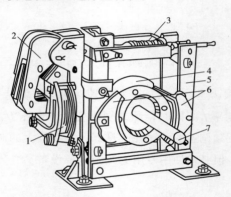

图 4-9　电磁抱闸结构图

1—电磁铁线圈；2—铁芯；3—弹簧；4—闸轮；5—杠杆；6—闸瓦；7—轴

（2）电气制动。电气制动是电动机在停转过程中，产生一个和电动机实际旋转方向相反的电磁力矩，以此作为制动力矩，使电动机迅速停止转动的方法。电气制动的方法很多，如反接制动、能耗制动等。

1）反接制动。反接制动是依靠改变电动机定子绕组的电源相序来产生制动力矩，迫使电动机迅速停止转动的方法。其制动原理如图 4-10 所示，当 QS 闸刀向上投合时，电动机定子绕组电源相序为 L1-L2-L3，电动机沿着旋转磁场方向［如图 4-10（b）中顺时针方向］以转速 $n < n_1$（旋转磁场旋转速度）正常运

转。当电动机需要停止转动时，可拉开闸刀 QS，使电动机断电，此时电动机仍按原方向做惯性转动。将闸刀 QS 向下投合，L1 与 L2 两相电源线便对调，电动机定子绕组的电源相序变为 L2 - L1 - L3，使旋转磁场旋转方向改变〔如图 4 - 10（b）中虚线所示逆时针方向〕，此时转子将以 $n_1 + n$ 的相对速度切割磁力线。在转子绕组中产生感应电流，其方向用右手定则判断，如图 4 - 10（b）所示。此时在旋转磁场作用下产生电磁转矩，此转矩的方向与电动机的惯性转动方向相反，使电动机受到制动而迅速停转。但必须注意，当电动机转速接近零时，应立即切断电源（拉开 QS 闸刀），否则电动机又将反转。

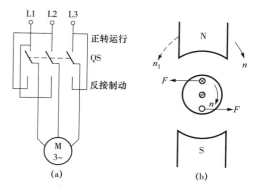

图 4 - 10　反接制动原理图
（a）原理图；（b）旋转磁场

2）能耗制动。能耗制动是在切断运转电动机交流电源后，用一个直流电源接入任意两相定子绕组中，使其产生一个静止磁场，与转子鼠笼条相互作用，使电动机停止转动。其制动原理不再详述。

电气制动还有反馈制动、电容制动等方法，这里也不再详述。

124. 电动机的运行维护要注意什么?

加强电动机运行维护是保证电动机安全运行的重要手段。

(1) 电动机运行中的监视。

1) 监视电动机的温度,检查电动机的通风是否良好。电动机正常运行时会发热,使电动机温度升高,但不应超出允许温升。

2) 监视电动机的电流。一般容量较大的电动机应装设电流表,随时对其电流进行监视。若电流大小或三相电流不平衡超过了允许值,应立即停机检查。

3) 监视电源电压。电动机的转矩与电压的平方成正比,电源电压忽高忽低或三相不平衡度超出规定,电动机就不能正常安全运行。

4) 监视电动机运行声响和振动是否正常,有无异常声音或气味。

5) 传动装置的检查。电动机在运行时,如果发现振幅较大,应立即停机检查底脚螺钉、皮带轮或联轴器等是否松动或严重变形,并及时进行调整。

6) 监视轴承的工作情况。电动机运行中应注意轴承声响和发热情况,若轴承声音不正常或过热,应检查润滑情况是否良好和有无磨损。轴承过热造成轴承损坏是电动机运行中常见的故障。造成轴承过热的原因很多,例如:机组安装不当,电动机轴和所拖动设备的轴的同轴度不符合要求;皮带轮拉力过大;轴承中润滑脂不足或超过使用期,已发干变质;轴承内圈和轴、轴承外圈和端盖轴承孔的配合过紧;机座、端盖、轴等零件的同轴度不好;轴承质量差或轴承清洗不净、润滑脂内有杂质等,都会引起轴承过热。发现轴承过热,应停止电动机运行,排除故障。

7）注意绕线式电动机电刷与集电环之间出现的火花。如果所发生的火花大于某一规定限度，必须及时加以调整。

（2）电动机的定期检查和保养。为了保证电动机安全可靠工作，除了运行过程中加强监视和维护外，还应进行定期检查和保养。主要检查和保养项目如下：

1）及时清除电动机机座外部的灰尘、油泥。

2）经常检查接线板接线柱螺栓是否松动或烧伤。

3）外壳接地或接零保护线是否牢固可靠。

4）定期清洗轴承，并更换新润滑油。润滑油量一般占油腔的 1/3 ~ 1/2。

5）定期检查启动设备，查看触头和接线有无烧伤、氧化，接触是否良好等。

6）电动机在使用中，应经常测量绝缘电阻，阻值应符合规定。

电动机运行一年后要大修一次，进行一次全面的检查、维护，发现问题及时处理。

（3）高温场所电动机运行安全禁忌。我国电机标准规定，电机的冷却介质温度不超过40℃，环境温度超过40℃时，电机的输出功率就要相应降低。高温场所电动机除了应降低输出功率外，还要选用耐高温的轴承润滑脂。冷却风扇允许的工作温度也应注意与环境温度适应。

（4）久置不用的电动机不宜直接投用。久置不用的电动机由于受潮及粉尘等影响，绝缘电阻较低，如果直接拿来使用，就可能发生设备及人身事故。所以在使用前应按规定检测电动机定、转子绕组相间绝缘电阻和相对地绝缘电阻，符合要求才能使用。如果测得的绝缘电阻不符合要求，则应采取措施对电动机烘干，提高绝缘电阻值。另外，应仔细清除电动机各部分尘埃，这对电机运行安全也很重要。电动机轴承的润滑脂一般有效期为 1 年，久置不用的电动机应清除旧的润滑脂，换成新的润滑脂，以保障电动机能可靠工作。

125. 电动机运行中发生哪些情况应立即停机检查?

（1）运行中发生人身事故。

（2）电动机启动器内冒烟或有火花。

（3）电动机发生强烈振动，威胁电动机安全。

（4）轴承温度超过允许值。

（5）电动机温度超过允许值。

（6）电动机缺相，造成两相运行。

（7）电动机传动装置失灵或损坏。

（8）电动机拖动的机械发生故障。

（9）电动机内部发生冲击。

（10）电动机起火、冒烟。

切断电源后，应查出原因，待故障排除后，方可合闸送电。

126. 电动机合上电源后，启动不起来，一般是什么原因造成的?

电动机合闸后嗡嗡响，转不起来，一般有以下原因：

（1）电源缺相。

（2）电动机定子和转子因气隙距离不正常而相碰，严重时转不起来。

（3）电源电压过低，使电动机启动转矩偏小，严重时启动不起来。

（4）定子或转子绕组故障。

127. 电动机运行温度过高一般是什么原因？ 怎样处理？

（1）负载过大。应减轻负载或更换较大容量的电动机。

（2）缺相运行。应立即检查熔丝是否熔断、开关触点的接触是否良好，排除故障。

（3）电动机风道阻塞。应立即清除风道灰尘或油垢，疏通风道。

（4）环境温度过高。应采取降温措施。

（5）定子绕组匝间短路。应检查找出故障点，排除故障。

（6）电源电压过低。应设法恢复正常电压。

（7）定子绕组触点接触不良。应查出故障点，予以排除。

128. 电动机的异常现象及原因有什么？

当发现电动机有异常现象时，均应及时加以消除。通常电动机出现的异常现象及其原因有下列各种：

（1）当启动时将开关合闸后，电动机不转动而只发响，或者不能达到正常的转速。其可能原因如下：

1）电动机电源缺相（一相熔断器熔丝熔断，电缆头、开关接头等接触不良）。

2）转子回路中断线或接触不良（鼠笼式电动机的鼠笼条和端环间的连接损坏，绕线式电动机转子的变阻器回路断开，电刷有问题，集电环与引线的连接损坏等）。

3）电动机转子或所拖动的机械被卡住。

4）电动机接线错误（如一相接反等）。

（2）在启动或运行时，定子和转子之间的空气隙内冒火或冒烟。其可能的原因如下：

由于中心不正或轴瓦磨损，转子和定子相碰；鼠笼式电动机的鼠笼条断裂，启动时冒出火花，使灰尘着火等。

（3）在新安装或检修后，启动电动机时过负荷保护装置动作。其可能的原因如下：

1）被带动的工作机械有故障或电动机与带动机械的连接未校正好，使电动机运转卡阻。

2）电动机内发生短路或电源电压下降。

3）保护装置的动作电流整定太小或动作时限不够。

4）绕线式电动机在启动时集电环短路或启动时变阻器不在启动位置。

（4）电动机在运行中声音发生变化，电流表的指示上升或降低到零。其可能的原因如下：

1）运行过程中缺相（一相熔断器熔丝熔断、接触点断开等）。

2）电源电压下降。

3）线圈内有匝间短路。

（5）电动机在运行中，定子电流发生周期性波动。其可能的原因如下：

1）绕线式电动机集电环有故障（接触不良）。

2）变阻器的接触损坏。

3）转子线圈中的接点损坏，或转子鼠笼条损坏。

（6）定子不正常地发热，但电流表指示定子电流未超出正常范围。其可能的原因如下：

电动机进风门关闭、风道堵塞（如积垢等）或周围的空气流通不畅，致使电动机温度过高。

（7）电动机运行中发生剧烈的振动。其可能的原因如下：

1）电动机和被带动机械的中心不一致。

2）机组失去平衡。

3）转动部分与静止部分摩擦。

4）轴承损坏。

5）所带动的机械损坏。

（8）轴承过分发热。其可能的原因如下：

1）润滑不良（润滑油少、油太浓或不清洁等）。

2）润滑环卡住。

3）轴瓦上的小沟被脏东西堵塞或被磨平。

4）电动机的轴或轴承倾斜。

5）皮带拉得过紧或轴承盖盖得过紧，轴承的间隙太小。

6）中心不正或靠背轮的凸齿工作不均匀。

（9）电刷冒火。其可能的原因如下：

电刷和集电环磨得不够光滑或集电环磨损；电刷的压力不均衡；电刷与集电环接触不良；电刷或集电环的表面不清洁、不平；集电环轴向窜动太大等。

（10）集电环、刷架和刷框发热。其可能的原因如下：

电刷和集电环间的摩擦力太大（电刷上的压力太大），电刷和刷架之间的接触不良，电刷的，牌号不合适。

电动机在运行中发生上述各种异常，应及时找出原因予以排除，以保证电动机运行安全。

129. 电动机应如何正确选择？

电动机型式的选择应满足工作环境和使用条件的要求。例如，在潮湿、多尘的环境或户外应选用封闭式电动机，在可燃或爆炸性气体的环境中应选用防爆式电动机。

电动机的功率必须与生产机械载荷的大小及其持续、间断工作的规律相适应。电动机容量太小，势必造成电动机过负荷工作而使电动机过热。过热对电动机的绝缘有很大影响，会加速绝缘的老化，缩短电动机的使用寿命，还可能引发火灾及人身触电事故。所以，为了限制电动机的发热，规定了电动机的最大允许温升，即电动机最高允许温度与周围环境温度之差。新系列电动机的最大允许温升，一般是按周围环境温度 40℃ 设计的。电动机的容量是指周围环境温度 40℃ 时具有的额定功率。如果周围的温度高出 40℃，电动机则应降低功率使用。

电动机容量太大，非但会增加不必要的投资，还会增加电动机损耗，降低电网功率因数，增加无功损耗和电压降落，影响其他设备用电。因此，当电动机负载经常低于 40% 时，应合理更换电动机，避免电动机轻载运行，以保持电动机在高效率范围内工作。

选用电动机除了考虑环境和功率要求之外，还要满足转速、启动、调速、机械特性和安装等方面的要求。

电动机的转速应按负载机械要求而定。电动机的机械特性主要指电动机的启动转矩及运行中的最大转矩。要求在负载运行中可能出现的最大转矩不超过电动机的最大转矩，启动时的电动机转矩应大于机械阻力矩。

选择电动机还应考虑节能的原则。一般当容量在 250kW 以上且负荷较稳定时，应选用同步电动机；容量在 200kW 以上时应选用高压电动机。除特别需要，一般不选用直流电动机。一般容量在 200kW 以下时选用的电动机工作电压为 380V。

电动机选择正确与否，对电动机的安全可靠运行及经济运行影响很大，所以必须根据实际需要进行全面综合分析和考虑再选择。

130. 电动机安装要求有哪些？

电动机的安装质量直接影响电动机的安全运行。如果安装质量不符合要求，电动机与被拖动的生产机械之间传动连接不好、平衡校正不好、联轴器连接中心线不对、皮带传动时皮带过紧过松、左右打滑等，则电动机运转后会出现卡阻而发热，引起过负荷保护装置动作切断电源，而使电动机停止运转，影响生产。对于未装过负荷保护的电动机，会因过热而影响使用寿命，甚至烧坏电动机。电动机运行中的异常和故障很多是由于机械上的原因引起，所以一定要认真负责地安装和调整好电动机及生产机械。下面简述电动机安装过程中的安全要求。

（1）电动机的搬运。电动机搬运时不准用绳子套在轴上或集电环、换向器上搬运，也不要穿过电动机端盖孔来抬电动机。在搬运过程中应特别注意，不能使电动机受到损伤、受潮或弄脏电动机。如果电动机由制造厂装箱运来，在没有运到安装地点前不要开箱，而且要存放在干燥、清洁的仓库或厂房内。就地保管时，应有防潮、防雨、防尘等措施。

中小型电动机从汽车或其他运输工具上卸下时，可用起重机械吊下来。如果没有起重机械，可在地面与汽车之间搭斜板，将电动机平推在斜板上慢慢地滑下来，而且必须用绳子将电动机拖住，以防滑动太快或滑出斜板及冲击到地面上而损坏电动机。质量在 100kg 以下的电动机可用铁棒穿过电动机上的吊环，由人力搬运。搬运中所用的机具、绳索、杠棒必须牢固，不能有丝毫马虎。如果电动机转轴在搬运中弯曲扭坏，使电动机结构变动，将直接影响电动机使用，而且修复很困难。

（2）电动机安装前检查。

1）检查电动机的功率、型号、电压等技术规格是否与设计相符。

2）检查电动机有无损伤，风罩风叶是否完好，转子转动是否灵活，轴向窜动是否超过规定的范围。

3）检查电动机润滑脂，应无变色、变质及硬化现象，其性能应符合电动机工作条件。

4）测量电动机内部空气间隙，其不均匀度应符合产品规定。若无规定时，各点空气间隙的相互差值不应超过 10%。

5）电动机的引出线与接线端子连接应良好，接线端子编号应齐全。

6）拆开接线盒，用万用表测量三相绕组是否有断线。

7）用绝缘电阻表测量电动机的各相绕组之间、各相绕相与机壳之间的绝缘电阻。如果电动机额定电压在 500V 以下，则使用 500V 绝缘电阻表测量时，其绝缘电阻不应低于 0.5MΩ，如不能满足，应对电动机进行干燥处理。

8）对绕线式电动机需检查电刷的提升装置。提升装置应标有"启动""运行"的标志。动作顺序应是先短路集电环，再提升电刷。

9）电动机在检查中，如发现有下列情况之一时，应进行抽芯检查：①出厂日期超过制造厂保证期限者；②经外观检查或电气试验，质量有可疑时；③开启式电动机经端部检查有可疑时；④试运转时有异常情况者。

电动机抽芯检查时应符合下列要求：①电动机内部清洁无杂物。②电动机的铁芯、轴颈、集电环和换向器等应清洁、无伤痕、锈蚀现象，通风孔无阻塞。③线圈绝缘层完好，绑线无松动现象。④定子槽楔应无断裂、凸出及松动现象。⑤转子的平衡块应紧固，平衡螺栓应锁牢，风扇方向应正确，叶片无裂纹。⑥磁极及铁轭固定良好，励磁线圈紧贴磁极，不应有松动。⑦鼠笼式电动机转子鼠笼条和端环的焊接应良好，浇铸的导电条和端环应无裂纹。⑧电动机绕组连接正确，焊接良好。⑨直流电动机的磁极中心线与几何中心线应一致。⑩直流电动机的滚珠（柱）轴承应符合：轴承工作面光滑清洁，无裂纹或锈蚀；轴承的滚动体与内外圈接触良好，无松动，转动灵活无卡阻；加入轴承内的润滑脂应填满其内部空隙的 2/3，同一轴承内不得填入两种不同的润滑脂。

10）电动机的换向器或集电环应符合下列要求：①换向器或集电环表面应光滑，无毛刺、黑斑、油垢。如果换向器的表面不平程度达到 0.2nun 时应进行车光。②换向器片间绝缘（云母片）应凹下 0.5 ~ 1.5mm。整流片与线圈应焊接良好。

11）电刷的刷架、刷握及电刷的安装应符合下列要求：①同一组刷握应均匀排列在同一直线上。②各组电刷应在换向器的电气中性线上。③刷握的排列，一般应是相邻不同极性的一对刷架彼此错开。

12）对于多速电动机，其联结组别、极性应正确；连锁切换装置应动作可靠；有操作程序的电机应符合产品规定；电源切换开关应符合规范要求。

（3）电动机的安装与校正。

1）电动机底座基础。电动机底座的基础一般用混凝土浇筑或用砖砌成。混凝土基础一般需 15 天后才能安装；砖砌基础一般需 7 天后才能安装，以保证基础干透牢固。电动机基础高度一般在 100 ~ 150mm，基础大小主要决定于电动机底座尺寸，每边长度一般比电动机底座宽 100 ~ 150mm，以保证埋设的底脚螺栓有足够的强度；基础的承重一般不小于电动机质量的 3 倍。基础不能有裂纹，基础面应平整，底脚螺栓应上下垂直，底脚螺栓距离应与电动机底座螺孔距离相符。

2）底脚螺栓的埋设。底脚螺栓的埋设不可倾斜，待电动机紧固后底脚螺栓应高出螺母 3 ~ 5 扣。底脚螺栓埋设必须牢固，埋入长度一般是螺栓直径的 10 倍左右。

3）电动机安装。安装电动机时，质量在 100kg 以下的电动机，可用人力抬到基础上，比较重的电动机，应用起重设备或滑轮、手拉葫芦等器具将电动机吊装就位。为了防止振动，安装时应在电动机与基础之间垫一层质地坚韧的硬橡皮等防振物；四个底脚螺栓上均要加弹簧垫圈，拧紧螺母时要按对角交叉次序拧紧，每个螺母要拧得一样紧。穿导线的钢管应在浇混凝土前埋好，连接电动机的一端钢管管口离地不低于 100mm，并应尽量靠近电动机的接线盒，最好用软管伸入接线盒。

4）电动机校正。电动机的水平关系到传动装置的连接和校正，因此一定要用仪器精确测量并校正好水平。电动机水平校正一般用水平仪（水准器）测量，用 0.5 ~ 5mm 厚的钢片作为垫片进行校正。不能用竹片或木片作为垫片。

（4）电动机接线。电动机接线必须保证正确、连接必须牢靠。

131. 高压电动机和启动装置检修应做哪些安全措施？

高压电动机通常指 3 ~ 10kV 供电电压的电动机，容量大，在工作中常拖动控制功率大的重要负载。高压电动机在运行中可能发生的主要故障有电动机定子绕组的相间短路（包括供电电缆相间短路）、单相接地短路以及一相绕组的匝间短路等。电动机最常见异常运行状态有启动时间过长、一相熔断器熔断或三相不平衡、堵转、过负荷引起的过电流、供电电压过低或过高等。其中，定子绕组的相间短路是电动机最严重的故障，将引起电动机本身绕组绝缘严重损坏、铁芯烧伤，同时将造成供电电网电压的降低，影响或破坏其他用户的正常工作，因此要求尽快切除故障电动机。另外，高压电动机的供电网络一般是中性点非直接接地系统，高压电动机发生单相接地故障时，如果接地电流大于10A，将造成电动机定子铁芯烧损，另外单相接地故障还可能发展成匝间短路或相间短路。因此高压电动机必须按规程装设继电保护装置并要保证其正确可靠动作。除此以外，要加强高压电动机的运行维护，要按检修周期定期做好检修保养工作，保证高压电动机安全可靠运行。

检修高压电动机和启动装置时，应做好下列安全措施：

（1）断开电源断路器和隔离开关，经验明确无电压后在检修电动机侧装设接地线或在隔离开关间装绝缘隔板，小车开关应从成套配电装置内拉出，并关门上锁。

（2）在断路器、隔离开关的操作把手上悬挂"禁止合闸，有人工作!"标示牌。

（3）拆开后的电缆头应三相短路接地。

（4）做好防止被电动机拖动的机械（如水泵、空气压缩机、引风机等）引起电动机转动的措施，并在阀门上悬挂"禁止合闸，有人工作!"标示牌。

132. 在转动着的电机上调整、清扫电刷及集电环时应遵守哪些规定？

在转动着的电机上调整、清扫电刷及集电环的工作，应由有经验的电工担任，并遵守下列规定：

（1）工作人员工作时要特别小心，防止衣服及擦拭材料被机器挂住，袖口要紧扣，发辫应放在帽内。

（2）工作时应站在绝缘垫上，不得同时接触两极或一极与接地部分，也不能两人同时进行工作。

133. 单相鼠笼式异步电动机的运行维护应注意什么？

单相鼠笼式异步电动机由单相电源供电，广泛应用在日常生活用的一些家用电器中，如空调器、电冰箱、洗衣机、电扇等。

单相异步电动机根据其启动方法或运行方法的不同，可分为单相电容运行电动机、单相电容启动电动机、单相罩极式电动机等。

（1）单相电动机的运行维护。

1）运行中应监视电动机的温度不能超过规定。当温升突然增大或超过最高工作温度时说明电动机已发生故障，应立即检查处理。

2）注意声音。如电动机噪声过大，可能是轴承间隙过大或窜动太大所致，应进行检修和调整，需要时更换磨损零件。

3）保持清洁，要经常清除机壳上的灰尘，轴承要定期加油。

4）长期停用的电动机，重新使用时应检查其绝缘性能。用 500V 绝缘电阻表测量，绝缘电阻不低于 0.5MΩ。

5）定期注意保养，每年不少于一次。

（2）单相电动机的常见故障及其原因。单相电动机运行中应注意观察其启动及运行情况，转速是否正常，温升是否过高，有无杂音和振动，有无焦臭味等。单相电动机常见故障及其原因举例如下：

1）不能启动。可能原因：电源电压不正常；电源线破损或折断；电动机定子绕组断路或机内连接线脱焊；电容器损坏；转子卡住；离心开关触头闭合不上；过载。

2）时转时不转。可能原因：开关接触不良；电容器焊接不良。

3）转速低于正常转速。可能原因：电源电压偏低；轴承损坏或缺油；绕组匝间短路；离心开关触头无法断开，启动绕组未切除；电容器损坏（击穿或容量减小）；电动机负载过重。

4）电动机过热。可能原因：定子、转子空隙中有杂物卡住；润滑油干涸；绕组短路或接地；电容启动电动机离心开关触头无法断开，启动绕组长期运行。

第五章　高压电器及成套配电装置

134. 什么是电弧？　开关电器设备中电弧如何产生与熄灭？

电弧是一种气体放电现象，它有两个特点：①电弧中有大量的电子、离子，因而是导电的。开关电器切断电路时，断开的触头之间将会产生电弧，电弧不熄灭则电路继续导通，电弧熄灭后电路才正式断开；②电弧的温度很高，弧心温度达 4000 ~ 5000℃ 以上，高温电弧会烧坏设备，从而造成严重事故，所以必须采取措施迅速熄灭电弧。

在交流电路中，当电流瞬时值为零时，触头间的电弧将消失，称为电弧暂时熄灭。在下半个周期内触头间能否再次产生电弧，则由触头间介质击穿电压与触头间恢复电压互相比较来决定，如果再次产生电弧称为电弧重燃，若不再产生电弧则称为电弧熄灭。

触头间介质击穿电压是指使触头间产生电弧的最小电压。触头间恢复电压是指触头间电弧暂时熄灭后外电路施加在触头之间的电压。显然，电弧暂时熄灭后，如果触头间的恢复电压大于触头间的介质击穿电压，电弧将重燃；反之，触头间的恢复电压始终小于触头间的介质击穿电压，电弧将彻底熄灭。

触头间介质击穿电压的大小与触头之间的温度、离子浓度和触头之间距离（电弧长度）等因素有关。当温度低、离子浓度低、触头之间距离长（电弧长度长）时，触头之间的介质击穿电压高；反之，触头之间的介质击穿电压低。

触头之间的恢复电压主要与电路中电源电压、电感（或电容）性负载与电阻性负载所占比例，以及电弧暂时熄灭前电弧电流的变化速率等因素有关。当电感（或电容）性负载所占比例大时，恢复电压增加较快，不利于灭弧。电路为纯电阻性负载时，恢复电压等于电源电压，有利于灭弧。一般电路中均有电感存在，如果电弧暂时熄灭前，电流变化速率很大，电感元件上将产生很大的感应电动势，此时电弧暂时熄灭后，触头间的恢复电压将等于电源电压再加上一个很大的感应电动势，恢复电压很大，不利于电弧熄灭。

135. 开关电器中电弧熄灭常用哪些方法?

在开关电器中，为加速电器触头之间电弧的熄灭，各种开关电器采用不同的灭弧措施与方法。开关电器中电弧熄灭常用的方法如下：

（1）气体吹动电弧。利用温度较低的气体吹动电弧，吹动电弧的气流会使电弧温度降低，并带走大量带电粒子（正离子、负离子和自由电子），从而提高了弧隙的介质击穿电压，使电弧加速熄灭。按照气体流动方向的不同，吹动电弧的方法又可分为纵向吹动（简称纵吹）和横向吹动（简称横吹）两种。纵向吹动，为气体吹动方向与电弧轴向相平行的吹弧方式。横向吹动，为气体吹动方向与电弧轴向相互垂直的吹弧方式。横吹时还能拉长电弧，增大电弧冷却面积，并带走大量带电粒子，其灭弧效果较好。

（2）拉长电弧。采用加快触头之间的分离速度等措施，使电弧的长度迅速增长、电弧表面积迅速增大，从而提高触头间的介质击穿强度，加速电弧熄灭。

（3）电弧与固体介质接触。当电弧与优质固体灭弧介质（如石英砂等）接触时，固体介质能使电弧迅速冷却，并由于金属蒸气大量在介质表面凝结，减少了弧隙的金属蒸气，使触头间的带电粒子（正离子、负离子和自由电子）急剧减少，迅速提高介质击穿电压，从而达到加速电弧熄灭的目的。

136. 高压开关有哪几种？ 有什么区别？

开关电器是用来接通和开断电路的电气设备。高压开关通常是指 10kV 及以上的开关。它包括高压断路器、隔离开关和负荷开关三种。

断路器具有完善的灭弧装置，是高压开关中性能最完善的一种开关，它能切合正常工作电流，又能切断短路电流。

隔离开关没有专门灭弧装置，它不能切合正常工作电流，更不能切断短路电流，所以隔离开关不能带负荷拉合。

负荷开关只有简单的灭弧装置，它只能切合正常工作电流，不能切断短路电流。它与高压熔断器配合使用，由熔断器起短路保护作用。

137. 高压断路器的用途是什么？ 断路器按灭弧原理或灭弧介质可分哪些类型？

高压断路器是用来接通和断开电路，它能切合正常工作电流，又能切断短路电流，能在各种情况下迅速而可靠地熄灭电弧，所以它是电力系统中一种极重要的电气设备，应用面广、量大，它的安全可靠对电力系统安全运行有着重要的影响。

根据断路器的安装地点分，断路器有户内式和户外式两种。

根据断路器使用的灭弧介质分，断路器有油断路器、空气断路器、真空断路器和六氟化硫（SF_6）断路器等类型。

138. 真空断路器是什么断路器？　它有什么特点？

真空断路器，是利用"真空"作为绝缘介质和灭弧介质的断路器。这里所谓的"真空"可以理解为气体压力远远低于 1 个大气压的稀薄气体空间，一般为 $1.33 \times 10^{-3} \sim 1.33 \times 10^{-6} Pa$，空间内气体分子极为稀少。真空断路器是将其动、静触头安装在"真空"的密封容器（又称真空灭弧室）内而制成的一种断路器。真空断路器有以下特点：

（1）结构轻巧、触头开距小（10kV，只有 10mm）、动作迅速、操作轻便、体积小、质量轻。

（2）燃弧时间短，因为触头处于真空中，基本上不发生电弧，极小的电弧一般只需半周波（0.01s）就能熄灭，故有半周波断路器之称，而且与电流大小无关。

（3）触头间隙介质恢复速度快。

（4）使用寿命长。由于开合时电弧很小，灭弧速度快，对触头的损害小，因此其电气寿命和机械寿命均较长。

（5）维修工作量少，又能防火、防爆。

真空断路器已越来越被广泛应用，尤其是 10kV 断路器应用真空断路器越来越多。但选用时要特别注意真空断路器的质量。

139. 真空断路器必须保证密封管内真空度，如果真空度降低或不能使用时，需及时更换，不准再用，为什么？

真空断路器是利用"真空"作为绝缘介质和灭弧介质的断路器。断路器内气体分子极为稀少。其动、静触头安装在"真空"

的密封容器，即真空灭弧室内。在触头刚分离时，触头间发生小的电弧。电弧温度很高，可使触头表面产生金属蒸气。随着触头的分开和电弧电流的减小，触头间的金属蒸气密度也逐渐减小。当电弧电流过零时，电弧熄灭，触头周围的金属离子迅速扩散，凝聚在触头周围的屏蔽筒上，在电流过零后很短时间（约几微秒）内，间隙便没有多少金属蒸气，立刻恢复到原有的高"真空"状态，使触头之间的介质击穿电压迅速恢复，达到触头间介质击穿电压大于触头间恢复电压条件，使电弧彻底熄灭。

假如真空断路器密封管内真空度下降，大量空气漏入，则电弧不能熄灭，就要发生真空断路器爆炸等可怕事故，所以选购真空断路器时一定要重视断路器质量，运行中检查真空度降低或不能使用时，需立即更换，不准再用。

140. 真空断路器在运输、装卸过程中有哪些要求？ 运到现场后应做哪些检查？ 如何保管？

真空断路器在运输、装卸过程中，不得倒置和遭受雨淋，不得受到强烈振动和碰撞。运到现场后应检查合格，并按要求保管，不准随意放置。

（1）真空断路器运到现场后的检查应符合下列要求：

1）开箱前包装应完好。

2）断路器的所有部件及备件应齐全，无锈蚀或机械损伤。

3）灭弧室、瓷套与铁件间应黏合牢固，无裂纹及破损。

4）绝缘部件不应变形、受潮。

5）断路器的支架焊接应良好，外部油漆完整。

（2）真空断路器到达现场后的保管应符合下列要求：

1）断路器应存放在通风、干燥及没有腐蚀性气体的室内。

2）断路器存放时不得倒置，开箱保管时不得重叠放置。

3）开箱后应进行灭弧室真空度检测。

4）断路器若长期保存，应每 6 个月检查一次，在金属零件表面及导电接触面应涂一层防锈油脂，用清洁的油纸包好绝缘件。

141. 什么是 SF₆（六氟化硫）断路器？ 它与其他断路器比较有哪些优缺点？

六氟化硫（SF_6）断路器采用 SF_6 气体作为绝缘介质和灭弧介质，具有开断能力强、灭弧速度快、体积小、适于频繁操作等优点，并且没有油断路器那种可能燃烧、爆炸的危险。缺点是金属消耗量较多，价格较贵。SF_6 断路器及 SF_6 全封闭组合电器在电力系统中已被广泛应用，但 SF_6 气体的密度较大，如有泄漏则会沉积于电缆沟等低洼处，浓度过大会出现使人窒息的危险。另外，SF_6 气体在电弧作用下的分解物，如 SF_4、HF 等有强烈的腐蚀性和毒性，一定要注意防护。

SF_6 断路器与其他断路器比较，有以下优点：①断口耐压高；②允许的开断次数多，检修周期长；③开断电流大，灭弧时间短；④操作时噪声小，寿命长。

SF_6 断路器与其他断路器比较，有以下缺点：①SF_6 气体密度比空气大，假如 SF_6 开关设备泄漏，SF_6 气体会沉积在电缆沟等低洼处，很难清除，气体积聚多了会致使工作人员窒息。②在电弧作用下，SF_6 气体分解的低氟化物气体有毒。③SF_6 气体在高温下与铜、钨等金属生成粉末状的金属氟化物，碰到人体的皮肤可能引起过敏。④如断路器密封不良还会引起水分或潮气浸入内部，水分遇到低氟化分解物会产生氢氟酸，氢氟酸有毒性且会腐蚀材料。当内部水分达到一定量时还会在绝缘件表面结露而影响绝缘强度，甚至会产生沿面放电。

所以 SF_6 断路器不仅本身制造工艺要求高，其内部还须加装吸附装置吸收有毒气体，箱体加装压力表及外附报警装置，检修断路器还须配置特殊的 SF_6 气体回收、补气等装置，导致价格昂贵。

142. SF_6（六氟化硫）是一种什么气体？

六氟化硫（SF_6）是一种化学性能非常稳定的惰性气体，在常态下无色、无臭、无毒、不燃、无老化现象，具有良好的绝缘性能和灭弧性能。据资料介绍，它的绝缘强度约是空气的 2.33 倍，灭弧能力可达空气的 100 倍。因此，用 SF_6 气体作为绝缘介质和灭弧介质的 SF_6 断路器结构简单，外形尺寸小，占地面积少，使用寿命长，检修周期长，检修工作量小。但 SF_6 气体密度比空气大（是空气的 5.1 倍），假如 SF_6 开关设备泄漏，SF_6 气体会沉积在电缆沟等低洼处，很难清除，气体积聚多了会致使工作人员窒息。另外，SF_6 气体虽然化学性质稳定，但是它与水分或其他杂质成分混合后，在电弧作用下会分解为低氟化合物和低氟氧化物，如氟化亚硫酸（SOF_2）、氢氟酸（HF）、二氟化铜（CuF_2）等，其中的某些成分低氟化合物和低氟氧化物有严重腐蚀性和毒性，会腐蚀断路器内部结构部件，并会威胁运行和检修人员的安全。所以要做好检测，做好防护。

143. SF_6（六氟化硫）断路器使用中应注意什么？

六氟化硫（SF_6）气体在常态下无色、无臭、无毒，具有良好的绝缘性能和灭弧性能。但经电弧高温燃烧后，会分解出 SOF_2、SO_2F_2、SOF_4 等有毒气体，特别是断路器如果密封不良，水分或潮气浸入内部时情况更严重，因此除必须抓好制造质量、保证断路器良好密封以及内部加装吸附装置吸收有毒气体等措施外，运行中还应按规定严格做好运行监视，应定时做好压力、温度记录，定期监测漏气量，不能超过规定值。检修断路器时，检修人员要做好防护，并须携带特殊的 SF_6 气体回收、补气等装置。SF_6 气体密度比空气大，假如 SF_6 开关设备泄漏，SF_6 气体会沉积在电缆沟等低洼处，很难清除，气体积聚多了会致使工作人员窒息，因此要做好检测和防护。

144. 什么是 SF_6（六氟化硫）组合电器？ 它有什么优点？

SF_6 全封闭组合电器是以 SF_6 气体作为绝缘和灭弧介质，以优质环氧树脂绝缘子作支撑的一种新型成套高压电器。其类型和结构发展变化很快。

SF_6 全封闭组合电器与常规电器的配电装置相比，有以下优点：

（1）大量节省配电装置所占地面积与空间，电压越高，效果越显著。

（2）运行可靠性高。SF_6 封闭电器由于带电部分封闭在金属外壳中，因此，不受污秽、潮湿和各种恶劣气候的影响，也不会发生由于小动物而造成的短路和接地事故。SF_6 气体为不燃的惰性气体，不致发生火灾，一般也不会发生爆炸事故。

（3）土建和安装工作量小，建设速度快。

（4）检修周期长，维护方便。全封闭 SF_6 断路器由于触头很少氧化，触头开断后烧损甚微，因此检修周期长，维护方便。

（5）由于金属外壳接地的屏蔽作用，能有效消除电磁干扰、静电感应和噪声等，同时，也没有触及带电体的危险，有利于工作人员的安全和健康。

（6）抗震性能好。SF_6 全封闭电器由于没有或很少有瓷套管之类的脆性元件，设备的高度和重心都很低，且本身的金属结构具有足够抗受外力的强度，因而抗震性能好。

SF_6 全封闭组合电器缺点如下：

（1）SF_6 全封闭电器对材料性能、加工精度和装配工艺要求很高。

（2）需要专门的 SF_6 气体系统和压力监视装置，对 SF_6 气体的纯度和水分都有严格的要求。

（3）金属消耗量较大，造价较高。

145. SF_6 断路器在解体检修时，应采取哪些必要的安全防护措施？

SF_6 断路器在解体检修时，虽然 SF_6 断路器或成套组合电器内已装有吸附剂，有毒气体大大减少，但为了安全还应采取必要的安全防护措施。

（1）断路器解体前先清洗内腔。在断路器内 SF_6 气体由回收装置抽空之后，应用干燥的高压力氮气（N_2）再充入断路器内清洗，然后将氮气连同残存体内已被冲淡的污染气体，经过滤器过滤后通过导管排至室外，最后用真空泵抽真空。只要重复进行两次就可使残余气体减至微量，对人身无毒害程度。

（2）断路器解体后，工作人员暂离现场 20 ~ 30min，待有害杂质扩散、浓度降低后再进入工作区。

（3）纯 SF_6 气体本身虽无毒，但浓度大时对人有窒息作用。由于它密度比空气大，如有泄漏就会积聚在低洼处，如电缆沟、容器底部、走廊等，所以要考虑这些低洼处的通风和抽排气。

（4）用电动吸尘器清除断路器中粉末。断路器开断时的电弧使断路器产生很多粉状物，人体应避免与其接触，所以应先用电动吸尘器将这些粉末清扫干净，然后再动手接触。

（5）戴防毒面具。为避免可能的残余毒性气体和粉尘对人体的危害，断路器解体检修时，检修工作人员应戴防毒面具和手套。

SF_6 气体电弧分解产物及其危害和允许浓度见表 5-1。

表 5-1　SF_6 气体电弧分解产物及其危害和允许浓度

名称	分子式	主要危害	空气中允许浓度（mg/m^3）
氟化氢	HF	对皮肤、黏膜有强刺激作用，并可引起肺水肿、肺炎等，对设备材料有腐蚀作用	1×10^{-6}
四氟化硫	SF_4	极易水解生成 HF，危害与 HF 一并考虑	0.1×10^{-6}
氟化亚硫酰	SOF_2	水解后也生成 HF，可引起肺水肿，刺激黏膜，有刺激性臭味	2.5
氟化硫酰	SO_2F_2	可引起全身痉挛，并可麻痹呼吸器官肌肉，使其失去正常功能而造成窒息。无色、无味、无臭	5×10^{-6}
十氟化二硫	S_2F_{10}	剧毒物质，毒性很强，主要破坏呼吸系统，空气中含 1×10^{-6} mg/m^3 的 S_2F_{10} 时，白鼠 8h 致死。无色、无味、无臭	0.025×10^{-6}
四氟化亚硫酰	SOF_4	无色有刺激性的气体，与水反应生成 SO_2F_2，对肺部有侵害作用	2.5
二氧化硫	SO_2	强刺激性气体，损害黏膜及呼吸系统，还会引起胃肠障碍疲劳等症状	2×10^{-6}

146. 断路器操动机构的作用是什么？ 操动机构如何分类？

断路器的操动机构，用来控制断路器分闸、合闸和维持合闸状态的设备，其性能好坏将直接影响断路器的工作性能，因此，操动机构应符合操作要求。

断路器操动机构一般按合闸电源取得方式的不同进行分类，常用的有手动操动机构、电磁操动机构、永磁操动机构、弹簧储能操动机构、气动操动机构和液压操动机构等类型。

（1）手动式操动机构。手动式操动机构是靠人力合闸，靠弹簧力分闸，具有自由脱扣机构，结构很简单，不需要其他辅助设备。

（2）电磁式操动机构。电磁式操动机构是靠电磁铁将电能转换成机械能，带动传动机构完成分、合闸操作。电磁式操动机构的合闸电流很大，需配备大容量的直流合闸电源。

（3）永磁式操动机构。永磁式操动机构是由分、合闸线圈产生的磁场与永磁体产生的磁场叠加来完成分、合闸操作的操动机构。它具有结构简单、可靠性高、机械寿命长、耐磨损、免维护的优点。分、合闸电源可采用较大功率的直流电源，也可使用小功率交流电源（储能式）。永磁操动机构常与真空断路器和 SF_6 断路器配合使用。

（4）弹簧储能式操动机构。弹簧储能式操动机构是利用合闸弹簧张力合闸的操动机构。合闸前采用电动机或人力使合闸弹簧拉伸储能，合闸时，合闸弹簧收缩释放已储存的能量将断路器合闸。弹簧储能式操动机构只需要小容量的合闸电源（直流、交流都可以）。

（5）液压操动机构。液压操动机构是利用压缩气体储存能源，依靠液体压力传递能量进行分合闸的操动机构。液压操动机构操作功大，动作速度快，不需要大功率的合闸电源。

147. 对断路器操动机构有哪些基本要求?

（1）具有足够的操作功。

（2）动作迅速。

（3）操动机构应工作可靠、操作方便、结构简单、体积小、质量小。

（4）有自由脱扣装置。自由脱扣装置是保证在合闸过程中，当继电保护动作需要跳闸时，能使断路器中断合闸、立即跳闸的装置。它是实现线路故障情况下，合闸过程中快速跳闸的重要设备。

148. 断路器的型号是如何规定的?

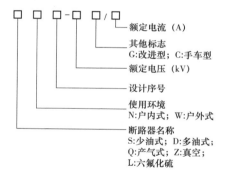

例如，ZN4－10/630 型断路器，表示该断路器是户内式真空断路器，设计序号为 4，额定电压为 10kV，额定电流为 630A。

149. 什么是断路器额定电压?　应如何选择?

断路器额定电压是指断路器长期工作的标准电压，它表示断路器的绝缘水平。断路器在额定电压下工作，绝缘就不会损坏。对于三相交流系统，断路器额定电压是指线电压。我国标准规定，高压断路器的额定电压等级有 3、6、10、20、35、110、220、330、500kV 等。选择断路器时，其额定电压必须与装设地点电网电压相符。

断路器为了适应电力系统电压在允许波动范围内变化时能长期可靠工作，还规定了最高工作电压，断路器出厂时都以最高工作电压进行鉴定。例如，额定电压 10kV 的断路器最高工作电压为 12kV；额定电压 35kV 的断路器最高工作电压为 40.5kV 等。

150. 什么是断路器额定电流？ 应如何选择？

断路器额定电流是指在规定的环境温度下，断路器长期允许通过的最大工作电流。正常工作时，电路中工作电流只要不超过断路器额定电流，断路器发热就不会超过断路器长期允许温度，断路器就不会损坏。我国标准规定，断路器的额定电流等级有 200、400、630、1000、1250、1600、2000、3150A 等。选择断路器时，断路器的额定电流必须大于或等于电路中最大工作电流。

151. 什么是断路器额定开断电流？ 应如何选择？

断路器额定开断电流是指在额定电压下，断路器能保证可靠开断的最大短路电流值。它是表示断路器开断能力的技术参数，反映断路器的灭弧能力。通过断路器的最大可能短路电流必须小于断路器额定开断电流，只有这样才能保障断路器能够可靠灭弧，且断路器不损坏。

152. 什么是断路器的热稳定和动稳定？

热稳定是指最大可能的短路电流通过断路器时，断路器的发热温度不超过它的短时允许温度，即最大可能的短路电流通过断路器时，断路器不会因电流的热效应而烧坏。

动稳定是指最大可能的短路电流通过断路器时，断路器不会因强大的电动力而损坏或变形。

153. 如何正确选择断路器？

高压断路器选择原则：先按正常条件选择，然后按短路情况进行校验。

（1）按正常工作条件选择：

1）高压断路器的额定电压应与装设地点电网电压相符。

2）高压断路器的额定电流应大于或等于电路中长期最大工作电流。

3）高压断路器型式应根据装设环境条件选择。例如，装在户外应选择户外型断路器；装在户内应选择户内型断路器等。

（2）按短路情况校验：按正常工作条件选择的断路器还必须按短路情况进行校验。即正常能满足安全可靠运行，在电路发生短路故障时，断路器仍能安全可靠地工作和切断短路电流。按短路情况校验主要是校验断路器的热稳定和动稳定性。热稳定校验和动稳定校验的方法，请参阅有关手册和资料。

（3）断路器的额定开断电流必须大于电路中可能通过断路器的最大短路电流，以保证断路器可靠灭弧。

154. 断路器巡视检查周期如何规定？

断路器正常运行巡视检查的周期：一般有人值班的变电站和升压变电站每天巡视不少于一次，无人值班的变电站由当地按具体情况确定，通常每月不少于 2 次。

155. 对运行断路器的一般要求有哪些?

（1）断路器应有标出基本参数等内容的制造厂铭牌。断路器如经增容改造，应修改铭牌的相应内容。断路器技术参数必须满足装设地点运行工况的要求。

（2）断路器的分、合闸指示器易于观察，并指示正确。

（3）断路器接地金属外壳应有明显的接地标志，接地螺栓不应小于 M12，并且要求接触良好。

（4）断路器接线板的连接处或其他必要的地方应有监视运行温度的措施，如示温蜡片等。

（5）每台断路器应有运行编号和名称。

（6）断路器外露的带电部分应有明显的相色漆标识。

156. 断路器遇到什么情况，应立即申请停电处理?

（1）套管有严重破损和放电现象。

（2）油断路器灭弧室冒烟或内部有异常声响。

（3）油断路器严重漏油，漏到油面看不见。

（4）SF$_6$ 断路器气室严重漏气，发出操作闭锁信号。

（5）真空断路器出现真空损坏的嗞嗞声，不能可靠合闸，合闸后声音异常，合闸铁芯上升不返回，分闸脱扣器拒动。

（6）液压操动机构突然失压到零。

157. 断路器运行监督项目有哪些?

（1）每年应对断路器安装地点的母线短路容量与断路器额定开断容量（额定开断电流）做一次校核。如断路器额定开断容量已不能适应，应将断路器换掉。

（2）应对每台断路器的年动作次数做出统计（正常操作次数和短路故障开断次数应分别统计）。

（3）定期对断路器做运行分析，并做好记录。运行分析的内容包括：

1）断路器运行异常现象及产生原因，判断和处理异常的经验。

2）发生事故和障碍后，对事故原因和处理对策进行分析，总结经验教训。

3）根据断路器状况及运行环境状况，做出事故预想。

（4）每年要检查断路器反事故措施执行情况，并补充新的反事故措施内容。反事故措施是指防止发生事故所采取的措施。

158. 断路器安装完毕，在竣工验收时应进行哪些检查？

（1）真空断路器安装完毕，在验收时应进行下列检查：

1）真空断路器应固定牢靠，外表清洁完整。

2）电气连接应可靠，且接触良好。

3）真空断路器与其操动机构的联动应正常无卡阻；分、合闸指示正确；辅助开关动作应准确可靠，触头无电弧烧损。

4）灭弧室的真空度应符合产品的技术规定。

5）并联电阻、电容值应符合产品的技术规定。

6）绝缘部件、瓷件应完整无损。

7）油漆应完整、相色标志正确，接地良好。

（2）六氟化硫（SF_6）断路器安装完毕，在验收时应进行下列检查：

1）断路器应固定牢靠，外表清洁完整，动作性能符合规定。

2）电气连接应可靠，且接触良好。

3）断路器及其操动机构的联动应正常，无卡阻现象；分、合闸指示正确；辅助开关动作正确可靠。

4）密度继电器的报警、闭锁定值应符合规定，电气回路正确。

5）六氟化硫气体压力、泄漏率和含水量应符合规定。

6）油漆应完整、相色标志正确，接地良好。

（3）油断路器安装完毕，在验收时应进行下列检查：

1）断路器应固定牢靠，外表清洁完整。

2）电气连接应可靠，且接触良好。

3）断路器应无渗油现象，油位正常。

4）断路器及其操动机构的联动应正常，无卡阻现象；分、合闸指示正确；辅助开关动作准确可靠，触点无电弧烧损。

5）瓷套应完整无损，表面清洁。

6）油漆应完整，相色标志正确，接地良好。

7）手车式少油断路器的安装，除符合断路器安装的有关规定外，还应符合下列要求：①轨道应水平、平行，轨距应与手车轮距相配合，接地可靠，手车应能灵活轻便地推入或拉出，同型产品应具有互换性；②制动装置应可靠，且拆卸方便；③手车操动时应灵活、轻巧；④隔离静触头的安装位置准确，安装中心线应与触头中心线一致，接触良好，其接触行程和超行程应符合产品的技术规定；⑤工作和试验位置的定位应准确可靠；⑥电气和机械连锁装置应动作准确可靠。

断路器安装完毕，在验收时应提交下列资料和文件：①变更设计的证明文件；②制造厂提供的产品说明书、试验记录、合格证件及安装图纸等技术文件；③安装技术记录；④调整试验记录；⑤备品、备件及专用工具清单。

159. 隔离开关的作用是什么？ 隔离开关有哪些分类？

（1）隔离开关的主要作用是与断路器配合，在断路器检修时起隔离电源的作用，以保证断路器检修安全。它没有专门灭弧装置，不能切合负荷电流，更不能切断短路电流。所以在进行隔离开关操作时，不能带负荷拉合。另外，在双母线电路中，利用隔离开关可进行母线倒排操作。当然隔离开关也能通断一些小电流电路，如分、合电压互感器和避雷器，分、合变压器的接地中性点，分、合有关规程规定的线路空载电流和空载变压器的励磁电流等。

（2）隔离开关种类较多，一般可按下列几种方法分类：按安装地点分，可分为户内式和户外式；按运动方式分，可分为水平旋转式、垂直旋转式和插入式；按每相支柱绝缘子数目分，可分为单柱式、双柱式和三柱式；按极数分，可分为单极式和三极式；按有无接地开关分，可分为带接地开关和无接地开关。

160. 隔离开关的型号及含义是什么?

隔离开关的型号及含义表示如下：

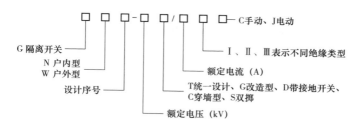

例如：GW4-35/630 表示户外型隔离开关，额定电压35kV，额定电流630A。

161. 隔离开关与断路器配合操作时，执行什么原则?

因为隔离开关没有专门灭弧装置，不能带负荷拉合，更不能用来切断短路电流。所以隔离开关与断路器配合操作时应执行下列原则：合闸时应先合隔离开关后合断路器，分闸时应先拉断路器后拉隔离开关，以防发生严重人身事故和设备事故。

GB 26860—2011《电力安全工作规程 发电厂和变电站电气部分》规定：停电操作应按照"断路器→负荷侧隔离开关→电源侧隔离开关"的顺序依次断开，送电合闸操作按相反的顺序闭合。不应带负荷拉、合隔离开关。

162. 隔离开关的巡视检查内容有哪些？

（1）操作手柄位置应与运行状态相符，闭锁机构正常。

（2）各连接桩头接触良好，无发热现象。

（3）三相动触头位置应与运行状态相符。分闸时三相动触头应在同一平面。合闸时动、静触头接触良好且接触面一致。

（4）绝缘部分应完好无损，无破损及闪络放电痕迹。

（5）传动部分应无扭曲变形、轴销脱落等现象。

163. 隔离开关运行中发生哪些现象时，应立即退出运行？

（1）动、静触头接触部位过热，当温度超过允许温度时。

（2）绝缘子外伤严重或绝缘子表面严重放电。

（3）绝缘子爆炸或一相击穿接地。

（4）隔离开关未合好，严重过热及刀口熔焊。

164. 隔离开关安装应符合要求，安装前应进行哪些检查？

隔离开关可安装在墙上或金属架上。安装时应严格保证安装质量。在安装前应认真进行产品检查，如不合格则不能安装。检查内容如下：

（1）检查隔离开关的型号、规格是否与设计相符。

（2）检查零部件有无损坏，刀片与触头有无变形，如有变形应进行校正。

（3）检查可动刀片与触头接触情况。触头或刀片如有铜的氧化物，应予以清除。接触面应平整清洁无氧化膜。触头应无锈蚀，并应涂上薄层中性凡士林或导电膏。刀片与触头间应接触紧密，两侧的接触压力应均匀。

（4）绝缘子表面应清洁、无裂纹和破损，磁铁黏合应牢固。

（5）用 2500V 绝缘电阻表测量绝缘电阻，额定电压为 10kV 的隔离开关绝缘电阻应在 1000MΩ 以上。

（6）隔离开关的转动部分应灵活。

隔离开关在本体、操动机构、操作拉杆全部装好后要认真调整，保证操作把手到位，动刀片与触头也应接触到位并接触良好。三相联动的隔离开关触头接触时，要保证三极同期性，即合闸的时候三极要求同时合到位，分闸时要求三极同时断开。不同期值应符合产品的技术规定，当无规定时，不能超过表 5-2 的规定。隔离开关分闸时，其刀片的张开角度应符合制造厂要求，以便保证断开间隙绝缘强度。隔离开关如有辅助触点，其辅助触点动作也要保证正确。

表 5-2　三相隔离开关不同期允许值

额定电压（kV）	相差值（mm）
10～35	<5
63～110	<10
220～330	<20

隔离开关的闭锁装置应动作灵活、准确可靠。带有接地刀刃的隔离开关，接地刀刃与主触头间的机械或电气闭锁应准确可靠。

165. 高压负荷开关的用途是什么？ 分类有哪些?

高压负荷开关是高压开关的一种，它与高压断路器不同的是高压负荷开关只有简单的灭弧装置，它只能切合正常负荷电流，不能切断短路电流，往往与高压熔断器配合使用，由高压熔断器起短路保护作用。

负荷开关按使用场所分类，可分为户内式和户外式；按灭弧方式分类，可分为油浸式、产气式、压气式、真空和六氟化硫负荷开关等。

166. 高压负荷开关的型号及含义是什么?

负荷开关的型号及含义表示如下：

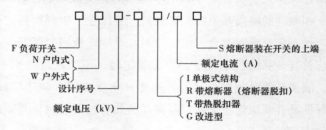

例如：FN5 – 10 为额定电压 10kV 户内型负荷开关；FN5 – 10R 为额定电压 10kV 带熔断器组的户内型负荷开关；FW5 – 10 为额定电压 10kV 户外型负荷开关等。

167. 高压负荷开关安装与调整应符合哪些要求?

高压负荷开关只有简单的灭弧装置，它只能切合正常负荷电流，不能切断短路电流，它往往与高压熔断器配合使用。

负荷开关的安装调整方法与隔离开关相同，在调整时除应符合上述规定外，还应符合下列要求：

（1）合闸时，开关应准确闭合，无任何撞击现象。分闸时，手柄向下转动约 150° 时开关应自动分离，动触头抽出消弧腔时，应突然以高速跳出，之后仍以正常速度分离，否则需检查分闸弹簧。

（2）负荷开关的主刀片和辅助刀片的动作顺序是：合闸时辅助刀片先闭合，主刀片后闭合；分闸时主刀片先断开，辅助刀片后断开。合闸时主刀片上的小塞子应正确插入灭弧装置的喷嘴内，不应剧烈地碰撞喷嘴，以免将喷嘴碰坏。

（3）如安装带有高压熔断器的负荷开关，安装前应检查熔断器的额定电流是否与设计相符。熔断器的两端罩应封焊牢固，端罩不应活动，否则应更换。安装熔断器时应小心谨慎，防止损坏瓷件。熔管应紧密地插入钳口内。

168. 交流高压真空接触器是什么电器？　它的基本结构是什么？

交流高压真空接触器是一种交流电路的控制电器，它能快速接通或切断交流电路。在交流高压真空接触器的基础上增加了高压熔断器后还能做电路的短路保护。

交流高压真空接触器在工业、服务业、海运等领域的电器设备控制中广泛应用，用于控制和保护（配合熔断器）电动机、变压器、电容器组等，尤其适合需要频繁操作的场所。

交流高压真空接触器主要由真空开关管（真空灭弧室）、操动机构、控制电磁铁、电源模块以及其他辅助部件组成，全部元件安装在由树脂整体浇铸的上框架和钢板装配而成的下框架所组成的部件中。在操动机构的作用下，动、静触头在真空灭弧室内快速运动、接通或切断电路。

169. 高压熔断器的用途和分类是什么?

高压熔断器在通过短路电流或严重过载电流时熔断,以保护电路中的电气设备不损坏。在 3 ~ 35kV 系统中,熔断器可用于保护线路、变压器、电动机及电压互感器等。

高压熔断器的分类有下几种方法:按安装地点可分为户内式和户外式;按熔管安装方式可分为插入式和固定安装式;按动作特征性可分为固定式和自动跌落式;按工作特性可分为有限流作用和无限流作用,在冲击短路电流到达之前能切断短路电流的熔断器称为限流式熔断器,否则称非限流式熔断器;按保护特性可分为全范围保护用高压限流熔断器、电动机保护用高压限流熔断器、变压器用高压限流熔断器、电压互感器用高压熔断器等。

170. 跌落式熔断器的用途、结构及工作原理分别是什么?

跌落式熔断器的结构特点是其装有熔丝的熔管,可以用高压绝缘棒来操作分、合,断开或接通小容量空载变压器、空载线路和小负荷电流,且在熔丝熔断时能自动跌落而断开电路,被广泛应用在 6 ~ 10kV 线路和变压器,作为短路保护。跌落式熔断器还起隔离开关作用,可用来隔离电源保证检修工作安全。

(1) RW4 - 10 系列熔断器。RW4 - 10 系列熔断器外形如图 5 - 1 所示。熔管由环氧玻璃钢或层卷纸板组成,其内壁衬以红钢纸或桑皮做成消弧管。熔体又称熔丝,安装在消弧管内。熔丝的一端固定在熔管下端,另一端拉紧上面的压板,维持熔断器的通路状态。熔断器安装时,熔管的轴线与铅垂线成一定倾斜角度,一般为 $25° \pm 5°$,以保证熔丝熔断时熔管能顺利跌落。

当熔丝熔断时,熔丝对压板的拉紧力消失,上触头从抵舌上

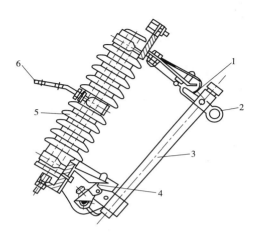

图 5 - 1 RW4 - 10 型户外跌落式熔断器
1—上触头；2—操作环；3—熔管；4—下触头；5—绝缘子；6—安装铁板

滑脱，熔断器靠自身重力绕轴跌落。同时，电弧使熔管内的消弧管分解生成大量气体，熔管内的压力剧增后由熔管两端冲出，冲出的气流纵向吹动电弧使其熄灭。熔管内所衬消弧管可避免电弧与熔管直接接触，以免电弧高温烧毁熔管。

（2）PRW10 - 12F 带消弧触头跌落式熔断器。PRW10 - 12F/100（200）型跌落式熔断器如图 5 - 2 所示，适用于交流 10kV 高压线路和配电变压器的过载及短路保护。熔断器除具有 RW4 - 10型跌落式熔断器的基本保护功能外，还装有投切负荷装置，可分、合额定负荷电流，在一定程度上起到负荷开关的作用。消弧罩采用新型增强阻燃抗紫外线型工程塑料模压而成。其灭弧原理如下：

PRW10 熔断器的触头由工作触头和灭弧触头组成。合闸时灭弧动、静触头首先接触，电弧在灭弧动、静触头间产生，电路接通后工作触头接触，进入正常运行状态。分闸时动、静工作触头首先分开，在灭弧动、静触头分开瞬间，灭弧动触头在弹簧力的作用下迅速分开，拉长电弧，使电弧熄灭，有效地防止动、静工作触头被电弧烧损，确保熔断器合闸后接触良好，延长使用寿命。在切断过负荷电流时，电弧不大，灭弧管产气量有限，因此主要利用弹簧翻板迅速拉出熔丝，使电弧迅速拉长，加速电弧熄灭。在切断短路（故障）电流时，电弧使灭弧管产生大量气体，释压帽打开，利用电弧被迅速拉长和气体吹弧，使电弧迅速熄灭。

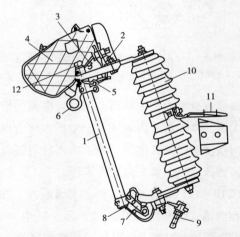

图 5-2　PRW10-12F 跌落式断路器外形结构图

1—灭弧管；2—工作触头；3—消弧触头；4—消弧罩；5—消弧触头返回弹簧；
6—操作环；7—弹簧翻板；8—熔丝引线；9—接线桩头；
10—支持绝缘子；11—安装板；12—释压帽

171. 跌落式熔断器的安装要求有哪些？

（1）跌落式熔断器安装高度和安装尺寸可根据设计图纸决定。

（2）安装时应将熔断器各部分擦拭干净，检查各部螺栓是否拧紧，各转动部分是否灵活、可靠。

（3）安装熔丝时，应在灭弧管上、下端将熔丝压紧。

（4）熔断器安装时应使灭弧管与铅垂线成 25°±5°夹角。

（5）灭弧管可多次使用，当其内径大于 φ15mm 时应更换新管。

（6）转动部分应灵活可靠，熔管跌落时不应碰及其他物体而损坏熔管。

172. 跌落式熔断器在运行中突然一相跌落时，配电变压器或线路应立即退出运行进行检查，在未处理好故障前，变压器或线路不准投入运行，为什么？

跌落式熔断器广泛应用在 6～10kV 线路和变压器作为短路保护。跌落式熔断器还起隔离开关作用，可用来隔离电源，保证检修工作安全。

在运行中，假如发生跌落式熔断器一相跌落，为了防止缺相运行扩大事故，应立即停下负荷，将另外两相未跌落的熔断器拉开，使变压器或线路停运，然后认真检查跌落原因。如果是外力原因，应及时更换好同规格熔丝，按照要求合上跌落式熔断器，即可恢复正常运行。如果是因设备故障，则要处理故障，待故障消除后才允许再合上跌落式熔断器。在装设熔断器的线路和变压器带的负载中，以三相异步电动机为例，三相异步电动机不允许缺相运行。三相异步电动机启动时，假如缺相，则启动转矩小，电动机无法启动，会发生转子抖动，并发出嗡嗡声。在运行中，假如突然电源缺相，电动机电源由三相变为单相，此时定子磁场由三相旋转磁场变成了单相脉动磁场。单相脉动磁场可分解成两个互为反向的旋转磁场，其中正向旋转磁场产生正向转矩，使电动机转子继续转动，但转矩比原来的电磁转矩降低了很多；反向旋转磁场产生反向制动转矩，对正向转矩起抵消作用，使已经降低了的电磁转矩又降低了许多，使电动机的出力大大降低。如果负载不变，则电动机定子电流会大大增加，引起电动机严重过热，甚至烧毁电动机。另外，反向旋转磁场还会产生附加损耗，使电动机发热，所以电动机不允许长时间缺相运行。当电动机在运行中发生电源缺相时，保护装置会动作，使电动机退出运行。所以，跌落式熔断器在运行中突然发生一相跌落时，配电变压器或线路应立即退出运行进行检查，在未处理好故障前，变压器或线路不准投入运行。

173. 电力电容器的用途是什么？

在电力系统中，为了保证电能质量和电力系统安全可靠运行，电力系统中应保持无功功率平衡。高压电力电容器是电力系统的无功电源之一，常用来进行无功补偿，以提高电力系统功率因数，改善电网电压，减小电网无功损耗，减小线路上的电压降，提高用电端电压，有利于用户用电。电力电容器一般装在用电端变电站就地补偿。

174. 高压电容器运行的一般要求有哪些？

（1）电容器应有标出基本参数等内容的制造厂铭牌。

（2）电容器金属外壳应有明显接地标志，其外壳应与金属架构共同接地。

（3）电容器周围环境无易燃、易爆危险，无剧烈冲击和震动。

（4）电容器应有温度测量设备，可在适当部位安装温度计或贴示温蜡片。

（5）电容器应有合格的放电设备。

（6）允许过电压，电容器组在正常运行时，可在 1.1 倍额定电压下长期运行。

（7）允许过电流，电容器组允许在 1.3 倍额定电流下长期运行。

175. 电力电容器爆炸的原因有哪些？

（1）由于制造质量差等原因，电容器的内部元件击穿。

（2）由于套管密封不良而进入潮气，降低了绝缘电阻；由于渗、漏油和油面下降，导致对外壳放电或元件击穿。

（3）内部游离和鼓肚。当电容器内部发生电晕、击穿放电和严重游离时，会产生气体，致使箱壳压力增大，造成箱壁外鼓进而导致爆炸。

（4）通风不良、温升过高、严重过电压和电压谐波分量大等引起爆炸。

176. 在哪些情况下电容器应立即退出运行？

（1）电容器外壳膨胀或漏油。

（2）套管破裂，发生闪络，有火花。

（3）电容器内部声音异常。

（4）外壳温升高于 55℃ 以上，示温片脱落。

（5）环境温度超过 40℃。

177. 高压电容器组运行操作有哪些注意事项？

（1）正常情况下全变电站停电操作时，应先拉开高压电容器支路的断路器，再拉其他各支路的断路器；恢复全变电站送电时操作顺序与停电操作相反。事故情况下，全站无电后，必须将高压电容器组的支路断路器先断开。

（2）高压电容器的保护熔断器突然熔断时，在未查明原因之前，不可更换熔体恢复送电。

（3）高压电容器禁止在自身带电荷时合闸，以防产生过电压。高压电容器组再次合闸，应在其断电 3min 后进行。

178. 电力电容器搬运时，为什么严禁用手抓套管搬运？

套管是电力电容器的重要绝缘，手抓套管搬运电容器极易损坏套管，使电容器不能安全运行。另外，手抓套管搬运会使密封垫变形，影响密封，水和潮气就容易侵入电容器内部，使电容器绝缘电阻下降，运行中就会发生击穿事故。

179. 电力电容器额定电压与电网电压相符时，电容器应采用三角形接线，为什么？

对称的三相负荷接成三角形时，相电压等于线电压。电网的额定电压通常指的是线电压，所以电容器额定电压与电网电压相符时，接成三角形接线，在运行中相电压就等于线电压，也就是加在电容器上的电压正好是电容器额定电压，电容器就能正常工作。如接成星形，那相电压是线电压的 $1/\sqrt{3}$，也就是说运行中加在电容器上的电压只有电容器额定电压的 $1/\sqrt{3}$，电容器就不能正常工作。

180. 为什么电力电容器的放电电阻回路不能装设刀开关和熔断器？

放电电阻回路的作用是使电容器断电后能尽快将电荷通过放

电电阻释放掉，避免工作人员碰到电容器造成触电，以及避免电容器再次合闸时发生带电荷合闸及产生过电压。如果放电电阻回路装了刀开关、熔断器，万一电路断开，电容器就不能通过电阻放电。

如果电力电容器内部设有放电电阻，但不满足规程对电容器放电性能规定，那么电容器组仍应设置合格的放电装置。GB 50227—2017《并联电容器装置设计规范》规定，高压电容器脱开电源后，在5s内将电容器组上的剩余电压降至50V及以下。

181. 什么是配电装置?

根据电气主接线的要求，用来接受电能和分配电能的装置称为配电装置。它主要由开关设备（包括操动机构）、保护电器、测量电器、母线等组成。电气主接线中各种电气设备的布置通过配电装置来落实，电气主接线的安全、可靠、灵活、经济特点具体也由配电装置来实现。因此，配电装置的设计很重要，它是配电所电气设计的重要内容之一，是保证变配电所安全、可靠、经济运行的重要环节。

根据电气设备装置地点不同，配电装置分为屋外配电装置、屋内配电装置及成套配电装置等类型。

屋内配电装置是将电气设备布置在室内，它具有下列优点：①外界环境条件（如气温、湿度、污秽和化学气体等）对电气设备的运行影响小，维护工作量小；②操作在屋内进行，比较方便；③占地面积小。其缺点是屋内布置建设投资较大。

屋外配电装置是将电气设备布置在室外，它的优点是：①土建工程量和费用较小；②扩建比较方便；③相邻设备之间距离较大，便于维护检修。其缺点是由于电气设备都敞露在户外，受气

146

| 电气安全必备知识 365 问

候、环境条件影响较大，维护工作量相对较大，而且有些设备的价格相对较高。另外，其占地面积也较大。

182. 成套配电装置的用途、类型及特点是什么？

成套配电装置是制造厂成套供应的设备。同一回路的开关电器、测量电器、保护电器和辅助设备等都装在一个或两个全封闭或半封闭的金属柜中。制造厂生产有各种不同电路的成套配电柜和元件，设计时可根据电气主接线要求选择，组合成整个配电装置。

成套配电装置的特点是：①结构紧凑、占地面积小；②所有电器元件已在工厂组装成一整体，大大减小现场安装工作量；③运行可靠性高，维护方便；④耗用钢材较多，造价较高。

成套配电装置主要有三种：低压成套配电装置、高压成套电装置和六氟化硫（SF_6）全封闭组合电器配电装置。

低压成套配电装置有固定式和抽屉式两种。高压开关柜（高压成套电装置）有固定式和手车式两种。其中手车式是将断路器及其操动机构装在小车上，正常运行时将手车推入，断路器通过隔离触头与母线及出线相连接，检修时可将小车拉出柜外，并可用相同规格的备用小车推入，使电路很快恢复供电。SF_6 全封闭组合电器配电装置是把特殊设计制造的断路器、隔离开关、接地开关、电流互感器、电压互感器、避雷器等设备按接线要求组合在一个全封闭的金属壳体内，在壳体内充有高性能的绝缘和灭弧介质六氟化硫（SF_6）气体。SF_6 全封闭组合电器与常规电器的配电装置相比，有以下优点：

（1）大量节省配电装置占地面积与空间。

（2）运行可靠性高。带电部分封闭在金属壳内，因此不受污秽、潮湿和各种恶劣气候等环境条件影响，也不会出现因小动物而造成的短路和接地事故。SF_6 是一种不燃的惰性气体，不会发生火灾，一般也不会发生爆炸事故。

（3）土建工作量小，建设速度快。

（4）检修周期长，维护方便。全封闭 SF_6 断路器由于触头很少氧化，触头开断时烧损极微，因此可很长时间检修一次。在运行中也无需进行清扫绝缘子等工作，所以维修工作量也大为减少。

（5）能妥善解决高压配电装置电磁干扰、静电感应等环境保护问题，因为封闭且接地的金属外壳起了很好的屏蔽作用。

（6）由于高压部分被接地的金属外壳隔离，不易发生人身触电事故。

SF_6 全封闭合电器的主要缺点是：金属材料消耗大，对材料性能、加工与装配精度要求高，造价贵。

183. 什么是"五防"开关柜？

倒闸操作必须正确，不准发生误操作事故，否则后果不堪设想，轻则造成设备损坏，部分停电；重则造成人身伤亡，导致电网大范围停电。所以要严格防止误调度、误操作、误整定事故发生。

倒闸操作一定要严格做到"五防"，即防止带负荷拉合隔离开关、防止带接地线（接地开关）合闸、防止带电挂接地线（接地开关）、防止误拉合断路器、防止误入带电间隔，保证操作安全、准确。具有"五防"功能的开关柜称为"五防"开关柜。

184. 什么是 RGC 型金属封闭单元组合 SF_6 开关柜？它有什么特点？

RGC 型开关柜是一种结构紧凑、灵活方便的 SF_6 绝缘的开关柜，外壳采用镀锌板焊接成形，SF_6 容器采用不锈钢板制成。

RGC 型开关柜由标准单元组成，共包括 7 种标准单元，即 RGCC 电缆开关单元、RGCV 断路器单元、RGCF 负荷开关熔断器组合单元、RGCS 母线分段单元、RGCM 空气绝缘测量单元、RGCE 侧面出线空柜转接单元、RGCB 正面出线空柜转接单元。电缆可以在开关柜的左侧或右侧与母线直接相连。

RGC 型金属封闭单元组合式 SF_6 高压开关柜，常用于额定电压 3 ~ 24kV、额定电流 630A 单母线接线的发电厂、变电站和配电所中。

185. 什么是 KYN ×× – 800 – 10 型高压开关柜？ 它有什么特点？

KYN ×× – 800 – 10 型高压开关柜（以下简称开关柜）是具有"五防"联锁功能的金属铠装高压开关柜，用于额定电压为 3 ~ 10kV、额定电流为 1250 ~ 3150A、单母线接线的发电厂、变电站和配电所中。

开关柜柜体是由薄钢板构件组装而成的装配式结构，柜内由接地薄钢板分隔为主母线室、小车室、电缆（电流互感器）室和继电器室。各小室设有独立的通向柜顶的排气通道，当柜内由于意外原因压力增大时，柜顶的盖板将自动打开，使压力气体定向排放，以保护操作人员和设备的安全。断路器安装在小车上，用专用的摇把顺时针转动矩形螺杆，推进小车向前移动，当小车到达工作位置时，定位装置阻止小车继续向前移动，小车可以在工作位置定位。反之，逆时针转动矩形螺杆，小车向后移动，当固定部分与移动部分并紧后，小车可在试验位置定位。

开关柜为防止误操作设计了以下联锁装置：

（1）推进机构与断路器联锁：

1）当断路器处于合闸状态时，小车无法由定位状态转变为移动状态，只有分开断路器才能改变小车的状态，使小车可以运动。

2）当移动小车未进入定位位置或推进摇把未及时拔出时，小车也无法由移动状态转变为定位状态，同时，断路器电动或手动合闸也无法进行，从而保证了运行的安全。

（2）小车与接地开关联锁：

1）将小车由试验位置的定位状态转变为移动状态时，如果接地开关处于合闸状态或接地开关摇把还没有取下，机械联锁将阻止小车状态的变化。只有分开接地开关并取下摇把，小车才允许进入移动状态。

2）小车进入移动状态后，机构联锁立即将接地开关的操作摇把插口封闭，这种状态一直保持到小车重新回到试验位置并定位才结束。

（3）隔离小车联锁：为防止隔离小车在断路器合闸的情况下推拉，在隔离小车的前柜下门上装有电磁锁，电磁锁通过挡板把联锁钥匙插入口挡住，使小车无法改变状态。只有当电磁锁有电源（其电源由断路器的动合辅助触点控制）时，才能打开联锁操作隔离小车的推进机构。

186. 高压成套配电装置运行维护有什么要求？

（1）高压开关柜巡视检查项目除断路器、隔离开关、互感器等电器的巡视检查项目外，还必须检查下列各项：

1）开关柜前后通道应畅通、整洁。

2）开关柜整洁、无锈蚀。编号、名称等标示清晰完整，位置正确。

3）开关柜接地装置应完好。

4）柜上装置的元件、零部件均应完好无损，继电保护装置工作正常。

5）柜上仪表、信号、指示灯等指示应正确，如发现指示异常或出现报警信号，应查明原因，及时排除故障。

6）开关柜闭锁装置所在位置正确。

7）开关柜有电显示装置显示应正确，开关柜内照明灯应正常。

8）母线各连接点应可靠正常，支持绝缘体应完好无损。

9）隔离开关、断路器分、合闸位置应与运行状态相符，操作电源工作正常。

10）柜内电气设备应无异声、异味，电缆头运行正常。

11）电容器柜放电装置工作应正常。

12）功能转换开关位置正确。

13）所挂标示牌内容应与现场相符。

14）雷雨过后和故障处理恢复送电后应进行特殊巡视。

（2）KYN移开式（手车式）开关柜常见故障及处理方法见表5-3。

表5-3　KYN移开式（手车式）开关柜常见故障及处理方法

序号	故障现象	产生原因	处理方法
1	断路器不能合闸	断路器手车未到确定位置	确认断路器手车是否完全处于试验位置或工作位置。此为正常联锁，不是故障
		二次控制回路接线松动	用螺钉旋具将有关松动的接头接好
		合闸电压过低	检测合闸线圈两端电压是否过低，并调整电源电压

续表

序号	故障现象	产生原因	处理方法
1	断路器不能合闸	闭锁线圈或合闸线圈断线、烧坏	更换闭锁线圈或合闸线圈。检测合闸线圈两端电压是否过高，机械回路是否有卡涩
2	断路器不能分闸	二次控制回路接线松动	用螺钉旋具将有关松动的接头接好
		分闸电压过低	检测分闸线圈两端电压是否过低，并调整电源电压
		分闸线圈断线、烧坏	检查分闸线圈，检测分闸线圈两端电压是否过高，并调整电源电压。检查机械回路是否有卡涩，更换分闸线圈
3	断路器手车在试验位置时摇不进	由于联锁机构的原因，断路器在合闸状态时无法移动。只有在断路器处于分闸状态时，断路器手车才能从试验位置移动到工作位置	确认断路器是否处于分闸状态后，再行操作
		由于联锁机构的原因，接地开关合闸时，断路器手车无法移动	确认接地开关是否分闸
		若接地开关确实已分闸，但仍无法摇进，请检查接地开关操作孔处的操作舌片是否恢复至接地开关分闸时应处的位置	若操作舌片未回复，调整接地开关操动机构
		断路器室内活门工作不正常	检查提门机构有无变形、卡涩，断路器室内活门动作是否正常

序号	故障现象	产生原因	处理方法
4	断路器手车在工作位置时摇不出	由于联锁机构的原因，断路器在合闸状态时，无法移动。只有在断路器处于分闸状态时，断路器手车才能从工作位置移动到试验位置。若断路器处于分闸位置时，断路器手车仍摇不出，一般情况是底盘机构卡死	确认断路器是否处于分闸状态后，再检查调试断路器底盘机构
5	接地开关无法操作合闸	因电缆侧带电，操作舌片按不下（联锁要求）	请分析带电原因
		接地开关闭锁电磁铁不动作，操作舌片按不下	检查闭锁电源是否正常，闭锁电磁铁是否得电。若电源正常而闭锁电磁铁不得电，则更换闭锁电磁铁
		应"五防"要求，接地开关与柜电缆室门间有联锁。若电缆室门未关好，接地开关无法操作合闸	应确认电缆室门是否关好
		传动机构故障	检查调试传动部分
6	传感器损坏	内部高压电容击穿	更换传感器
7	带电显示器损坏	耐压试验时未将带电显示器退出运行导致内部光元件击穿	更换带电显示器

187. 什么是箱式变电站？它有什么特点？常用有哪几种类型？

（1）箱式变电站是为了减少变电站的占地面积和投资，将小型变电站的高压电气设备、变压器和低压控制设备、电气测量设备等组合在一起，在工厂内成套生产组装成的箱式整体结构。

（2）箱式变电站特点：箱式变电站占地面积小，一般箱式变电站占地面仅为 $3.5 \sim 10m^2$。适合于一般负荷密集的工矿企业、港口和居民住宅小区等场所，可以使高电压供电延伸到负荷中心，减小低压供电半径，降低损耗，缩短现场施工周期，投资少，但低压供电线路较少，一般为 $4 \sim 6$ 路。采用全密封变压器和 SF_6 开关柜等新型设备时，可延长设备检修周期，甚至可达到免维护要求。外形新颖美观，可与变电站周围的环境相互协调。

随着科技进步、新设备新技术的不断应用，以及根据箱式变电站运行经验的不断总结，箱式变电站越来越完善，主要有以下特点：技术先进安全可靠，干式变压器、干式互感器、真空断路器、全封闭高压开关柜等在箱式变电站得到应用；自动化程度高，智能化设计，变电站微机综合自动化装置的应用，大大提高了箱式变电站自动化水平；工厂预制化，所有设备在工厂一次安装并调试合格，大大缩短建设工期。另外，箱式变电站还具有组合方式灵活、投资省、见效快、占地面积小、外形美观等特点。

（3）箱式变电站类型主要有：组合式箱式变电站、预装式箱式变电站和先进的国产箱式变电站等类型。它们各有特点，且都在改进完善。选用时要根据用电的需要和现场条件综合技术经济比较确定。

（4）箱式变电站日常巡视主要内容如下：

1）箱式变电站运行所要求的禁止、警告标示牌是否齐全、完好清晰。

2）箱体外壳有无严重腐蚀，有无被车辆碰撞的可能及痕迹，箱体内有无凝露。

3）箱体内的设备（包括 10kV 断路器、配电变压器、0.4kV 断路器及其引接线）是否符合相关设备的运行要求（可参照 10kV 户内断路器、配电变压器、0.4kV 开关柜的巡视内容）。

4）箱体内各连接部件是否牢固、有无严重发热现象。

5）运行时有无发出异常声音。

6）箱体内的通风装置（特别是变压器室及低压配电室）是否足够，能否正常工作，柜内温度是否满足设备运行的要求。

7）外壳接地是否牢固、可靠。接地装置是否连接可靠。

第六章　低压电器及成套配电装置

188. 常用的低压电器有哪些？ 各起什么作用？

低压电器通常是指工作在交流 1000V、直流 1500V 及以下电路中的电器设备。它在电路中起控制、保护、调节、转换和通断作用。低压电器在供配电系统和电力拖动系统中广泛应用。

低压电器品种繁多，按用途和控制对象不同一般可分成下面两种类型：

（1）低压配电电器。低压配电电器包括刀开关、组合开关、熔断器、低压断路器（自动空气开关）等，主要用于低压配电系统及动力设备的接通与分断。

（2）低压控制电器。低压控制电器包括接触器、启动器和各种控制继电器、主令电器等，主要用于电力拖动与自动控制系统中。

189. 什么是低压电器的额定电压、额定电流和额定接通和分断能力？

额定电压分为额定工作电压和额定绝缘电压。额定工作电压指电器长期工作承受的最高电压；额定绝缘电压是电器能承受的最大额定工作电压。在任何情况下，额定工作电压不应超过额定绝缘电压。

额定电流是指在规定的环境温度（40℃）下，允许长期通过电器的最大工作电流。

额定接通和分断能力是指在规定的接通或分断条件下，电器能可靠接通或分断的最大电流值。

190. 低压刀开关有什么作用？ 安装使用注意事项有哪些？

（1）刀开关。刀开关又叫闸刀开关。刀开关是一种结构简单的低压开关电器，一般用在不是频繁操作的低压电路（500V以下）中，在额定电压下它只能接通和分断额定电流以下的电路或起到将电路与电源隔离的作用。刀开关的操作方式有直接手柄式、远距离连杆式。刀开关的极数有单极、双极和三极，接线方式有板前接线和板后接线两种。常用的刀开关有 HD 系列单投刀开关和 HS 系列双投刀开关。

刀开关安装使用注意事项如下：

1）刀开关应垂直安装在开关板上，并要使静触头在上方，如果倒装，则在刀开关断开时容易发生因自重作用使刀开关自行掉落而发生误合闸。接线时静触头接电源，动触头接负载。

2）刀开关在合闸时，应保证三相同时合闸，而且接触良好；分闸时应三相同时断开，而且保证断开一定绝缘距离。

3）无灭弧罩的刀开关一般不允许分断和合上功率大的负载，以免烧坏刀开关。

（2）开启式负荷开关。开启式负荷开关又称胶盖瓷底闸刀开关，这种开关带有保护熔丝，当电路中电流超过允许值时熔丝熔断切断电路，保护电路中设备安全。常用的开启式负荷开关有 HK 系列。HK 系列开启式负荷开关结构简单、价格便宜，被广泛作为隔离电器使用。但由于这种开关体积大、动触头和静触头易发热出现熔蚀现象，新型的 LDG、NDG、HY122 隔离开关正逐步取代 HK 系列开启式负荷开关。

开启式负荷开关安装使用注意事项如下：

1）开启式负荷开关应垂直安装，手柄向上合闸，不能倒装或平装。因为闸刀在切断电流时刀片和夹座间会产生电弧，将手柄向下分闸时，电弧在电磁力和上升热空气的作用下，向上拉弧，电弧易于熄灭。若倒装了，电弧上升会烧坏夹座，甚至伤人。另外，倒装时闸刀拉开后容易因自重而掉落造成误合闸。

2）接线时应把电源接在开关上方的进线接线座上，负载接在下方的出线座。这样在闸刀拉开后更换熔丝时就不会发生触电事故。接线时应将螺栓拧紧并尽量减小接触电阻，以免发热。

3）安装时应使刀片和夹座紧密接触，夹座有足够压力，刀片和夹座不能歪扭。

4）更换熔丝必须在闸刀拉开的情况下进行，换上的熔丝应与原熔丝规格相同。

191. 组合开关为什么不能用来分断故障电流？

组合开关又叫转换开关，是一种手动控制电器。组合开关型式很多，图 6-1 所示为常用的 HZ10 系列组合开关外形及结构图。

组合开关安装使用的注意事项如下：

（1）组合开关安装时，应使手柄保持水平旋转位置。

（2）由于组合开关通断能力低，故不能用来分断故障电流。用作电动机正反转控制时要注意，必须在电动机完全停止转动后才能进行转换操作。

（3）当负荷功率因数较低时，组合开关的触点容量应降低使用。

（4）应保持开关和触点清洁，面板不得有油污。

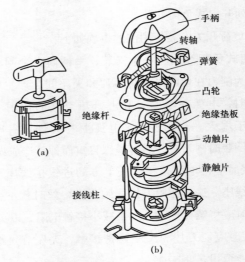

图 6 - 1　HZ10 系列组合开关示意图
(a) 外形；(b) 结构

（5）保持开关动、静触点接触良好。

（6）操作时不宜动作过快或操作力过大，以免损坏零部件。

192. 常用的低压熔断器有哪些类型？　其使用场合是什么？

熔断器是一种最简单的保护电器，它串联于电路中，当电路发生短路或通过它的电流超过规定值后，熔体熔断切断故障电路，使其他电气设备免遭损坏。低压熔断器结构简单，价格便宜，使用、维护方便、体积小，质量轻，应用很广泛。

（1）螺旋式熔断器。RL 系列螺旋式熔断器是一种有填料封闭管式熔断器，一般用于配电线路中作为过载、短路保护以及电动机的保护。

（2）无填料封闭管式熔断器。RM10 系列无填料封闭管式熔断器主要由熔管、熔体、夹头及夹座等部分组成。该熔断器具有如下特点：①采用钢纸管作熔管，当熔体熔断时，钢纸管内壁在电弧热量的作用下产生高压气体，使电弧迅速熄灭；②采用变截面锌片作熔体，当电路发生故障时，锌片几处狭窄部位同时熔断，形成大空隙，使电弧容易熄灭。RM10 型无填料封闭管式熔断器主要用于 500V 及以下配电线路和成套配电装置中。

（3）有填料封闭管式熔断器。RT 系列有填料封闭管式熔断器又称石英砂熔断器。熔管用绝缘瓷制成，内填石英砂。熔体采用紫铜片，多根并联，熔体分成两半，然后用锡把它们焊接起来，锡焊的部分称为"锡桥"。当被保护电路发生短路或严重过载时，锡桥先熔化，铜质熔体与熔化的锡结合，变为具有较高电阻的低熔点合金，从而使铜质熔体迅速熔断。熔断点电弧由于石英砂的冷却与复合作用迅速熄灭。该熔断器属快速熔断器，灭弧能力强，断流能力大，且具有限流作用，保护性能稳定，广泛使用于要求断流能力较高的低压配电网和配电装置中。产品系列有 RT0（NAT0）、RT12、RT15 等。

（4）半导体器件保护熔断器。该熔断器属快速熔断器，它能在出现短路故障时，在极短时间内切断故障电流，所以用于保护半导体整流元件或晶闸管时应采用快速熔断器。常用的快速熔断器有 RS、RLS 等系列，如 RLS、RST、RS3、NGT 等。

（5）自复式熔断器。一般熔断器熔体一旦熔断，必须更换新的熔体，而自复式熔断器可重复使用一定次数。而且自复式熔断器的熔体采用非线性电阻元件制成，在较大短路电流产生时，瞬间呈现高阻状态，可将故障电流限制在较小的范围内。

（6）瓷插式熔断器。RC1A 系列瓷插式熔断器由底座、瓷盖、动、静触头及熔丝五部分组成。RC1A 是在 RC1 系列基础上改进设计的，可取代 RCl 系列老产品，主要用于交流 380V 及以下、电流不大于 200A 的低压电路，起过载和短路保护作用。由于该熔断器为半封闭结构，熔丝熔断时有声光现象，在易燃易爆的工作场合禁止使用。

193. 低压熔断器选用的一般原则是什么？

（1）熔断器额定电压不应小于被保护线路的额定电压。

（2）熔断器额定电流应根据被保护线路或设备的额定电流选择。

（3）选用的熔体额定电流不得大于熔断器的额定电流。

（4）熔断器的保护特性必须与被保护对象的过载特性良好配合，使保护对象在全范围内得到可靠保护。

（5）熔断器额定分断电流应大于电路中可能出现的最大故障电流。

（6）选用熔断器时，应考虑其使用场所、各类熔断器的选择性配合等。

194. 低压熔断器安装、运行维护有哪些要求？

（1）低压熔断器安装有下列安全要求：

1）熔断器熔管及熔体的容量应符合设计要求。

2）熔断器应完好无损，接触紧密可靠。

3）安装位置和相互间距应便于更换熔体。

4）有熔断指示的熔芯，其指示器方向应装在便于观察侧。

5）瓷插式熔断器应垂直安装。瓷质熔断器底座安装在金属板上时应垫软绝缘衬垫。

6）螺旋式熔断器的进线应接在底座的中心端上，出线应接在螺纹壳上，以防调换熔体时发生触电事故。

（2）低压熔断器运行维护有下列要求：

1）检查熔断器的熔管与插座的连接处有无过热现象，接触是否紧密。

2）检查熔断器熔管的表面是否完整无损，如有破损要进行更换。

3）检查熔断器熔管的内部烧损是否严重，有无碳化现象，如有碳化应擦净或更换。

4）检查熔体的外观是否完好，压接处有无损伤，压接是否紧固，有无氧化腐蚀现象等。

5）检查熔断器底座有无松动，各部位压接螺母是否紧固。

6）检查熔断器的熔管和熔体的配备是否齐全。

195. 低压断路器（自动空气开关）的特点是什么？　有哪些类型？

低压断路器俗称自动空气开关。它是最完善的一种低压控制开关，既能在正常工作时带负荷通断电路，又能在电路发生短路、严重过负荷以及电源电压太低或失压时自动切断电源，还可在远方控制其跳闸。

（1）低压断路器特点。低压断路器除能正常切断和接通电路外，还具有下列保护功能：

1）过电流脱扣。当电路中发生短路故障时，过电流脱扣动作，低压断路器便自动切断电路。

2）过负荷脱扣。当电路中电流严重超过正常额定工作电流，而且已达一定时间，过负荷脱扣（热脱扣）动作，自动切断电路。

3）低电压脱扣（失压脱扣）。当电源电压降得太低时，为保证电动机等不要发生严重过负荷而损坏，低压断路器低电压脱扣动作，自动切断电源。

4）分励脱扣。低压断路器除现场操作控制外，还可通过分励脱扣实现远方控制分闸。

在订购或购买低压断路器时，要根据所装回路设备的要求，订购具有相应自动脱扣功能的开关。例如：低压断路器用来控制照明回路，那一般就只需要过电流脱扣功能；低压断路器用来控制电动机回路，那它就应具有过电流、过负荷、低压脱扣功能；假如低压断路器需要进行远方控制，那低压断路器还应有分励脱扣功能。

低压断路器由于有上述功能，得到了广泛的使用。但普通低压断路器只能自动跳，不能自动合，还需要手动合闸。

（2）低压断路器分类。低压断路器按用途分，可分为配电用低压断路器和保护电动机用低压断路器；按结构形式分，可分为框架式（万能式）低压断路器和塑料外壳式（装置式）低压断路器，其外形见图6－2。除此以外，还有新型的智能低压断路器，

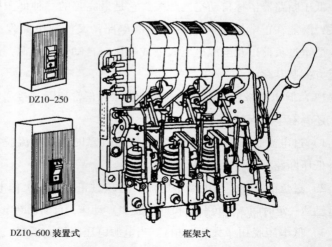

DZ10–250

DZ10–600 装置式   框架式

图6－2 低压断路器外形示意图

它采用以微处理器或单片机为核心的智能控制器（智能脱扣器），不仅具备普通低压断路器的各种保护功能，同时还具备实时显示电路中的各种电气参数（电流、电压、功率、功率因数等），对电路进行在线监视、自行调节、测量、试验、自诊断、通信等功能。智能低压断路器还具有结构先进、体积小、短路分断能力高、零飞弧等特点。

万能式低压断路器主要有 DW15、DW16、DW17（ME）、DW45 等系列；塑壳式低压断路器主要有 DZ20、CM1、TM30 等系列；智能低压断路器有 DW45、DSW1、SHTW1、NA1 等系列。

（3）低压断路器型号含义如下：

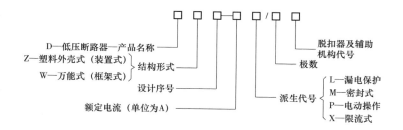

196. 低压断路器（自动空气开关）的工作原理是什么？

图 6-3 是低压断路器的原理图。低压断路器合闸只能手动，而分闸可手动和自动。当电路中发生短路故障时，其过电流脱扣器动作使断路器自动跳闸，切断电路；如电路中出现较严重的过负荷，且过负荷已到一定时间，其过负荷脱扣器（热脱扣器）动作，使断路器自动跳闸，切断电源；当电源电压严重下降或电压消失时，其失压脱扣器动作，使断路器跳闸，切断电源。另外，按下按钮 6 或 7，可使开关的失压脱扣器失压或使分励脱扣器通电，实施断路器远距离控制跳闸。

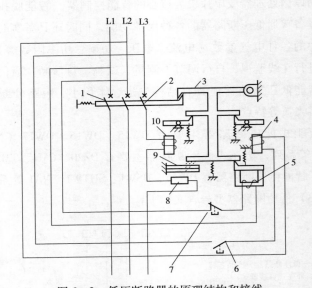

图 6 - 3   低压断路器的原理结构和接线

1—主触头；2—跳钩；3—锁扣；4—分励脱扣器；5—失压脱扣器；

6、7—脱扣按钮；8—加热电阻丝；9—热脱扣器；10—过电流脱扣器

197. 什么是微型断路器？ 它有什么特点？

微型断路器是一种结构紧凑、安装便捷的小容量塑壳断路器，主要用来保护导线、电缆和作为控制照明的低压开关，一般均带有传统的热脱扣、电磁脱扣，具有过载和短路保护功能。其基本形式为宽度在 20mm 以下的片状单极产品，将两个或两个以上的单极组装在一起，可构成联动的二、三、四极断路器。微型断路器广泛应用于高层建筑、机床、工业和商业系统，随着家用电器的发展，现已深入到民用领域。国际电工委员会（IEC）已将此类产品划入家用断路器。

微型断路器具有技术性能好、体积小、用料少、易于安装、

操作方便、价格适宜及经久耐用等特点，受到国内外用户的普遍欢迎。近年来，国内外的中小型照明配电箱已广泛应用这类小型低压电器元件，实现了导轨安装方式，并在结构尺寸方面模数化，大多数产品的宽度都选取 9mm 的倍数，使电气成套装置的结构进一步规范化和小型化。

我国生产的微型断路器有 K 系列和引进技术生产的 S 系列、C45 和 C45N 系列、PX 等系列。

198. 低压断路器（自动空气开关）选用的基本要求是什么？

（1）低压断路器的额定电压应与装设地点电网电压相符，额定电流不应小于线路的正常工作电流。

（2）低压断路器的额定短路开断能力应大于线路可能出现的最大短路电流，同时能承受短路电流的电动力效应及热效应。

（3）断路器低压脱扣器额定电压等于线路额定电压，分励脱扣器额定电压等于控制电源电压。

（4）线路末端单相接地短路电流大于 1.25 倍断路器过流脱扣器的整定电流。

（5）电动机保护用断路器的瞬时动作电流应考虑电动机的启动条件。

（6）断路器选用时，应考虑安装位置、进出线方式以及脱扣器调整范围、控制方式能符合要求。

199. 低压断路器（自动空气开关）安装调整、运行维护的安全要求是什么？

（1）低压断路器安装调整的安全要求如下：

1）不宜安装在易受振动的地方，以免振动造成开关内部零件松动。

2）一般应垂直安装，灭弧室应位于上部。

3）自动空气开关操动机构安装调整应符合下列要求（对框架式开关）：①操作手柄或传动杠杆的开、合位置应正确，操作力不应大于产品允许规定值；②触头在闭合、断开过程中，可动部分与灭弧室的零件不应有卡涩现象；③触头接触应紧密可靠，接触电阻小。

4）自动空气开关接线时，一定要接触紧密、牢固，否则运行中将发热，甚至引起开关爆炸。

（2）低压断路器运行维护的安全要求如下：

1）取下灭弧罩，检查灭弧栅片的完整性，清除表面的烟痕和金属粉末；外壳应完整无损，若损坏应及时更换。

2）检查触头表面，如表面有毛刺和颗粒应及时清理和修复，要保证接触良好。如果触头的银钨合金表面烧伤超过1mm，应更换触头。

3）检查触头的压力是否正常，调节三相触头的位置和弹簧的压力，保证三相触头同时闭合并接触压力相同，接触良好。

4）用手动慢分、慢合，检查辅助触头的分、合是否符合要求。

5）检查脱扣器的衔铁和弹簧是否正常，动作有无卡阻，磁铁工作面是否清洁、平整、光滑，有无锈蚀、毛刺、污垢，热元件的各部位有无损坏，间隙是否正常。

6）机构各个接触部分应定期涂润滑油。

7）检修工作结束后，应做几次分、合闸试验，检查低压断路器动作是否正常。要确保接线正确，动作可靠。

（3）低压断路器安装和运行中应注意下列事项：

1）安装前应检查低压断路器的型号和技术规格是否符合设计要求。

2）安装前应仔细阅读产品说明书，应按使用说明书规定的方法安装，否则会影响低压断路器脱扣器动作的精确度。

3）安装应平整，不可使低压断路器受附加机械应力，否则有可能损坏低压断路器并影响其动作准确性。

4）电源进线应接在静触头一侧，负载侧引线应接在脱扣器一侧，否则会影响低压断路器的分断能力。

5）凡设有接地螺钉的低压断路器，均应可靠接地或接零。

6）低压断路器运行中要勤检查、勤清扫，防止开关触点发热，外壳积尘引起闪络爆炸。

7）框架式空气开关的灭弧罩应保持完整无损，固定牢靠，要防止灭弧引起相间短路爆炸。

8）低压断路器内部的弹簧不准私自拆开、随意调整。

200. 铁壳开关是怎样工作的？ 铁壳开关安装使用有哪些注意事项？

铁壳开关又称封闭式低压负荷开关，其外形及结构如图 6-4 所示。它是由刀开关、瓷插式熔断器或封闭管式熔断器、灭弧罩、操作手柄和铁质外壳等构成。铁壳开关的铁壳上装有速断弹簧，弹簧用钩子扣在手柄转轴上，当手柄由合闸位置转向分闸位置的过程中，钩子将弹簧拉紧，在弹簧拉力作用下，闸刀很快与夹座分离，此时电弧被迅速拉长而熄灭。为了安全，铁壳开关上还装有联锁装置，使开关在合闸位置时盖子不能打开；在盖子打开时，开关不能合闸。常用铁壳开关有 HH3、HH4、HH10 系列产品。

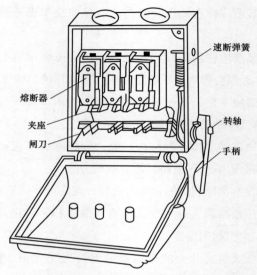

速断弹簧

熔断器

夹座

闸刀

转轴

手柄

图 6-4 铁壳开关结构示意图

铁壳开关安装使用注意事项如下：

（1）铁壳开关应垂直安装。安装高度以操作方便和安全为原则，一般安装高度为离地 1.3～1.5m 左右。

（2）铁壳开关外壳应可靠接地或接零。

（3）铁壳开关进出线孔均要有绝缘垫圈。

（4）采用穿管敷线时，管子应穿入进出线孔，并用管扣螺母拧紧，露出螺母的丝扣为 2～4 扣。如果管子不进入进出线孔，也可用一段金属软管与铁壳开关连接，金属软管两端均采用铁管固定。

（5）铁壳开关的接线有两种方式：①电源线与铁壳开关的静触头相接，负载接开关熔丝下的下桩头，这种接线方式在开关拉断后，闸刀与熔丝不带电，便于维修和更换熔丝；②电源接闸刀熔丝下桩头，负载接开关的静触头，这种接线方式在开关的闸刀发生故障时熔丝熔断，切断电源。

（6）更换熔丝必须在开关闸刀断开情况下进行，换上的熔丝规格应与原熔丝一样。

201. 接触器有什么作用？ 如何分类？

接触器是电力拖动和自动控制系统中应用极其广泛的一种电器。它可以频繁地接通和分断主电路。例如，控制电动机，能完成启动、停止、正转、反转等多种控制功能。接触器按主触头通过电流的种类，分为交流接触器和直流接触器两类。接触器一般都是电磁式，其主要组成部分是电磁吸引线圈、主触头、辅助触头。主触头容量较大并盖有灭弧罩，一般为三极式。图6-5是交流接触器结构示意图。接触器只能通断负荷电流，不具备保护功能，使用时要与熔断器、热继电器等保护电器配合使用。

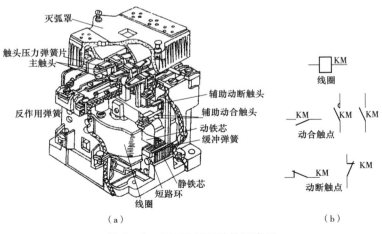

图6-5 交流接触器结构示意图
（a）外形和结构；（b）电气原理图中符号

202. 交流接触器和直流接触器有什么区别?

交流接触器的主触头用于通、断交流电路;直流接触器的主触头用于通、断直流电路。

由于直流电大小是不变的(交流整流为直流电时,大小会有些脉动变化,但方向是不变化的),没有过零点,灭弧较困难,所以直流接触器的灭弧装置比交流接触器要复杂。

203. 什么是交流真空接触器? 它有什么特点?

交流真空接触器一般用于需要频繁分、合闸操作的大电流电路。交流真空接触器主要由真空开关管(灭弧室)、控制电磁铁、辅助部件组成,并设置在一个绝缘壳体内。动、静主触头设置于一个真空管内,真空管内的波纹管保证了动触头行动时真空度不被破坏,屏蔽罩起到吸收带电粒子和吸收电弧热量的作用,使电弧加速熄灭。在分、合闸操作时,电弧在真空开关管内的动、静触头间产生,由于在真空状态下,产生的电弧很小,熄灭速度很快,不会发生一般交流接触器在分断电路时可能产生的电弧飞溅。交流真空接触器具有工作可靠、寿命长(一般为普通交流接触器的数倍至十几倍)、不需经常维护的优点。

204. 接触器安装应符合什么要求?

(1)接触器的型号规格应符合设计要求。

(2)安装前应先检查接触器线圈的电压是否与控制电源的电压相符,检查接触器各对触头是否良好,有无卡阻现象。然后擦净铁芯极面上的防锈油,以防油垢粘住活动部分,造成断电不能释放。

（3）线圈与引线必须连接可靠，触头与电路连接必须可靠。

（4）接触器安装一般应垂直，倾斜度不超过5°。

205. 主令电器安装和使用应符合哪些要求？

主令电器是用来接通和分断控制电路的电器，其种类繁多、应用广泛，最常见的有按钮、行程开关、万能转换开关等。近年来各种新产品、引进产品不断涌现，一些老产品已逐渐淘汰。随着电子技术和自动化水平的发展和提高，主令电器正向无触点方向发展。

（1）按钮开关。按钮开关是一种手动操作接通或分断小电流控制电路的主令电器。一般情况下它不直接控制主电路通断，而是利用按钮开关远距离发出手动指令或信号去控制接触器、继电器等电磁设备，由接触器或继电器的触点去实现主电路的分合或电气连锁。

按钮开关安装时应符合下列要求：

1）按钮安装在面板上时应布置整齐、排列合理。例如，根据电动机启动的先后次序，从上至下或从左至右排列布置。相邻按钮间距为50～100mm，安装高度要便于操作。

2）同一机床部件的几种不同的工作状态（如上、下，前、后，左、右，松、紧等），应使每一对相反状态的按钮安装在一起，以便操作及防止误操作。

3）为了应付紧急情况，当面板上按钮较多时，总停止按钮应安装在显眼而且容易操作的地方，并有鲜明的标记。

4）按钮安装应牢固，接线应正确，接线螺栓应拧紧，使接触电阻尽量小。按钮操作时应灵活、可靠、无卡阻。

5）按钮触头应保持清洁，防止接线时触碰短路。

（2）位置开关（行程开关）。位置开关又称行程开关。它的作用与按钮开关相同，只是其触头的动作不是靠手按，而是利用生产机械某些运动部件上的挡铁碰撞位置开关，使其触头动作，接通或断开控制电路，达到控制要求。位置开关有滚轮式（旋转式）和按钮式（直动式）两种类型。

位置开关安装调整要求：位置开关安装时应注意滚轮的方向不能装反，挡铁碰撞的位置应符合控制电路的要求。碰撞压力要调整适中。碰铁（挡铁）对位置开关的作用力及位置开关的动作行程均不应大于允许值。安装位置应使开关正确动作，又不能阻碍机械部件运动。调整时应将限位开关与生产机械装置配合调整，确保动作可靠。

（3）万能转换开关。万能转换开关是一种多挡式、能对电路进行多种转换的主令电器。用于远距离控制操作，也可作为电气测量仪表的转换开关或用作小容量电动机的控制操作。万能转换开关种类和型式很多，其结构原理基本一致。选用时应根据控制电路不同的要求，选择不同额定电压、电流及触点和面板型式的转换开关。转换开关安装时，应安装牢固、接线牢靠、触点底座叠装不宜超过 6 层，面板上把手位置应正确。

206. 低压电器安装验收及通电运行时有哪些要求？

（1）低压电器安装完毕验收时必须符合下列要求：

1）电器型号规格必须与设计相符。

2）电器的外观检查必须完好。

3）电器安装应牢固、平正、接线正确，符合设计及产品要求。

4）电器的接地或接零符合要求，连接可靠。

（2）低压电器通电后应符合下列要求，如有异常应立即停用，进行检查和重新调整。

1）操作时动作灵活、无卡阻、触头接触良好。

2）电磁系统应无异常响声。

3）线圈及接线端子温升不能超过规定。

207. 什么是成套配电装置？ 低压成套配电装置如何分类？

将一个配电单元的开关电器、保护电器、测量电器和必要的辅助设备等电器元件安装在标准的柜体中，就构成了单台配电柜。将单台配电柜按照一定的要求和接线方式组合，并在柜顶用母线将各单台配电柜的电气部分连接，便构成了成套配电装置。

配电装置按电压等级高低分为高压和低压成套配电装置。按成套配电装置安装地点不同分为户内和户外配电装置。

低压成套配电装置按结构特征和用途的不同，分为固定式低压配电柜、抽屉式低压开关柜以及动力、照明配电控制箱等。

208. 什么是固定式低压配电柜？ 什么是抽屉式开关柜？

（1）固定式低压配电柜。固定式低压配电柜分为开启式和封闭式两种类型。开启式低压配电柜正面有防护面板，背面和侧面仍能触及带电部分，防护等级低，已不再提倡使用。封闭式低压配电柜，除正面外，其他所有侧面都被封闭起来，开关、保护和监测控制等电气元件均安装在一个用钢板或绝缘材料制成的封闭柜内，可靠墙或离墙安装。

（2）抽屉式开关柜。抽屉式开关柜采用钢板制成封闭外壳，进出线回路的电器元件都安装在可抽出的抽屉中，构成能完成某一类供电任务的功能单元。功能单元与母线或电缆之间，用接地的金属板或塑料制成的功能板隔开，形成母线、功能单元和电缆三个区域。每个功能单元之间也有隔离措施。抽屉式开关柜有较高的可靠性、安全性和互换性，是比较先进的开关柜，已广泛应用。

209. 低压配电系统通常有哪些低压配电柜？ 各种配电柜的作用是什么？

低压配电系统通常包括受电柜（即进线柜）、馈电柜（控制各功能单元）、无功功率补偿柜等。受电柜是配电系统的总开关，从变压器低压侧进线，是整个低压配电系统的电源进线，控制整个系统电源。馈电柜直接对用户的受电设备供电，控制各用电单元。无功功率补偿柜的作用是提高电网中功率因数，降低线损，改善电能质量，保障系统安全经济运行。

210. 什么是无功补偿？ 无功功率补偿柜的作用是什么？ 无功补偿执行什么原则？

在用电企业中，有数量众多、容量大小不等的感性负载设备连接于电力系统中，以致电网传输功率除有功功率外，还需无功功率。功率因数越低，电网中无功功率传输越大，电网损耗越大，线路上电压降越大，严重时就不能保证电能质量，不能保证电网安全经济运行。因此，应设法提高电网功率因数，如并联电容器。

无功功率补偿柜作用：根据电网负荷消耗的无功功率的多少自动地控制并联补偿电容器组的投入数量，以减小电网中无功功率输送，提高电网功率因数，减小电网中线路和变压器的无功损耗，降低线损。另外，可减小电力传输过程中线路上电压降，提高受电端电压，有利于用电设备用电。

无功补偿应贯彻就地补偿原则，以达到更好补偿效果。

211. 低压配电屏安装及投运前应做哪些检查？

低压配电屏在安装时，一定要做到配电屏相互间及其与建筑物间的距离符合设计和制造厂的要求，安装应牢固、整齐美观。若有震动影响，应采取防震措施，并接地良好。两侧和顶部隔板完整，门应开闭灵活，回路名称及部件标号齐全，内外清洁无杂物。

低压配电屏在安装或检修后，投入运行前应进行下列各项检查试验：

（1）柜体与基础型钢固定牢固，安装平直。屏面油漆完好，屏内清洁，无积垢。

（2）各开关操作灵活，无卡涩，各触点接触良好。

（3）母线连接处接触良好。

（4）二次回路接线整齐牢固，线端编号符合设计要求。

（5）接地应良好。

（6）抽屉式配电屏的抽屉推拉应灵活轻便，动、静触头应接触良好，并有足够的接触压力。

（7）试验各种表计是否准确，继电器动作是否正常。

（8）测量绝缘电阻，不应小于 $0.5M\Omega$，并按标准进行交流耐压试验。

212. 低压成套配电装置的运行维护应做哪些工作？

（1）日常巡视维护工作如下：

1）建立运行日志，实时记录有关电压、电流、负荷、温度等参数。

2）认真仔细巡视设备，检查设备外观有无异常现象，设备指示器是否正常，仪表指示是否正确等。

3）检查设备接触部位有无发热现象，有无异常振动和响声，有无异常气味等。

4）对负荷骤变的设备或环境温度变化很大时（高温和低温时）要加强设备巡视、观察，以防设备出现异常情况。

（2）定期维护工作如下：

1）清除尘埃和污物（特别是绝缘件、导体上）。

2）绝缘状态的测定。

3）导体连接处是否松动，接触部位是否磨损，对磨损严重者需酌情及时更换和维修。

4）接触器等元器件定期进行解体检查维修。

5）保护继电器特性、定值检查和测定。

6）其他零部件的检查、维修。

213. 低压成套配电装置有哪些常见故障？ 处理方法是什么？

（1）成套配电装置母线连接处过热原因及处理方法：

1）母线过负荷。应减轻负荷。

2）母线接头接触不良。如螺母滑扣、弹簧垫圈失效产生氧化，应重新连接或更换螺母及弹簧垫圈。

3）母线的对接螺栓过松。母线对接螺栓过松，使接触电阻增大，引起连接处过热。应紧固螺栓，使松紧程度合适。

4）母线的对接螺栓过紧。垫圈过分压缩，截面积减小，电流通过时会造成发热。应重新调整螺栓的松紧程度，将螺母拧紧到弹簧垫圈压平即可。

（2）成套配电装置内电器损坏原因及处理方法：

1）低压成套配电装置内隔离开关、断路器等设备损坏应按产品技术要求处理或更换。

2）接线错误造成短路。检查并改正接线，更换烧坏的电器。

3）环境恶劣，粉尘污染严重。采取防尘措施或更换能防尘的电器。

4）雨水落到配电柜上，电器受潮或雨淋。做好防雨、防潮处理。

5）老鼠、蛇等小动物钻入开关柜造成短路。应设置防护网防止小动物钻入。

（3）运行中三相负荷不平衡原因及处理方法：

1）三相负荷不平衡。应调整三相负荷。

2）相线接地。应查明接地点并排除故障。

3）配电变压器二次侧的中性线（零线）断线。应检查并重新接好中性线（零线）。

（4）熔体熔断原因及处理方法：

1）配电装置内二次线路熔体熔断。配电柜内的二次线路短路，查明短路并排除故障。

2）出线负荷发生故障引起短路，出线熔断器熔断。应检查出线负荷并排除故障。

3）出线过负荷。应减轻线路负荷或使部分设备停止运行。

（5）电压过低原因及处理方法：

1）低压线路太长。应更换导线，换成截面积较大的导线或缩短供电半径。

2）变压器电压调节开关位置不合适。应调整电压调节开关的位置。

3）系统电压过低。应与供电部门联系，提高系统电压。

4）负荷过大。应减轻负荷。

（6）电源指示灯不亮原因及处理方法：

1）灯泡接触不良或灯丝烧断。应检查接触情况或更换灯泡。

2）电源无电压。检查配电变压器一、二次侧是否有电。若熔体熔断，应查明原因并做处理后换上同规格的熔体。

第七章　电力线路

214. 电力线路有什么作用？　有哪些类型？

电力线路是电网的主要组成部分，其作用是输送和分配电能。电力线路一般可分为输电线路和配电线路。架设在发电厂至变电站或变电站之间的线路，称为输电线路。输电线路输送容量大，送电距离远，线路电压等级高，是电网的骨干网架。输电线路又分交流高压输电线路（电压等级 220kV 线路）、交流超高压输电线路（电压等级 330、500、750kV 线路）、交流特高压输电线路（电压等级 1000kV 及以上线路），另外还有直流输电线路（直流 ±500kV 及以下称为高压直流输电线路；直流 ±800kV 及以上称为特高压直流输电线路）。从电网变电站到用户变电站或城乡电力变压器之间的线路，称为配电线路，配电线路又可分为高压配电线路（电压为 35、110kV 及以上）、中压配电线路（电压为 20、10、6、3kV）和低压配电线路（电压为 220、380V）。

电力线路按架设方式可分为架空电力线路和电力电缆线路两大类。架空电力线路具有结构简单、造价低、建设速度快、施工和运行维方便等显著优点，我国的输电线路基本是架空电力线路，配电线路特别是农村配电线路也基本以架空电力线路为主。

215. 架空电力线路结构及各部件作用是什么？

图 7-1 是电杆装置的结构示意图，架空电力线路由杆塔、

导线、横担、绝缘子、金具、拉线、基础、防雷设施及接地装置等构成，它们的作用分述如下。

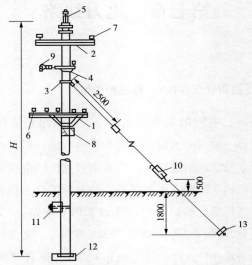

图 7-1　钢筋混凝土电杆装置示意图

1—低压五线横担；2—高压二线横担；3—拉线抱箍；4—双横担；
5—高压杆顶支座；6—低压针式绝缘子；7—高压针式绝缘子；
8—蝶式绝缘子；9—悬式绝缘子和高压蝶式绝缘子；
10—花篮螺丝；11—卡盘；12—底盘；13—拉线盘

（1）杆塔的作用是支持导线和避雷线，使其对大地和其他建筑物保持足够的安全距离。

（2）导线用来传输电流，输送电能。

（3）横担是用来安装绝缘子和支持导线或固定开关设备及避雷器等，具有一定的长度和机械强度。

（4）绝缘子俗称瓷瓶，是用来固定导线，并使导线与导线之间、导线与横担之间、导线与电杆之间保持绝缘；同时也承受导线的垂直荷重和水平荷重。因此要求绝缘子必须具有良好的绝缘性能和足够的机械强度。

（5）金具是架空线路中用来固定横担、绝缘子、拉线和导线的各种金属连接件，如抱箍线夹、花篮螺栓、穿心螺栓等。金具应镀锌防腐，质量必须符合要求，安装时应牢固可靠。

（6）拉线用来加强电杆的强度，平衡导线张力或电杆侧面风力，使电杆稳固。

（7）杆塔基础是将杆塔固定，以保证杆塔不发生倾斜或倒塌。

（8）防雷设施及接地装置是当雷击线路时把雷电流引入大地，以保护线路等绝缘免遭大气过电压的破坏。

216. 电杆按材料分类有哪几种？　各有什么特点？

电杆按其材质分类有木电杆、钢筋混凝土电杆和金属电杆三种。木电杆质量较轻，施工方便而且耐压水平较高，但容易腐烂，而且木材供应紧张，因此很少使用。金属电杆俗称铁塔，其机械强度很高，但由于耗用金属多，造价较高，因此一般用在线路的特殊位置。钢筋混凝土电杆坚固耐久，使用寿命长，维护工作量少，而且能节省木材和钢材，所以在低压架空配电线路上用得最广；但钢筋混凝土电杆较笨重，运输和施工不方便。钢筋混凝土电杆在施工前必须认真检查，不能有露筋、裂纹和水泥脱落，质量不合格的电杆不能安装到线路上。

217. 电杆按在线路上作用的分类有哪几种？　各有什么作用？

根据电杆在线路中的作用不同，电杆分为直线杆（中间杆）、耐张杆、转角杆、终端杆、分支杆、跨越杆等六种，如图7-2所示。现将它们的作用分述如下。

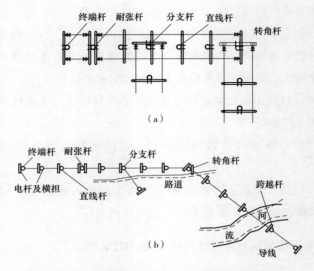

图 7 - 2　各种杆型在线路中的特征及应用
(a) 各种电杆的特征；(b) 各种杆型在线路中应用

　　(1) 直线杆（中间杆）。直线杆位于线路的直线段上，仅作为支持导线、绝缘子和金具用。它只能在正常情况下承受导线的垂直荷重、风吹导线的水平荷重及冬天覆冰荷重，不能承受顺线路方向的导线拉力。当发生一侧导线断线时，它就可能向另一侧倾倒。在架空线路中直线杆数量最多，约占全线电杆总数的 80%以上。

　　(2) 耐张杆。为防止架空线路发生断线事故时成批电杆倒杆，每隔几根直线杆要设置一根耐张杆。耐张杆是加强型电杆（如电杆两侧装设拉线等），具有较强的机械强度，它能承受电杆两侧不平衡拉力而不致倾倒。

　　(3) 转角杆。转角杆位于线路改变方向处，即转角的地方。转角杆承受线路转角时很大的两侧导线合力，必须有很高的机械强度。因此转角杆也是加强型电杆（有拉线等措施），有时也用金属杆。它能承受线路两侧导线的合力而不致倾倒。

（4）终端杆。终端杆是指线路首端与终端的两根电杆。终端杆一侧受力，所以要求机械强度很高。它也是加强型电杆（有拉线等措施）或用金属杆作为终端杆。

（5）分支杆。分支杆位于线路的分路处。有直线分支和转角分支两种情况，应尽量避免在转角杆上分支。分支杆相当于分支线的终端杆，同时又起着直线杆的作用，所以分支杆也是加强型电杆。

（6）跨越杆。当架空线路与公路、铁路、江河、通信线路及其他电力线路等交叉时，必须满足规范规定的交叉跨越要求，要保证足够的安全距离。一般直线杆高度太低，大多数情况不能满足要求，这就要增大电杆的高度和机械强度。这种用作跨越公路、铁路、江河和其他线路或建筑物的电杆称为跨越杆。跨越杆要求有很高的机械强度（尤其是跨越大江及河道的跨越杆）和相当高的高度。一般常用金属杆作为跨越杆，也可用加高、加强的钢筋混凝土电杆，主要根据地形环境和机械强度要求而定。

218. 杆塔基础的作用是什么？ 有哪些类型？

杆塔基础是指杆塔的地下部分设施。杆塔基础的作用是保证杆塔稳定，防止杆塔因承受垂直荷重、水平荷重及事故荷重而发生上拔、下沉或者倾倒。

杆塔基础一般分为混凝土电杆基础和铁塔基础。混凝土电杆基础包括底盘、卡盘和拉线盘。底盘、卡盘和拉线盘一般是钢筋混凝土预制件。铁塔基础型式一般根据铁塔类型、塔位地形、地质及施工条件等实际情况确定，分为宽基和窄基两种。宽基是将铁塔的每条腿分别安置在一个独立基础上，这种基础稳定性较好，但占地面积较大，一般用在郊区和旷野地区。窄基是将铁塔的四条腿安置在一个共用基础上，这种基础占地面积较小，但为了满足抗倾覆能力要求，基础在地下部分较深、较大，一般用在市区配电线路上或地形较窄地段。

219. 对杆塔基础有什么要求?

对于杆塔基础，除根据杆塔荷载及现场的地质条件确定其合理经济的型式和埋深外，还需考虑水流对基础的冲刷作用和基土的冻胀影响。基础的埋深必须在冻土层深度以下，且不应小于0.6m，在地面应留有 300mm 高的防沉土台。

杆塔基础的埋设深度，应符合设计要求。对于单回路的架空配电线路，电杆埋设深度不应小于表 7 - 1 所列数值。

表 7 - 1　电杆埋设深度　　　　　　　　　　　　单位：m

杆高	8.0	9.0	10.0	11.0	12.0	13.0	15.0
埋深	1.5	1.6	1.7	1.8	1.9	2.0	2.3

220. 架空电力线路导线的作用是什么? 常用哪些材料? LGJ、LJ 型导线各是什么导线?

架空电力线路的导线是用来传输电能的，因此要求导线有良好的电气性能和足够的截面积，以满足发热和电压损失不超过允许值的规定。在选择确定导线截面积时，还要考虑到机械强度，不能因为气候条件或导线自重拉力而断线，还要求导线尽可能质轻且价廉。

架空配电线路常用的导线的型号是 LGJ、LJ。LGJ 是钢芯铝绞线，这种导线的中心是钢线，具有较高的机械强度，在高压输电线路上广泛使用。LJ 是铝绞线，适用在气候条件好、线路档距较小的线路上，其机械强度与钢芯铝绞线相比差很多，在工矿企业厂区或矿区有时就用铝绞线作为线路的导线。

221. 架空绝缘导线有什么特点？ 如何分类？

架空电力线路一般都采用多股裸导线，但近年来城区内的10kV 架空配电线路出现架空绝缘导线。运行证明，架空绝缘导线优点较多，线路故障率降低，线路维护工作量减小，线路的安全可靠性明显提高，但线路造价也相应提高。

架空绝缘导线按电压等级可分为中压（10kV）绝缘线和低压绝缘线；按绝缘材料可分为聚氯乙烯绝缘线、聚乙烯绝缘线和交链聚乙烯绝缘线。

（1）聚氯乙烯绝缘线（JV）。有较好的阻燃性能和较高的机械强度，但介电性能差、耐热性能差。

（2）聚乙烯绝缘线（JY）。有较好的介电性能，但耐热性能差，易延燃、易龟裂。

（3）交链聚乙烯绝缘线（JKYJ）。耐热性能好，机械强度高、有优良的介电性能。

222. 架空电力线路绝缘子的作用是什么？ 常用绝缘子有哪些？

绝缘子俗称瓷瓶，是用来固定导线，并使导线与导线之间、导线与横担之间、导线与电杆之间保持绝缘；同时也承受导线的垂直荷重和水平荷重。因此要求绝缘子必须具有良好的绝缘性能和足够的机械强度。

绝缘子按工作电压分为低压绝缘子和高压绝缘子两种；按外

形分为针式绝缘子、蝶式绝缘子、悬式绝缘子和拉线绝缘子等。架空配电线路常用的绝缘子外形如图 7 - 3 所示。

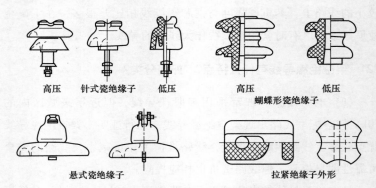

高压　　针式瓷绝缘子　　低压　　　　高压　　　　　　低压
蝴蝶形瓷绝缘子

悬式瓷绝缘子　　　　　　　拉紧绝缘子外形

图 7 - 3　架空配电线路常用绝缘子外形

　　绝缘子在安装前必须按有关电气试验规程要求，进行耐压试验并合格，使用的每个绝缘子不能有裂痕及脏污，釉面要完好光洁，以防在运行中发生闪络放电。

223. 瓷横担绝缘子的特点是什么？

　　横担装在电杆的上部，用来安装绝缘子或固定开关设备及避雷器等，具有一定的长度和机械强度。

　　横担按使用材质分为木横担、铁横担和瓷横担。木横担因易腐烂，使用寿命短，一般很少使用。铁横担是用镀锌角钢制成，规格有高压线路不小于 L63 × 5mm；低压线路不小于 L50 × 5mm 等，它坚固耐用，应用最广。瓷横担同时起横担和绝缘子两种作用，具有较高的绝缘水平，而且能在一侧线路导线发生断线事故时，自动转动，使电杆不会倾倒，并且节约木材、钢材，使线路造价降低。瓷横担在施工安装过程中需特别注意防止冲击碰撞，以免破碎损坏。瓷横担的外形如图 7 - 4 所示。

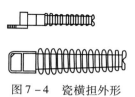

图 7 – 4　瓷横担外形

224. 架空电力线路拉线的作用是什么？　常用拉线类型有哪些？拉线用什么材料制作？　安装有什么要求？

（1）拉线作用。在架空线路中，终端电杆、转角电杆、分支电杆和耐张电杆等电杆，在架线后会发生受力不平衡现象，拉线就是用来加强电杆的强度，平衡导线张力或电杆侧面风力，使电杆稳固。

（2）常用拉线类型。拉线按其作用，可分为张力拉线（如转角杆、耐张杆、终端杆、分支杆的拉线）和风力拉线（如在土质松软的线路上设置拉线，增加电杆稳定性）两种；按拉线的形式，又可分为普通拉线、水平拉线、弓形拉线、和 V 形拉线等。

1）普通拉线。普通拉线用于线路的转角杆、耐张杆、终端杆、分支杆等处，起平衡拉力的作用。普通拉线如图 7 – 5 所示。

2）水平拉线。当电杆离道路太近，不能就地装设拉线时，需在路的另一侧立一个基拉线杆。跨越道路的水平拉线，对路面中心的垂直距离不应小于 6m；拉线杆的倾斜角采用 10° ~ 20°。水平拉线如图 7 – 6 所示。

3）弓形拉线。因地形限制不能装设拉线时，可以采用弓形拉线，在电杆中部加以自柱，在其上下加装拉线，以防电杆弯曲。弓形拉线如图 7 – 7 所示。

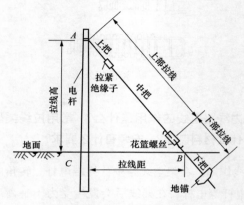

图 7-5 普通拉线示意图

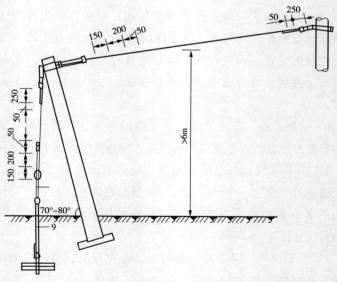

图 7-6 水平拉线示意图

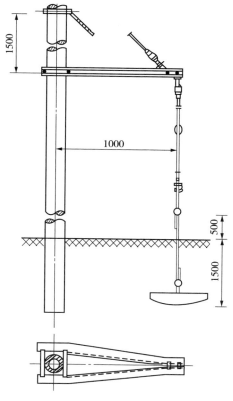

图 7-7 弓形拉线示意图

4）V 形拉线。当电杆较高、横担较多、导线多回时，常在拉力的合力点上、下两处各装设一条拉线，其下部则合为一条，构成 V 形。拉线一般用镀锌钢绞线或镀锌铁线制作。10kV 及以下架空配电线路的拉线，当强度要求较低时，应采用多股直径为4mm 的镀锌铁线，镀锌铁线不少于 3 股。当强度要求较高时，采用镀锌钢绞线。拉线的选用与导线的线径及杆型等相关。

（3）安装好的拉线应符合下列要求：

1）拉线与电杆的夹角不宜小于45°，受地形限制时，也不应小于30°。

2）终端杆的拉线及耐张杆承力拉线应与线路方向对正；转角拉线应与线路转角的分角线方向对正；防风拉线应与线路方向垂直。

3）拉线穿过公路时，对路面中心的垂直距离不应小于6m。跨越电车线时，对路面中心的垂直距离不应小于9m。

4）当一根电杆上装有多条拉线时，拉线不应有过松、过紧、受力不均匀等现象。

5）拉线下把应采用拉线棒，其直径不小于16mm，拉线棒与拉线盘（地锚）的连接应保证可靠。

225. 架空电力线路导线如何正确选择？

为了保证供电系统安全、可靠、优质、经济地运行，在选择确定导线截面积时必须满足发热条件、电压损耗条件以及机械强度。10kV及以下配电架空线路的导线截面积一般按这三个要求选择。对于高压线路及输送电流很大的低压线路，在选择导线截面积时常按经济电流密度选，然后按发热条件复核。

（1）满足发热条件。满足发热条件是指导线通过最大负荷电流时产生的发热温度应小于导线正常运行时允许的长期允许温度，即导线截面允许的长期工作电流应大于电路中最大的工作电流。

（2）满足电压损耗条件。满足电压损耗条件是指导线通过正常最大负荷电流时，在导线上产生的电压损耗应小于正常运行时允许的电压损耗。按照DL/T 5220—2005《10kV及以下架空配电线路设计技术规程》，1～10kV 配电线路，自供电的变电站二次侧出口至线路末端变压器或末端受电变电站一次侧入口的允许电压损失为供电变电站二次侧额定电压（6、10kV）的 5%；低压配电线路，自配电变压器二次侧出口至线路末端（不包括接户线）的允许电压损失为额定低压配电电压（220、380V）的 4%。

（3）满足机械强度。满足机械强度是指导线不能太细，防止运行中断线。配电线路导线的截面积按机械强度要求不应小于表 7-2 所列数值。低压线路与铁路交叉跨越档，当采用裸铝绞线（LJ）时，截面积不应小于 35mm²。

表 7-2　按机械强度导线最小截面积　　　　单位：mm²

导线种类	高压线路		低压线路
	居民区	非居民区	
铝绞线、铝合金绞线	35	25	16
钢芯铝绞线	25	16	16
铜绞线	16	16	直径 3.2mm

（4）按经济电流密度选择导线截面积。按经济电流密度选择导线截面积是为了使导线在运行中电能损耗较小，使有色金属消耗也不致太大。从减小运行中电能损耗角度出发，导线截面积越大越好，但这样耗用的有色金属就多，建设投资也大；从节省有色金属、降低建设投资角度出发，导线截面积越小越好，但导线在运行中电能损耗要增大，使运行不经济。所以为了兼顾这两方面，导线有一个经济截面积，在经济截面积运行时电能损耗相对较小，消耗的有色金属也相对较小。单位经济截面积允许的电流大小称为导线的经济电流密度。知道了导线中最大工作电流和导线经济电流密度，就可计算出导线的经济截面积。根据计算出的导

线经济截面积，选择最适当的导线标准截面积。但按经济电流密度选择的导线截面积必须再按发热条件复核，即必须满足正常工作时发热的要求。我国规定的导线和电缆经济电流密度见表 7 – 3。

表 7 – 3　导线和电缆经济电流密度 J_{ec}　　单位：A/mm²

线路类别	导线材料	年最大负荷利用小时		
		3000h 以下	3000 ~ 5000h	5000h 以上
架空线路	铝	1.65	1.15	0.90
	铜	3.00	2.25	1.75
电缆线路	铝	1.92	1.73	1.54
	铜	2.50	2.25	2.00

226. 架空电力线路导线正常运行时允许温度如何规定？

DL/T 5220—2005《10kV 及以下架空配电线路设计技术规程》规定，铝及钢芯铝绞线在正常情况下运行的最高温度不得超过70℃，事故情况下不得超过90℃。对各种类型的绝缘导线，其容许工作温度为65℃。

227. 什么是架空电力线路的档距？架空配电线路档距如何规定？

架空电力线路的档距是指相邻两电杆之间的水平距离，如图7 – 8 所示。

架空配电线路的档距，应根据线路设计文件确定，如无设计资料时，一般可参照表 7 – 4 所列数值。

35kV 架空线路耐张段的长度不宜大于 5km；10kV 及以下架空线路的耐张段的长度不宜大于 2km。

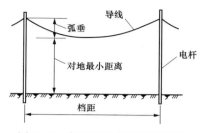

图 7 - 8 架空线路的档距和弧垂

表 7 - 4 架空配电线路的档距 单位：m

地区	线路电压	
	高压	低压
城镇	40 ~ 50	40 ~ 50
郊区	60 ~ 100	40 ~ 80

228. 什么是架空电力线路导线的弧垂？ 对导线弧垂有什么要求？

架空电力线路导线的弧垂是指相邻两根电杆导线紧固点的假想连线与实际导线最低点的垂直距离，如图 7 - 8 所示。施工中应严格按设计图纸和施工规范的规定施工。

弧垂的大小直接关系到线路的安全运行，弧垂过小，导线受力大，容易断股或断线；弧垂过大，则可能影响对地的安全距离，在风力作用下容易造成线间短路。弧垂大小和导线的质量、气温、导线张力及档距等因素有关。导线质量越大，弧垂越大；温度增高，弧垂增加；导线张力越大，弧垂越小；档距越大，弧垂越大。设计、施工必须严格按规定进行。

35kV 架空线路紧线弧垂应在挂线后随即检查，弧垂误差不应超过设计弧垂的 +5% 、 -2.5% ，且正误差最大值不应超过 500mm。

10kV 及以下架空线路的导线紧好后，弧垂的误差不应超过设计弧垂的 ±5%。同档内各相导线弧垂宜一致，水平排列的导线弧垂相差不应大于 50mm。

35kV 架空线路导线或地线各相间的弧垂宜一致，在满足弧垂允许误差规定时，各相间弧垂的误差不应超过 200mm。

229. 架空电力线路导线与地面的最小距离如何规定？

在导线最大弧垂情况下，架空线路导线与地面的距离不应小于表 7 – 5 所列数值。

表 7 – 5　架空线路导线与地面的距离　　单位：m

线路经过地区	线路电压		
	1kV 以下	1 ~ 10kV	35kV
居民区	6.0	6.5	7.0
非居民区	5.0	5.5	6.0
交通困难地区	4.0	4.5	5.0

230. 架空电力线路导线与山坡、峭壁、岩石之间的最小距离是多少？

架空电力线路导线与山坡、峭壁、岩石之间的净空距离，在最大风偏时，不应小于表 7 – 6 所列数值。

表 7 – 6　导线与山坡、峭壁、岩石之间的最小距离　　单位：m

线路经过地区	线路电压	
	1kV 以下	1 ~ 10kV
步行可以达到的山坡	3.0	4.5
步行不能达到的山坡、峭壁和岩石	1.0	1.5

231. 架空电力线路电杆的埋深是多少？

电杆的埋设深度，应满足电杆倾覆稳定的要求，应根据地质条件进行计算确定。单回路的架空配电线路，电杆埋深不应小于表 7 - 1 所列数值。

232. 绝缘子损坏的常见原因有哪些？　应如何检查？

绝缘子损坏常见原因有：

（1）人为破坏，如击伤、击碎等。

（2）安装质量不符规定或承受的应力超过允许值。

（3）由于气候骤冷骤热，瓷件内部产生应力或受冰雹等击伤、击碎。

（4）瓷件脏污而发生闪络，或者雨雪和雷雨天气出现表面放电闪络造成绝缘子损坏。

（5）发生过电压时，由于绝缘子绝缘强度和机械强度不够或者绝缘子本身质量差而造成损坏。

绝缘子是否损坏可通过巡视检查目测，也可在停电时用绝缘电阻表摇测其绝缘电阻等方法检查。

233. 架空电力线路绝缘子污闪事故如何预防？

绝缘子表面如果积聚具有导电性能的污秽物质，在潮湿天气时绝缘水平下降，会发生闪络放电事故，使线路不能正常运行，为此必须采取措施防止事故发生。

（1）定期清扫绝缘子，保持绝缘子表面清洁。

（2）增大爬电距离，提高绝缘水平，如增加污秽地区绝缘子片数或采用防尘绝缘子等。

（3）采用防尘涂料，如在绝缘子表面涂石蜡、有机硅等材料，以提高绝缘子的抗污能力。

（4）加强巡视检查，定期对绝缘子进行测试，及时更换不良绝缘子等。

234. 架空电力线路运行巡视的主要内容有什么？

（1）GB 26859—2011《电力安全工作规程　电力线路部分》对电力线路运行巡规定如下：

1）单人巡线时，不应攀登杆塔。

2）恶劣气象条件下巡线和事故巡线时，应依据实际情况配备必要的防护用具、自救器具和药品。

3）夜间巡线应沿线路外侧进行。

4）大风时，巡线宜沿线路上风侧进行。

5）事故巡线应始终认为线路带电。

（2）架空电力线路运行巡视的主要内容简述如下：

1）杆塔巡视：①杆塔是否倾斜、弯曲、下沉、上拔。②杆塔基础周围土壤有无挖掘或沉陷。③电杆有无裂缝、酥松、露筋；杆塔构件、横担、金具有无变形、锈蚀、丢失；螺栓、销子有无松动，是否紧固。④杆塔上有无危及安全的鸟巢、风筝及杂物。⑤电杆有无杆号等明显标志，各种标示牌是否齐全、完备。

2）绝缘子巡视检查：①绝缘子有无破损、裂纹，有无闪络放电现象，表面是否严重脏污。②绝缘子有无歪斜，紧固螺栓是否松动，扎线有无松、断。③瓷横担装设是否符合要求，倾斜角度是否符合规定。

3）导线巡视检查：①导线的三相弧垂是否一致，对各种交叉跨越距离及对地垂直距离是否符合规定，过（跳）引线对邻相及对地距离是否符合要求。②裸导线有无断股、烧伤、锈蚀，连接处有无接触不良、过热现象。③绝缘导线外皮有无磨损、变形、龟裂等现象，绝缘护罩扣是否紧密；沿线树枝有无刮绝缘导线；红外监测技术检查触点是否发热。④导线上有无抛扔物。⑤固定导线用绝缘子上的绑线有无松弛或开断现象。

4）防雷设施的巡视检查：①避雷器瓷裙有无裂纹、损伤、闪络痕迹，表面是否脏污。②固定件是否牢固，金具有无锈蚀。③引线连接是否良好，上下压线有无开焊、脱落，触点有无锈蚀。④保护间隙有无烧损，锈蚀或被外物短接，间隙距离是否符合规定。⑤雷电观测装置是否完好。

5）接地装置的巡视检查：①接地引下线有无丢失、断股、损伤。②接头接触是否良好，线夹螺栓有无松动、锈蚀。③接地引下线的保护管有无破损、丢失，固定是否牢靠。④接地体有无外露、严重腐蚀，在埋设范围内有无土方工程。

6）拉线的巡视检查：①拉线有无锈蚀、松弛、断股。②拉线棒有无偏斜、损坏。③水平拉线对地距离是否符合要求。④拉线绝缘子是否损坏或缺少。⑤拉线是否妨碍交通或被车碰撞。⑥拉线棒（下把）、抱箍等金具有无变形、锈蚀。⑦拉线固定是否牢固，拉线基础周围土壤有无突起、沉陷、缺土等现象。

7）沿线情况的巡视检查：①沿线有无易燃、易爆物品和腐蚀性液、气体。②导线对地、道路、公路、铁路、管道、索道、河流、建筑物等距离是否符合规定，有无可能触及导线的金属构架、天线等。③周围有无被风刮起危及线路安全的金属薄膜、杂物等。④有无威胁线路安全的工程设施（机械、脚手架等）。⑤线路附近有无危及线路安全的爆破工程。⑥线路附近有无危及线路安全的植树、种竹情况。⑦线路附近有无射击、放风筝、抛扔外物、飘洒金属和在杆塔、拉线上拴牲畜等现象。⑧沿线有无江河泛滥、山洪和泥石流等异常现象。⑨沿线有无违反《电力设施保护条例》的建筑。

235. 雷雨天气时,为什么严禁测量线路绝缘?

雷电放电电压在几十万伏至几百万伏数量级,放电电流在几万安培至几十万安培数量级。如雷电时测量线路绝缘,万一雷电击中线路或在线路上感应高电压,将对工作人员的人身安全构成极大威胁。所以,雷电天气时,不宜进行电气操作,不应就地电气操作(见 GB 26859—2011《电力安全工作规程 电力线路部分》);雷电时,严禁测量线路绝缘(见《国家电网公司电力安全工作规程》)。

236. 对架空电力线路作业有什么规定?

GB 26859—2011《电力安全工作规程 电力线路部分》对架空电力线路作业的规定如下:

(1)线路作业应在良好的天气下进行,遇到恶劣气象条件时,应停止工作。

(2)任何人从事高处作业,进入有磕碰、高处落物等危险的生产场所时,均应戴安全帽。

(3)高处作业应使用安全带,安全带应采用高挂低用的方式,不应系挂在移动或不牢固的物件上。转移作业位置时不应失去安全带保护。

(4)高处作业应使用工具袋,较大的工具应予固定。上下传递物件应用绳索拴牢传递,不应上下抛掷。

(5)在线路作业中使用梯子时,应采取防滑措施并设专人扶持。

（6）杆塔上作业攀登前，应检查杆根、基础和拉线牢固，检查脚扣、安全带、脚钉、爬梯等登高工具、设施完整牢固。上横担工作前，应检查横担联结牢固，检查时安全带应系在主杆或牢固的构件上。

（7）新立杆塔在杆基未完全牢固或做好拉线前，不应攀登。

（8）架空绝缘导线不应视为绝缘设备，不应直接接触或接近。

237. 架空电力线路运行维护工作有哪些内容？

（1）清扫绝缘子，提高绝缘水平。

（2）加固杆塔和拉线基础，提高杆塔稳定性。

（3）消除杆塔上鸟巢及其他杂物。

（4）处理个别不合格的接地装置，少量更换绝缘子串或个别零值绝缘子。

（5）混凝土电杆损坏修补和加固，提高电杆强度。

（6）杆塔倾斜和挠曲调整，以防挠曲或倾斜过大造成倒杆、断杆。

（7）混凝土电杆铁构件及铁塔刷漆、喷锌处理，以防锈蚀。

（8）金属基础和拉线棒地下部分抽样检查，及时做好锈蚀处理。

（9）导线、避雷线个别点损伤、断股的缠绕、补修工作。

（10）补加杆塔材料和部件，尽快恢复线路原有状态。

（11）做好线路保护区清障工作，确保线路安全运行。

（12）进行运行线路测试（测量）工作，掌握运行线路的情况。

（13）涂写悬挂杆塔号牌，悬挂警告牌，加装标志牌等。

（14）向沿线群众广泛深入地宣传《中华人民共和国电力法》及《电力设施保护条例》，使其能自觉保护电力线路及设备。

238. 架空电力线路竣工验收有哪些要求？

架空配电线路架设完毕后，在投入运行前必须按规定严格进行验收。在验收时应进行下列检查：

（1）导线的型号、规格应符合设计要求。

（2）电杆组立的各项误差应符合规定。

（3）拉线的制作和安装应符合规定。

（4）导线的弧垂、相间距离、对地距离及交叉跨越距离应符合规定。

（5）电器设备外观应完整无缺损。

（6）相位正确，接地良好。

（7）沿线的障碍物、应砍伐的树及树枝等杂物应清除完毕。

（8）导线固定、绝缘子固定等所有设备安装应牢靠，符合规范和设计要求。

239. 常见的危害架空电力线路的行为有哪些？ 应如何制止？

常见的危害架空电力线路的行为有：

（1）向线路设施射击、抛掷物体。

（2）在导线两侧 300m 内放风筝。

（3）擅自攀登杆塔或在杆塔上架设各种线路和广播喇叭。

（4）擅自在导线上接用电设备。

（5）利用杆塔、拉线作起重牵引地锚，或拴牲畜、悬挂物体和挂附农作物。

（6）在杆塔、拉线基础的规定保护范围内取土、打桩、钻探、开挖或倾倒有害化学物品。

（7）在杆塔与拉线间修筑道路。

（8）拆卸杆塔或拉线上的器材。

（9）在架空线下种树。

要制止上述行为，除了广泛宣传电气安全知识外，还要严格依法处理。平时要加强线路巡视检查，发现问题立即处理，及时消除事故隐患，保证电力线路安全运行。

240. 电力电缆线路与架空电力线路相比有哪些优点和缺点？

（1）电力电缆线路与架空电力线路比有以下优点：

1）供电可靠。不会像架空线因受雷击、风害、挂冰、风筝和鸟害等造成断线、短路与接地等故障，机械碰撞的机会也较少。

2）不占地面和空间。一般的电力电缆均敷设在地下，不受路面建筑物影响，适合城市与工厂内部使用。

3）地下敷设，有利于人身安全。

4）不使用电杆，节约钢材、水泥，同时使城市市容及厂区厂容整齐美观，交通方便。

5）运行维护工作量少，节省线路维护费用。

（2）电力电缆线路与架空电力线路比有以下缺点：

1）投资费用大。电力电缆线路综合投资费用为相同输送容量架空线路的几倍。

2）引出分支线路比较困难。电缆线路如需分支供电，则需增添一定的设备，如分支箱或 T 型接头等。

3）故障点测寻比较困难。电缆线路在地下，故障点无法看到，必须使用专用仪器进行测量。

4）电缆头制作工艺要求高。为保证电缆线路的绝缘强度和密封保护的要求，电缆头制作工艺要求较高，费用也高。

241. 电力电缆的基本结构由哪几部分组成？ 各起什么作用？

电力电缆的基本结构由线芯（导体）、绝缘层、屏蔽层和保护层四部分组成。

（1）线芯。线芯是电缆的导电部分，用来输送电能，是电缆的主要部分。电力电缆的线芯一般都采用铜芯。

（2）绝缘层。绝缘层是将线芯与大地以及不同相的线芯在电气上彼此绝缘隔离，保证电能输送，是电缆结构中不可缺少的组成部分。绝缘层材料要求选用耐压强度高、介质损耗低、耐热性能好、耐电晕性能好、化学性能稳定、机械加工性能好、使用寿命长、价格便宜的材料。

（3）屏蔽层。6kV 及以上的电缆一般都有导体屏蔽层和绝缘屏蔽层。导体屏蔽层的作用是消除导体表面的不光滑所引起导体表面电场强度的增加，使绝缘层和电缆导体有较好的接触。同样，为了使绝缘层和金属护套有较好接触，一般在绝缘层外表面均包有外屏蔽层（绝缘屏蔽层）。

（4）保护层。保护层的作用是保护电缆免受外界杂质和水分的侵入，以及防止外力直接损坏电缆。保护层材料的密封性和防腐性必须良好，并且有一定机械强度。

242. 交联聚乙烯绝缘电缆有什么特点？ 适用于什么场所敷设？

交联聚乙烯绝缘电缆的特点是容许温升高，允许载流量较大，耐热性能好，绝缘性能优良。适宜于高落差和垂直敷设。但抗电晕、游离放电性能差。

243. 聚氯乙烯绝缘电缆有什么特点？ 适用于什么场所敷设？

聚氯乙烯绝缘电缆特点：化学性能稳定，安装工艺简单，材料来源充足，能适应高落差敷设，敷设维护简单方便。但因其绝缘强度低，耐热性能差，介质损耗大，并且在燃烧时会释放氯气，对人体有害，且对设备有严重的腐蚀作用，所以一般只在

6kV 及以下电压等级中应用。

244. 橡胶绝缘电缆有什么特点？ 适用于什么场所敷设？

橡胶绝缘电缆特点：电缆柔软性好，易弯曲，有较好的耐寒性能、电气性能和机械性能，化学性能稳定，对气体、潮气、水的渗透性较好，但耐电晕、臭氧、热、油的性能较差。因此一般只用在 13.8kV 以下的电力电缆线路中。由于其良好抗水性，适宜作海底电缆。另外，由于其很好的柔软特性，适宜在矿井和船舶上敷设使用。

245. 不滴漏油浸纸带绝缘型电缆和不滴漏油浸纸绝缘分相型电缆有什么特点？ 可用在什么场合？

（1）不滴漏油浸纸带绝缘型电缆。该电缆三线芯的电场在同一屏蔽内，电场的叠加使电缆内部的电场分布极不均匀，电缆绝缘层的绝缘性能不能充分利用，因此这种结构的电缆只能用在10kV 及以下的电压等级。其基本结构如图 7-9 所示。

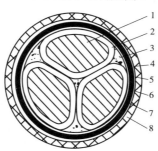

图 7-9　不滴漏油浸纸带绝缘型（统包型）电缆结构图
1—线芯；2—线芯绝缘；3—填料；4—带（统包）绝缘；5—铅套；
6—内衬层；7—铠装层；8—外被层（外护套）

（2）不滴漏油浸纸绝缘分相型电缆。该电缆结构上使内部电场分布均匀，气隙减少，绝缘性能比纸带绝缘型结构好，因此适用于 20 ～ 35kV 电压等级，个别可使用在 66kV 电压等级上。其基本结构如图 7 - 10 所示。

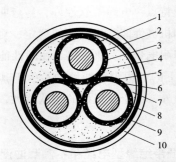

图 7 - 10　不滴漏油纸绝缘分相铅包电缆结构图
1—线芯；2—线芯屏蔽；3—线芯纸绝缘；4—绝缘屏蔽；5—铅护套；
6—PVC 带；7—麻填料；8—内垫层；9—铠装层；10—外护套

246. 什么是电缆长期允许载流量？

电缆载流量是指某种电缆在输送电能时允许传送的最大电流值。电缆导体中流过电流时导体会发热。电缆运行时，绝缘层中会产生介质损耗，护层中有涡流等损耗，这些损耗也都会变为热量，因此运行中的电缆会发热。如果在某一状态下发热量等于散热量时，电缆导体就有一个稳定温度。电缆导体的稳定温度达到电缆最高允许温度时的载流量，称为允许载流量或安全载流量。电缆在长期工作条件下的允许载流量，称为电缆长期允许载流量。电缆在长期工作条件下，电缆导体的稳定温度达到电缆长期最高允许温度时的载流量，称为电缆长期允许载流量或长期工作安全载流量。

247. 电力电缆投入运行有哪些要求？

（1）新装电缆线路，须经过验收检查合格，并办理验收手续方可投入运行。

（2）停电超过一个星期但不满一个月的电缆，重新投入运行前，应摇测其绝缘电阻值，与上次试验记录比较（换算到同一温度下）不得降低30％，否则须做直流耐压试验。而停电超过一个月但不满一年的，则必须作直流耐压试验，试验电压可为预防性试验电压的一半。停电时间超过试验周期的，必须做标准预防性试验，而且都要合格，达到规定要求。

（3）重做终端头、中间头和新做中间头的电缆，必须核对相位，摇测绝缘电阻，并做耐压试验，全部合格后，才允许恢复运行。

248. 电力电缆线路的巡视检查有什么规定？

电力电缆线路投入运行后，经常巡视检查是及时发现隐患、组织维修、避免发生事故的重要措施，必须按运行规程要求认真做好电力电缆线路巡视检查和维修工作。

（1）日常巡视检查。

1）日常巡视检查周期：有人值班的变（配）电所，每班应检查一次；无人值班的，每周至少检查一次。遇有特殊情况，则根据需要做特殊巡视。

2）日常巡视检查内容：①观察电缆线路的电流表，看实际电流是否超出了电缆线路的额定载流量。②电缆终端头的连接点有无过热变色。③油浸纸绝缘电力电缆及终端头有无渗、漏油现象。④并联使用的电缆有无因负荷分配不均匀而导致某根电缆过热。

⑤有无打火、放电声响及异常气味。⑥终端头接地线有无异常。

（2）定期检查。

1）定期检查周期：①敷设在土壤、隧道以及沿桥梁架设的电缆，发电厂、变电站的电缆沟，电缆井、电缆架等的电缆巡查，每三个月至少一次。②敷设在竖井内的电缆，每半年至少一次。③电缆终端头，根据现场运行情况每 1～3 年停电检查一次；室外终端头每月巡视一次，每年 2 月及 11 月进行停电清扫检查。④对挖掘暴露的电缆，酌情加强巡视。⑤雨后，对可能被雨水冲刷的地段，应进行特殊巡视检查。

2）定期检查内容：①直埋电缆线路。线路标桩是否完整无缺；路径附近地面有无挖掘；沿路径地面上有无堆放重物、建筑材料及临时建筑，有无腐蚀性物质；室外露出地面电缆的保护设施有无移位、锈蚀，其固定是否牢靠；电缆进入建筑物处有无漏水现象。②敷设在沟道、隧道及混凝土管中的电缆线路。沟道的盖板是否完整无缺；人孔及手孔井内积水坑有无积水，墙壁有无裂缝或渗漏水，井盖是否完好；沟内支架是否牢固，有无锈蚀；沟道、隧道中是否有积水或杂物；在管口和挂钩处的电缆铅包有无损坏，衬铅是否脱落；电缆沟进出建筑物处有无渗漏水现象；电缆外皮及铠装有无锈蚀、腐蚀、鼠咬现象。③室外电缆终端头。终端头的绝缘套管是否完整、清洁，有无闪络放电痕迹，附近有无鸟巢；连接点是否接触良好，有无发热现象；绝缘胶有无塌陷、软化和积水；终端头是否漏油、铅包及封铅处有无龟裂；芯线、引线的相间及相对地距离是否符合规定，接地线是否完好；相位颜色是否明显，是否与电力系统的相位相符，靠近地面的一段电缆是否被车辆撞碰等。④水底电缆。应经常检查临近河岸两侧的水底电缆是否有受潮水冲刷现象，电缆盖板有否露出水面或移位。同时检查河岸两端的警告牌是否完好，瞭望是否清楚。⑤多根并列电缆。要检查电流分配和电缆外皮的温度情况。

249. 电力电缆敷设一般要求有哪些?

（1）搬运电缆。电缆一般包装在专用电缆盘上。在运输装卸过程中，不应使电缆盘及电缆受到损伤，禁止将电缆盘直接由车上推下。电缆盘不应平放运输、平放储存。在运输和滚动电缆盘前，必须检查电缆盘的牢固性。对于充油电缆，电缆至压力油箱间的管道应妥善固定及保护。电缆盘采用人工滚动运输时应按电缆盘上所示的箭头方向滚动。

（2）检验电缆。

电缆及其附件到达现场后应进行下列检查：

1）产品的技术资料应齐全。

2）电缆规格、型号应符合设计要求，附件应齐全。

3）电缆封端应严密。

4）充油电缆的压力油箱，其容量及油压应符合电缆油压变化的要求。

电缆敷设施工前还应进行一些检查试验：

1）对6kV以上的电缆应做交流耐压或直流耐压试验和直流泄漏试验，有时还需做潮气试验。

2）对6kV及以下的电缆应用绝缘电阻表测量其绝缘电阻值，测量数值应符合规定并做好记录和妥善保存，以便与竣工试验时作比较。

（3）电缆的储存。电缆及附件如不立即敷设和安装，则应按下述要求储存：

1）电缆应集中分类存放，盘上应标明型号规格、电压等级及长度。电缆盘之间应有通道。地基应坚实、不积水。橡塑护套电缆应有防晒措施。

2）充油电缆头的瓷套，在室外储存时应有防止机械损伤措施。

3）电缆附件与绝缘材料的防潮包装应密封良好，并放于干燥的室内。

4）电缆在保存期间，应三个月检查一次，电缆盘应完整、标志应齐全，封端应严密，铠装应无锈蚀。如有缺陷应及时处理。

5）充油电缆应定期检查油压，如果油压降至零或出现真空时，在未处理前不准滚动。

（4）在三相四线制系统中使用的电力电缆，不准采用一根三芯电缆另加一根单芯电缆或导线，不准将电缆金属护套等作为中性线。

（5）并联运行的电力电缆，其长度应相等。

（6）电缆敷设时，在电缆头附近应留有备用长度。直埋电缆在全长上还需留少量裕度。

（7）电缆各支持点间的距离应按设计规定。当设计无规定时，则不应大于表7-7所列数值。

表7-7　电缆各支持点间的距离　　　　　　　单位：m

电缆种类		支架上敷设		钢索上悬吊敷设	
		水平	垂直	水平	垂直
电力电缆	充油电缆	1.5	2.0	—	—
	橡塑及其他油纸电缆	1.0	2.0	0.75	1.5
控制电缆		0.8	1.0	0.6	0.75

注　支架上敷设包括沿墙壁、构架、楼板等非支架固定。

（8）电缆的弯曲半径不应小于表 7-8 的规定。

表 7-8　电缆最小弯曲半径与电缆外径的比值

电缆种类	电缆护层结构	单芯	多芯
油浸纸绝缘电力电缆	铠装或无铠装	20	15
橡皮绝缘电力电缆	橡皮或聚氯乙烯护套	—	10
	裸铅护套	—	15
	铅护套钢带铠装	—	20
塑料绝缘电力电缆	铠装或无铠装	—	10
控制电缆	铠装或无铠装	—	10

（9）油浸纸绝缘电缆敷设时高低差不应超过表 7-9 的规定。

表 7-9　油浸纸绝缘电力电缆最大允许敷设位差　　单位：m

电缆种类		电缆护层结构	铅套	铝套
黏性油浸渍纸绝缘电力电缆	1～3kV	无铠装	20	25
		有铠装	25	25
	6～10kV	无铠装或有铠装	15	20
	20～35kV	无铠装或有铠装	5	—
充油电缆			按产品规定	—

注　不滴流油浸纸绝缘电力电缆无位差限制。

（10）电缆敷设时应防止电缆在地面上或支架上拖拉摩擦。电缆不能有机械损伤。

（11）用机械敷设电缆时的牵引强度不宜大于表 7-10 所列数值。

表 7 – 10　电缆最大允许牵引强度

牵引方式	牵引头		钢丝网套	
受力部位	铜芯	铝芯	铅套	铝套
允许牵引强度（MPa）	0.7	0.4	0.1	0.4

（12）油浸纸绝缘电力电缆在切断后，必须立即将端头铅封。塑料绝缘电力电缆也应有可靠的防潮封端。

（13）电缆敷设时，如电缆存放地点在敷设前24h内平均温度及敷设现场的温度低于表7–11所列数值时，应采取加温措施，否则不宜敷设。

表 7 – 11　电缆最低允许敷设温度

电缆类型	电缆结构	最低允许敷设温度（℃）
油浸纸绝缘电力电缆	充油电缆	– 10
	其他油纸电缆	0
橡皮绝缘电力电缆	橡皮或聚氯乙烯护套	– 15
	裸铅套	– 20
	铅护套钢带铠装	– 7
塑料绝缘电力电缆	—	0
控制电缆	耐寒护套	– 20
	橡皮绝缘聚氯乙烯护套	– 15
	聚氯乙烯绝缘聚氯乙烯护套	– 10

（14）电缆敷设时不宜交叉，应排列整齐，固定牢靠，并及时装设标志牌。标志牌上应注明线路编号（如设计无编号时，应写明电缆的型号规格及起讫地点），字迹应清楚，不易脱落。直埋电缆沿线及接头处应有明显的方位标志或固定的标桩。

（15）电力电缆接头盒的布置应符合下列安全要求：

1）并列敷设的电缆，其接头盒的位置要相互错开。

2）电缆明敷时的接头盒需用托板托置，并用耐电弧隔板与其他电缆隔开，托板及隔板应伸出接头两端的长度不小于 0.6m。

3）直埋电缆接头外面应有防止机械损伤的保护盒（环氧树脂接头盒除外）。位于冻土层的保护盒，盒内宜注入沥青，以防止水分进入盒内造成电缆接头事故。

（16）电缆固定时应符合下列要求：

1）在下列地方应将电缆固定：垂直敷设或倾斜度超过 45°敷设的电缆在每一个支架上要将电缆固定；水平敷设的电缆在电缆首尾两端及电缆转弯处、电缆接头的两端应将电缆固定。

2）充油电缆的固定应符合设计要求。

3）电缆固定的夹具型式宜统一。

4）裸铅（铝）套电缆的固定处，应加软衬垫保护。

5）使用于交流的单芯电缆或分相铅套电缆在分相后的固定，其夹具不应有铁件构成的闭合磁路。

250. 直埋电缆敷设安全要求有哪些?

（1）电缆埋设深度不应小于 0.7m，穿越农田时不应小于 1.0m，并应在电缆上、下各均匀铺设 100mm 厚的细砂或软土，然后覆盖砖块或混凝土保护板，其覆盖宽度应超过电缆两侧各 50mm。填铺的细砂或软土中不应含有石块和其他硬质杂物。在寒冷地区，电缆应埋设在冻土层以下。如果无法深埋时，应采取措施防止电缆受到损坏。

（2）直埋电缆之间及电缆与各种设施平行或交叉的安全净距离，不应小于表 7 - 12 所列数值。

（3）电缆与建筑物平行敷设时，电缆应埋设在建筑物的散水坡外。电缆引入建筑物时,所穿保护管应超周围散水坡 100mm。

表 7-12　直埋电缆之间及电缆与各种设施之间的最小安全净距

单位:m

项目	敷设条件	
	平行时	交叉时
建筑物、构筑物基础	0.5	
1kV 以下电力电缆之间以及与控制电缆和 1kV 以上电力电缆之间	0.10	0.50
通信电缆	0.50	0.50
热力管道	2.00	
水管、压缩空气管	1.00	0.50
可燃气体及易燃液体管道	1.00	0.50
铁路(平行时与轨道,交叉时与轨底,电气化铁路除外)	3.00	1.00
道路(平行时与路边,交叉时与路面)	1.50	1.00
排水明沟	1.00	0.50

注　表中所列数值应自各种设施(包括防护外层)的外缘算起。

(4)电缆与道路、铁路交叉时,应穿管保护,保护管应伸出路基 1.0m。

(5)电缆与热力管沟交叉时,如果电缆穿过石棉水泥管保护,则其长度应伸出热力管沟两侧各 2m;如果电缆用隔热保护层,则保护层应超过热力管沟和电缆两侧各 1.0m。

(6)电缆通过有振动和承受压力的各地段时应穿管保护:

1)电缆引入和引出建筑物和构筑物的基础、楼板和过墙等处应穿管保护。

2)电缆通过铁路、道路和可能受到机械损伤的地段应穿管保护。

3)电缆引出地面 2m 至底下 0.2m 处,行人容易接触和电缆可能受到机械损伤的地方应穿管保护。

(7)埋地敷设的电缆,接头盒下面必须垫混凝土基础板,其长度应伸出接头盒两侧 0.6 ~ 0.7m。

(8)电缆长度应比电缆壕沟长约 1.5% ~ 2%。应留有一定裕量。

(9)向一级负荷供电的同一路径的双路电缆不应敷设在同一电缆沟内。

251. 电缆沟内电缆敷设的安全要求有哪些?

(1)电缆沟或电缆隧道应有防水排水措施,其底部应做坡度不小于 0.5% 的排水沟。积水可直接接入排水管道或经集水坑用泵排出。

(2)电缆沟底应平整,沟壁沟底需用水泥砂浆抹面。

(3)电缆支架层间垂直距离和通道宽度应符合要求。

(4)电缆支架间或固定点间的距离应符合要求。

(5)电缆支架的长度,在电缆沟内不宜大于 0.35m;在隧道内不宜大于 0.5m。在盐雾地区或化学气体腐蚀地区,电缆支架应涂防腐漆或采用铸铁支架。

(6)在支架上敷设电缆时,电力电缆应放在控制电缆的上层。但 1kV 以下的低压电力电缆可与控制电缆并列敷设。当两侧都有支架时,1kV 以下的电力电缆和控制电缆宜与 1kV 以上的电力电缆分别敷设在不同的侧支架上。支架间距应按设计规定。

(7)电缆沟在进入建筑物处应设有防火墙。电缆隧道进入建筑物处或变电站围墙处应设有带门的防火墙。防火门应采用非燃材料或阻燃材料制作,并应装锁。

(8) 电缆沟宜用一定承重的防滑钢板做盖板，也可用钢筋混凝土盖板，但每块板的质量不能超过 50kg。

(9) 电缆隧道的净高不应低于 1.9m。隧道内应有通风措施，一般为自然通风。

电缆隧道长度大于 7m 时，两端应设有出口（包括人孔）。两个出口间的距离超过 75m 时，中间还应增加出口。人孔井的直径不应小于 0.7m。

电缆隧道内应有照明，其电压应采用 36V 以下的安全电压。

252. 架空电缆敷设的安全要求有哪些?

（1）架空电缆主吊线强度计算的安全系数不应小于 3；辅助吊线强度计算的安全系数不应小于 2。

（2）架空电缆线路每条吊线上宜设一根电缆。杆上有两层吊线时，上下两吊线的垂直距离不应小于 0.3m。

（3）架空电缆与架空线同杆架设时，电缆应在架空线路的下面，电缆与最下层的架空线横担的垂直间距不应小于 0.6m。

（4）架空电缆在吊线上用吊钩固定，吊钩的间隔不应大于 0.5m。吊线应采用不小于 7/ϕ3.0mm 的镀锌铁绞线或具有同等强度及直径的绞线。

（5）架空电缆与地面的最小净距不应小于表 7-13 所列数值。

表 7-13　架空电缆与地面的最小净距　　　　　单位：m

线路通过地区	线路电压	
	高压	低压
居民区	6.00	5.50
非居民区	5.00	4.50
交通困难地区	4.00	3.50

253. 电缆线路工程交接验收有哪些规定?

电缆线路工程施工完毕,需经过试验合格后方可办理交接手续,然后投入运行。

(1) 电力电缆工程交接试验项目:

1) 测量绝缘电阻,并符合规定要求。

2) 直流耐压试验及泄漏电流试验均应合格。

3) 检查电缆线路相位,要求电缆两端相位一致,并与电网相位符合。

(2) 交接验收要求。

1) 在验收时应进行下列检查:①电缆规格应符合设计规定;排列应整齐;无机械损伤;标志牌装设齐全、正确、清晰。②电缆的固定、弯曲半径、有关距离及单芯电力电缆的金属护套的接地等均应符合规定要求。③电缆终端头、中间接头及充油电缆的供油系统应安装牢固,不应有渗漏现象;充油电缆的油压及表计整定值应符合要求。④电缆接地应良好。⑤电缆接头、电缆支架等金属部件,油漆完好,相色正确。⑥电缆沟或隧道内应无杂物,盖板应齐全。照明、通风、排水等设施符合设计要求。⑦直埋电缆路径标志应与实际路径相符;水底电缆线路两岸禁锚区标志和夜间照明装置应符合设计;防火措施应符合设计。

2) 隐蔽工程应在施工过程中进行中间验收,并做好签证。

(3) 在验收时应提交下列技术资料和文件:

1) 电缆线路路径的协议文件。

2) 变更设计部分的实际施工图(竣工图)、电缆清册及变更设计的证明文件。

3) 直埋电缆线路的敷设位置图(比例1:500;地下管线密集

的地段应为 1:100；地下管线稀少，地形简单的地段可用 1:1000）。平行敷设的电缆线路尽可能合用一张图纸，图上需标明各路线的相对位置，并有标明地下管线的剖面图。

4）制造厂提供的安全说明书、试验记录、合格证件及安装图纸等技术文件。

5）安装工程及隐蔽工程的技术记录。

6）电缆线路的原始装置记录：①电缆及电缆头的规格（型号、电压）及安装日期；电缆的实际敷设长度。②电缆终端和接头中填充的绝缘材料名称和型号。

7）各相试验记录。

254. 在三相四线制系统中使用的电力电缆，严禁采用一根三芯电缆另加一根单芯电缆或导线，不准将电缆金属护套作为中性线（零线），为什么？

三相四线制系统中，往往存在单相负荷，这些单相负荷不定时投入运行，造成配电系统三相负荷不对称。所以严禁采用一根三芯电缆另加一根单芯电缆或导线，不准将电缆金属护套作为中性线（零线），防止三相电流不平衡时，电缆铠装或金属护套感应电流而发热，影响电力电缆的安全运行和使用寿命以及人身安全。应选择符合使用要求的三相四芯电缆。

255. 为什么电力电缆在运行中不能过负荷？

架空配电线路发生故障时，故障点很容易发现。而若电力电缆线路的电缆内部发生故障，故障点很难找，也较难处理。电缆价格比架空线要贵，施工麻烦，线路造价也较高，所以电缆线路从电缆选择到敷设施工要求就更高。其中对电缆运行安全和使用寿命影响最大的有两项：一是运行中过负荷，使电缆在运行中过热影响使用寿命，甚至发生事故；二是弯曲半径，如果弯曲半径过小，电缆施工完毕后，电缆内部应力会造成电缆断芯和损坏。所以电缆线路从设计到安装运行，必须一丝不苟，要保证电缆选择正确，线路设计合理，施工安装质量合格，运行中应加强监视，避免过负荷运行，保证电缆线路安全。

256. 电力电缆连接应遵守规定，电缆接头不合格，电缆线路不准竣工验收及投用，为什么？

　　电力电缆线路中，电缆连接是一项技术要求很高的工作。如果电缆头做得不好，在运行中就会出现电缆头过热甚至爆炸，影响电缆线路运行及安全可靠供电。所以电缆连接和电缆头制作必须要由有一定技术经验的工人师傅进行或负责指导下进行，一定要保证连接可靠，符合规定。

　　（1）对电缆头的要求：

　　1）电缆头必须密封良好，特别是油浸纸绝缘电缆。若电缆头密封不良，不仅会漏油造成油浸纸干枯，而且潮气会侵入电缆内部造成电缆绝缘性能下降。

　　2）电缆头的绝缘强度应保证不低于电缆本身的绝缘强度，而且要有足够的机械强度。

　　3）电缆芯线连接必须接触良好，接触电阻要低于同长度导体电阻的 1.2 倍，抗拉强度不低于电缆芯线强度的70%。

　　4）电缆头要求结构简单、轻巧，要保证相间和相对外壳之间电气绝缘强度，以防短路或击穿。

　　（2）电缆头制作要求：

　　1）电缆终端头、中间接头的制作应由经过培训的熟悉工艺的技术工人进行，或在其指导下进行工作。制作过程中必须严格遵守制作工艺规程，对充油电缆头还应遵守油务及真空工艺等有关规程规定。在室外制作电缆头时，应在气候良好的条件下进行，并要有防尘措施。制作充油电缆头时，对周围空气的温度、相对湿度应严格控制并符合要求。

2）制作电缆头前应做好下列检查，并符合要求：①相位正确；②绝缘纸应无受潮、充油电缆的油样试验合格；③所用绝缘材料应合格并符合要求；④制作电缆头的配件应合格、齐全。

3）不同牌号的高压绝缘胶或电缆油不能混合使用。如果要混合使用，应经过理化及电气性能试验，符合使用要求后方能混合。

4）电缆头外壳与电缆金属护套及铠装层均应良好接地。接地线截面积不宜小于 $10\mathrm{mm}^2$。

5）电缆终端头与电气装置连接，应按有关规程的规定进行。

第八章　室内配线及照明装置

257. 什么是室内配线？敷设方法有哪几种？

　　室内配线是指建筑物内部（包括与建筑物相关联的外部位）电气线路敷设，有明配线和暗配线两种敷设方式，有瓷夹板配线、绝缘子（瓷柱）配线、穿管（金属管、塑料管）配线、铝片夹（或线夹）配线、钢索配线等种类。其中，穿管配线、铝片卡（线夹）配线用得最多。

　　如果室内配线的导线截面积选择不妥，导线质量差，安装不符合要求，就很容易发生导线过热，从而引发火灾和触电事故，造成生命财产损失。据资料统计，火灾事故中有很大的比例是由电气原因引起，而这些电气原因中，配线故障又是重要原因，因此保证室内配线安全可靠至关重要。

258. 室内配线的基本要求有哪些？

　　（1）使用的导线其额定电压应大于线路的工作电压。导线的绝缘应符合线路安装方式和敷设环境的条件。导线截面积应能满足供电负荷和机械强度的要求。各种型号导线都有其适用范围，导线和配线方式的选择应根据安装环境的特点、安装和维修条件、安全要求等因素加以确定。

　　（2）配线线路中应尽量避免接头。因为在实际使用中，很多事故都是由于导线连接不良、接头质量不好而引起。若必须接头，则应保证接头牢靠，接触良好。穿在管内敷设的导线不准有接头。塑料护套线配线接头要在开关、插座、接线盒等设备内进行，线路上不准有接头。

（3）明配线在敷设时要保持水平和垂直（横平竖直）。

导线与地面的最小距离应符合表 8－1 的规定，否则应穿管保护，以防机械损伤。

表 8－1　绝缘导线至地面的最小距离　　　　单位：m

配线方式	最小距离	
导线水平敷设	室内	2.5
	室外	2.7
导线垂直敷设	室内	1.8
	室外	2.7

（4）导线穿越楼板时，应将导线穿入钢管或硬塑料管内保护，保护管上端口距地面不应小于 1.8m，下端口到楼板下为止。

（5）导线穿墙时，也应加装保护管（瓷管、塑料管、钢管等），保护管的两端出线口伸出墙面的距离不应小于 10mm。

（6）导线通过建筑物的伸缩缝或沉降缝时，导线应稍有余量；敷设线管时，应装设补偿装置。

（7）导线相互交叉时，为避免相互碰线，在每根导线上应加套绝缘管保护，并将套管牢靠地固定。

（8）绝缘导线明敷在高温辐射或对绝缘有腐蚀的场所时，导线间及导线至建筑物表面最小净距不应小于表 8－2 所列数值。

表8-2 高温或腐蚀性场所绝缘导线间及导线至建筑物表面最小净距

导线固定点间距 L（m）	最小净距（mm）	导线固定点间距 L（m）	最小净距（mm）
$L \leq 2$	75	$4 < L \leq 6$	150
$2 < L \leq 4$	100	$6 < L \leq 10$	200

（9）在与建筑物相关联的室外部位配线时，绝缘导线至建筑物的间距不应小于表8-3所列数值。

表8-3 绝缘导线至建筑物的最小间距　　单位：mm

配线方式		最小间距
水平敷设时的垂直间距	距阳台、平台、屋顶	2500
	距下方窗户	300
	距上方窗户	800
垂直敷设时至阳台、窗户的水平间距		750
电线至墙壁、构架的间距（挑檐下除外）		50

（10）采用针式绝缘子或鼓形绝缘子配线的绝缘导线最小线间距离见表8-4。

表8-4 室内、外配线的绝缘电线最小间距

绝缘子类型	固定点间距 L（m）	电线最小间距（mm）	
		室内配线	室外配线
鼓形绝缘子	$L \leq 1.5$	50	100
鼓形或针式绝缘子	$1.5 < L \leq 3$	75	100
针式绝缘子	$3 < L \leq 6$	100	150
针式绝缘子	$6 < L \leq 10$	150	200

（11）配线在室内沿墙、顶棚配线时，绝缘导线固定点最大

间距见表 8 – 5。

表 8 – 5　室内沿墙、顶棚配线的绝缘电线固定点最大间距

配线方式	电线截面积（mm²）	固定点最大间距（m）
瓷（塑料）线夹配线	1 ~ 4	0.6
	6 ~ 10	0.8
鼓形绝缘子配线	1 ~ 4	1.5
	6 ~ 10	2.0
	16 ~ 25	3.0

（12）室内配线敷设时，必须与煤气管道、热水管道等各种管道保持一定的安全距离，其最小距离见表 8 – 6。

表 8 – 6　室内明线与管道间最小距离　　　　单位：mm

管道名称	配线方式	绝缘导线明配线
蒸汽管	平行	1000（500）
	交叉	300
暖、热水管	平行	300（200）
	交叉	100
通风、上下水、压缩空气管	平行	100
	交叉	100
煤气管	平行	1000
	交叉	300

注　表内有括号的数值为线路在管道下边的数据。

259. 塑料护套线配线的安全要求有什么？

塑料护套线是一种具有塑料保护层的双芯或多芯绝缘导线，

具有防潮、耐酸和耐腐蚀等性能，可以直接敷设在空心楼板、墙壁以及建筑物表面，用铝片卡或线夹固定。塑料护套线配线时必须严格遵守下列安全规定：

（1）塑料护套线不得直接埋入抹灰层内暗配敷设。塑料护套线内绝缘主要依靠导线外包的绝缘材料，塑料护套只是起一个整体作用，对绝缘线芯起一定保护。若塑料护套线直接埋设在墙内或抹灰层内，雨水和地上的潮气很容易使护套线内导线受潮、霉烂，从而引起绝缘下降、漏电。

（2）不得在室外露天场所直接明配敷设。若塑料护套线直接在露天明敷，日晒雨淋容易使其老化变质而损坏，从而引起护套线内导线绝缘下降，引发事故。

（3）塑料护套线明配敷设时，导线应平直，紧贴墙面（紧贴在建筑物的敷设面上），不应有松弛、扭绞和曲折现象。弯曲时不应损伤护套和芯线的绝缘层，弯曲半径不应小于导线护套宽度的3倍。

（4）固定塑料护套线的线卡之间的距离一般为150～200mm，线卡距接线盒、灯具、开关、插座等50～100mm处应增加一个固定点，还应在导线转弯点两侧50～100mm处增加固定点，将导线固定牢靠。

（5）塑料护套线中间不应有接头，分支或接头应在灯座、开关、插座或接线盒内进行。在多尘和潮湿的场所应采用密封式接线盒。

（6）塑料护套线与接地体和不发热的管道交叉敷设时，应加绝缘管保护。敷设在易受机械损伤的场所，应采用钢管保护。

（7）塑料护套线进入接线盒或与电气器具连接时，护套层应引入盒内或器具内。

（8）在空心楼板孔内暗配敷设时，不得损伤护套线，并应便于更换导线。在板孔内不得有接头，板孔内应无积水和脏杂物。

260. 为什么塑料护套线线路中间不准有接头？

塑料护套线配线一般用在建筑物室内明敷。如果导线接头接得不好，接触电阻会很大，工作时发热就极其严重，极容易引发火灾事故。而接头在灯座和开关插座接线盒内通过螺栓固定连接，容易做到接触紧密、接触电阻小，同时使配电线路美观、整齐。

261. 塑料护套线配线时，线路与各种管道间的最小距离不得小于哪些规定数值？

塑料护套线配线应避开烟道和其他的发热表面，与各种管道相遇时，应加保护管，与各种管道间的最小距离不得小于下列数值：

（1）与蒸汽管平行时 1000mm；在管道下边平行时 500mm；蒸汽管外包隔热层时 300mm；与蒸汽管交叉时 200mm。

（2）与暖热水管平行时 300mm；在管道下边平行时 200mm；与暖热水管交叉时 100mm。

（3）与通风、上下水、压缩空气管平行时 200mm；交叉时 100mm。

（4）与煤气管道在同一平面布置时，间距不应小于 500mm；在不同平面布置时，间距不应小于 20mm。

（5）电气开关和导线接头盒与煤气管道间的距离不应小于 150mm。

（6）配电箱与煤气管道距离不应小于 300mm。

262. 穿管配线的安全要求有哪些？

把绝缘导线穿在管内敷设，称为穿管配线。穿管配线安全可靠，可避免腐蚀性气体侵蚀和免受机械损伤。

穿管配线有明配和暗配两种。明配是把线管敷设在墙上及其他明露处，明管配线要求敷设时管线横平竖直，整齐美观。暗管配线是把线管埋设墙内、楼板或地坪内及其他看不见的地方，暗管配线时管线不要求横平竖直，只要求管路短，弯头少。

穿管配线的敷设要求及安全注意事项如下：

（1）钢管（金属管）不应有折扁和裂缝，管内无铁屑（金属屑）及毛刺，切断口应平整，管口应光滑。埋入土层内的钢管应镀锌防腐。

（2）明敷钢管和电线管应采用丝扣连接，管端套丝长度不应小于管接头长度的1/2。在管接头两端要焊跨接条，使管子在结构上和电气上成为一个整体。暗配钢管连接宜采用套管连接，套管长度为连接管外径的1.5～3倍，连接管的对口处应在套管的中心，焊口应焊接牢固严密。钢管管路的所有连接点必须可靠。硬塑料管采用插入法或套接法连接，连接处可采用胶合剂黏接。插入法的插入深度应为管内径的1.1～1.8倍。

（3）明配管应排列整齐，固定点之间距离均匀。管卡与终端、转弯中心、电气器具或接线盒边缘的距离为150～500mm，中间管卡间的最大距离一般在1.5～2.5m。

（4）钢管进入灯头盒、开关盒、插座盒、接线盒及配电箱时，暗配管可用焊接固定，管口露出盒（箱）面应小于5mm；明配管应用锁紧螺母固定，丝扣应露出2～4扣。

（5）金属管配线的管路较长或有弯头时，宜在适当长度装设接线盒（拉线盒）。两个接线盒（拉线盒）之间的距离应满足：管线没有弯头时不超过 30m；管线有一个弯头时不超过 20m；管线有两个弯头时不超过 12m；管线有三个弯头时不超过 8m。当装设拉线盒有困难时，也可适当加大管径。

（6）管路在弯曲处不应有褶皱、凹穴和裂缝，不能有管子压扁等现象。弯曲半径应符合下列要求：明配管时一般不小于管子半径的 4 倍；暗配管时一般不小于管子外径的 6 倍；埋设在混凝土内时不应小于管子外径的 10 倍。

（7）进入落地配电箱的管路，排列应整齐，管口高出基础不应小于 50mm。

（8）埋于地下的管路不宜穿越设备基础，在穿越建筑物基础时应加保护管保护。

（9）钢管与设备连接，一般应将钢管敷设到设备内。在干燥房屋内也可在钢管出口处加金属软管引进设备，管口应用软管接头连接，但不得利用金属软管作为接地导体。在室外或潮湿房屋内，可在管口处装设防水弯头，引出的导线应套绝缘保护软管。

（10）管线与热水管、蒸汽管同侧敷设时，应敷设在热水管、蒸汽管的下面。相互间的净距不应小于下列数值：当管线敷设在热水管下面时为 0.2m，上面时为 0.3m；当管线敷设在蒸汽管下面时为 0.5m，上面时为 1.0m。当不能满足上述要求时，应采取隔热措施。对有保温措施的蒸汽管，上下净距均可减至 0.2m。管线与其他管道（不包括可燃气体及易燃、可燃液体管道）的平行净距不应小于 0.1m。当与水管同侧敷设时，宜敷设在水管的上面。管线互相交叉时的距离，不宜小于相应上述情况的平行净距。

（11）穿在管内的绝缘导线，额定电压不能低于 500V。铜芯绝缘线的最小截面积为 1.0mm²。

（12）导线在管内不准有接头。必须有接头时应加装接线盒。

（13）不同回路、不同电压及不同性质电流（交流与直流）的导线不得穿在同一根管内。但下列情况除外：电压为 50V 及以下的回路；同一设备或同一联动系统设备的电力回路和无抗干扰要求的控制电路；同一照明花灯的几个回路；同类照明的几个回路。但管内绝缘导线不应多于 8 根。

（14）三根及以上绝缘导线穿于同一根管时，其总截面面积（包括外护层）不应超过管内截面面积的 40%。

（15）同一交流回路的导线必须穿在同一根钢管内（穿钢管、铝塑管等敷设时）。

（16）导线穿入钢管后，在管口应装护圈保护。

（17）钢管（金属管）系统应可靠接地。

（18）硬塑料管暗敷设或埋地敷设时，引出地（楼）面不低于 0.5m 的一段管路，应采取防止机械损伤的措施。

（19）硬塑料管明敷时，其固定点间距不应大于下列数值：直径 20mm 及以下塑料管固定点最大间距为 1.0m；直径 25 ~ 40mm 的塑料管固定点最大间距为 1.5m；直径 50mm 及以上塑料管固定点间最大距离为 2.0m。

263. 室内配线导线如何选择？

室内配线导线的类型和型号选择主要根据使用环境和使用条件。表 8 - 7 列出了部分常用导线的型号、名称及主要用途。导线规格及导线截面积选择必须符合供电负载和机械强度的要求，一定要计算正确，选择正确。低压配电线路选择导线截面积时特别要注意满足发热要求和电压降要求，要符合规程规定，以保证安全可靠供用电。对于高压配电线路及输送电流很大的低压配电线路，常按经济电流密度选择导线截面积，然后按发热条件复核。

表 8 - 7　部分常用导线的型号、名称及主要用途

类别	型号	名称	主要用途
橡皮绝缘导线（简称橡皮导线）	BX	铜芯橡皮绝缘导线	固定敷设用
	BXF	铜芯氯丁橡皮绝缘导线	固定敷设用，室外敷设用
	BXR	铜芯橡皮绝缘软线	室内安装，要求导线较柔软的场合用
聚氯乙烯绝缘导线（简称塑料导线）	BV	铜芯聚氯乙烯绝缘导线	固定敷设用
	BVV	铜芯聚氯乙烯绝缘聚氯乙烯护套导线	固定敷设用，埋地敷设用
	BVR	铜芯聚氯乙烯绝缘软线	室内安装，要求导线较柔软的场合用
聚氯乙烯绝缘软线（简称塑料软线）	RV	铜芯聚氯乙烯绝缘软线	供各种低压交流移动电器接线用
	RVV	铜芯聚氯乙烯绝缘聚氯乙烯护套软线	
	RV - 105	铜芯耐热 105℃ 聚氯乙烯绝缘软线	供各种低压交流移动电器接线用，高温场所用

264. 低压配电系统中性线（零线）有什么作用？ 其截面积如何选择？

（1）在三相负载不对称的三相电路中，中性线（零线）的作用是维持三相负载电压对称。也就是说，只要中性线（零线）不断，尽管三相负载不对称，但加在三相负载上的电压是对称的。如果中性线（零线）断线，那就会因负载不对称造成三相电压不

对称，使有的相电压很高，有的相电压很低。电压很高的相可能会损坏设备，电压很低的相可能会影响设备用电。所以变压器中性线（零线）不能断线。

（2）单相供电系统的中性线（零线）截面积，应与相线截面积相同；三相四线制供电系统的中性线（零线）截面积应满足：当相线截面积不大于 16mm² 时，中性线（零线）截面积与相线截面积相同；相线截面积大于 35mm² 时，中性线（零线）截面积可以是相线截面积的 1/2；相线截面积大于 16mm² 且小于 35mm² 时，中性线（零线）截面积取 16mm²。

265. 室内配线工程竣工验收有哪些要求？

室内配线工程竣工后应进行规定的试验，主要是测量导线线间及导线对地之间的绝缘电阻，要求用 500V 绝缘电阻表测量，其绝缘电阻在 0.5MΩ 以上。另外要检查导线相位并做好记录。

（1）在工程验收时，配线工程应符合下列要求：

1）各种规定的距离符合要求。

2）各种支持件的固定符合要求。

3）配管的规格、弯曲半径、盒箱设置的位置符合要求。

4）明敷线路的允许偏差符合要求。

5）导线的连接和绝缘符合要求。

6）非带电金属部分的接地或接零良好。

7）铁件防腐良好，油漆均匀、无遗漏。

（2）在验收时，应提交下列资料文件：

1）配线工程的实际施工图（竣工图）。

2）变更设计的证明文件。

3）安装技术记录（包括隐蔽工程中间验收记录）。

4）试验记录（包括绝缘电阻的测试记录、接地电阻测试记录等）。

266. 照明灯具的安装有哪些安全要求？

（1）安装的灯具应配件齐全、无机械损伤和变形，油漆无脱落，灯罩无损坏。

（2）螺口灯头接线必须相线接中心端子、中性线（零线）接螺纹端子。灯头不能有破损和漏电。更换螺口灯泡需停电进行，以防质量差的灯泡在拧动时与灯头脱壳造成短路。

（3）照明灯具使用的导线截面积允许载流量必须满足灯具要求。

（4）灯具安装高度：室内一般不低于 2.5m；室外不低于 3.0m。一般生产车间、办公室、商店、住房等 220V 灯具安装高度为 2.5m。如果灯具安装高度不能满足要求，且又无安全措施，机床局部照明等应采用 36V 及以下安全电压。

（5）地下建筑内的照明装置，应有防潮措施，灯具低于 2.0m 时，灯具应安装在人不易碰到的地方，否则应采用 36V 及以下的安全电压。

（6）嵌入顶棚内的装饰灯具应固定在专设的框架上，电源线不应贴近灯具外壳，灯线应留有裕度，固定灯罩的框架边缘应紧贴在顶棚上。嵌入式日光灯管组合的开启式灯具，灯管应排列整齐，金属间隔片不应有弯曲扭斜等现象。

（7）配电屏的正上方不得安装灯具，以免造成眩光，影响对屏上仪表等设备的监视和抄读。

（8）事故照明灯具应有特殊标志。

267. 照明配电箱的安装有哪些技术要求？

（1）在配电箱内有交、直流或不同电压时，应各有明显的标志或分设在单独的板面上。

（2）导线引出板面均应套有绝缘管。

（3）配电箱安装垂直偏差不应大于3mm。暗设时，其面板四周边缘应紧贴墙面，箱体与建筑物接触部分应刷防腐漆。

（4）照明配电箱安装时，底边距地面一般为1.5m；配电板安装时，底边距地面不应小于1.8m。

（5）三相四线制供电的照明工程，其各相负荷应均匀分配。

（6）配电箱内装设的螺旋式熔断器（RL1型），其电源线应接在中间触点的端子上，负荷接在螺纹的端子上。

（7）配电箱内应标明用电回路名称。

268. 照明开关的安装有哪些安全要求？

（1）同一场所开关的切断位置应一致，操作应灵活可靠，触点应接触良好。

（2）开关安装位置应便于操作，安装高度应符合下列要求：拉线开关距地面一般为2～3m，距门框为0.15～0.2m。翘板开关及其他各种开关距地面一般为1.3m，距门框为0.15～0.2m。

（3）成排安装的开关高度应一致，高低差不大于2mm；拉线开关相邻间距一般不小于20mm，高低差不大于2mm。

（4）电器、灯具的相线应经开关控制，一般禁止使用床头开关。

（5）翘板开关的盖板应端正严密、紧贴墙面。

（6）在多尘、潮湿场所和户外应采用防水拉线开关或加装保护箱。

（7）在易燃、易爆场所，开关一般应装在其他场所控制或采用防爆型开关。

（8）明装开关应安装在符合规格的圆木或方木上。

269. 插座的安装有哪些安全要求？

插座的作用是为移动式电器和设备提供电源，有单相三孔式和三相四孔式等。插座安装必须牢固，接线要正确，插座容量一定要与用电设备容量一致。插座是电路中重要的电器，它的好坏直接关系到安全用电。

插座安装的安全要求如下：

（1）交、直流或不同电压的插座应分别采用不同的型式，并有明显标志，插头与插座均不能互相插入。

（2）单相电源一般应采用单相三孔插座，三相电源应采用三相四孔插座。等边圆孔插座不准使用。

（3）插座的安装高度应符合下列要求：一般距地面高度为1.3m；在托儿所、幼儿园、住宅及小学等场所，插座距地面高度不应低于1.8m；同一场所安装的插座高度应一致；车间及试验室的明、暗插座距地面高度不低于0.3m；特殊场所暗装插座距地面不应低于0.15m。

（4）舞台上的落地插座应有保护盖板。

（5）在特别潮湿、有易燃易爆气体及粉尘较多的场所，不应装设插座。

（6）明装插座应安装在符合规格的圆木或方木上。

（7）插座的额定容量应与用电负荷相适应。

（8）单相三孔插座接线时，面对插座左孔接工作中性线（零线），右孔接相线，上孔接保护中性线（PE 线）或接地线，严禁将上孔与左孔用导线相连接；三相四孔插座接线时，面对插座左孔接 L1 相（A 相）相线，下孔接 L2 相（B 相）相线，右孔接 L3 相（C 相）相线，上孔接保护中性线（PE 线）或接地线。

（9）对于接插电源时有触电危险的家用电器，应采用带开关、能自动断开电源的插座。

（10）暗装插座应有专用盒（暗盒），盖板应端正并紧贴墙面。

（11）应尽量选用保安型插座。

第九章 防雷、接地技术

270. 电力系统过电压是什么?

（1）过电压及其危害。电气设备在正常运行时，所受电压为其相应的额定电压。由于受各种因素的影响，实际电压会偏离额定电压某一数值，但不能超越允许的范围。但是，由于雷击或电力系统中的操作、事故等原因，会使某些电气设备和线路承受的电压大大超过正常运行电压，危及设备和线路的绝缘。在电力系统运行中，出现危及电气设备绝缘的电压称为过电压。过电压对电气设备和电力系统安全运行危害极大，会破坏绝缘、损坏设备，造成人员伤亡，引发重大事故，影响电力系统安全发、供、用电。

（2）过电压分类。电力系统过电压分成两大类：外部过电压和内部过电压。外部过电压是指外部原因造成的过电压，通常指雷电过电压，它与气象条件有关，因此又称大气过电压。内部过电压是在电力系统内部能量的传递或转化过程中引起的，与电力系统内部结构、各项参数、运行状态、停送电操作，以及是否发生事故等多种因素有关。不同原因引起的内部过电压，其过电压数值大小、波形、频率、延续时间长短也并不完全相同，防止对策也不同。

271. 外部过电压（雷电过电压）是怎么形成的?

雷电是雷云之间或雷云对地面放电的一种自然现象。在雷雨季节里，地面上的水受热变成水蒸气，并随热空气上升，在空气中与冷空气相遇，使上升气流中的水蒸气凝成水滴或冰晶，形成积云。云中的水滴受强烈气流的摩擦产生电荷，微小水滴带负电，容易被气流带走形成带负电的云；较大水滴留下来形成带正电的云。由于静电感应，带电的云层在大地表面会感应出与云块异性的电荷，当电场强度达到一定值时，即发生雷云与大地之间放电；在两块异性电荷的雷云之间，当电场强度达到一定值时，便发生云层之间放电，放电时伴随着强烈的电光和声音，这就是雷电现象。雷云放电时能量很强，电压可达上百万伏，电流可达数万安培。

272. 雷电过电压破坏有哪些类型?

根据雷电过电压破坏型式，雷电过电压破坏有三种基本类型：直击雷、感应雷、高压雷电波。

273. 什么是直击雷? 常用预防措施有哪些?

雷电直接击中建筑物、电气设备或其他物体，对其放电，强大的雷电流通过这些物体入地，产生破坏性很大的热效应和机械效应，造成建筑物、电气设备及其他被击中的物体损坏，当击中人畜时造成人畜伤亡。雷电的这种破坏形式称为直击雷。

常用预防措施：装设避雷针、避雷线、避雷带、避雷网、消雷器等。

274. 什么是感应雷? 常用预防措施有哪些?

雷电放电时，强大的雷电流由于静电感应和电磁感应会使周围的物体产生危险的过电压，造成设备损坏、人畜伤亡。雷电的这种破坏形式称为感应雷。

常用预防措施：将电气设备等被保护设备的金属外壳按规定做好接地。

275. 什么是高压雷电波？ 常用预防措施有哪些？

输电线路上遭受直击雷或发生感应雷时，雷电波便沿着输电线侵入变、配电所或电气设备。如果不采取防范措施，强大的高电位雷电波将造成变、配电所及线路的电气设备损坏，甚至造成人员伤亡事故。雷电的这种破坏形式称为高压雷电波侵入。

常用预防措施：装设避雷器。

276. 避雷针的工作原理是什么？ 单支避雷针保护范围如何计算？

装设避雷针是防止直击雷破坏的有效措施。

（1）避雷针材料及组成。避雷针通常采用镀锌圆钢或镀锌钢管制成（一般采用圆钢），上部制成针尖形状，所采用的圆钢或钢管的直径应符合规定要求。避雷针一般安装在支柱（电杆）上或其他构架、建筑物上，避雷针通过引下线与接地体可靠连接。

（2）避雷针工作原理。避雷针的作用原理是它能对雷电场产生一个附加电场（附加电场是由于雷云对避雷针产生静电感应而引起），使雷电场发生畸变，将雷云放电的通路由原来可能从被保护物通过的方向吸引到避雷针本身，使雷云向避雷针放电，然后由避雷针经引下线和接地体把雷电流泄放到大地中去。这样使被保护物免受直击雷击。

（3）单支避雷针保护范围计算。避雷针有一定保护范围，其保护范围以它对直击雷保护的空间来表示。单支避雷针的保护范围可以用一个以避雷针为轴的圆锥形来表示，如图9-1所示。

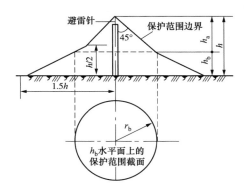

图9-1 单支避雷针的保护范围示意图

避雷针在地面上的保护半径按式（9-1）计算：

$$r = 1.5h \qquad (9-1)$$

式中 r——避雷针在地面上的保护半径（m）；

h——避雷针总高度（m）。

避雷针在被保护物高度 h_b 水平面上的保护半径 r_b 按式（9-2）和式（9-3）计算：

1）当 $h_b > 0.5h$ 时：

$$r_b = (h - h_b)\, p = h_a p \qquad (9-2)$$

式中 r_b——避雷针在被保护物高度（m）；

h_b——水平面上的保护半径（m）；

h_a——避雷针的有效高度（m）；

p——高度影响系数，$h < 30m$ 时 $p = 1$，$30m < h < 120m$ 时 $p = 5.5/\sqrt{h}$。

2）当 $h_b < 0.5h$ 时：

$$r_b = (1.5h - 2h_b)\, p \qquad (9-3)$$

关于两支或两支以上等高和不等高避雷针的保护范围可参照《电力设备过电压保护设计术规程》和《民用建筑电气设计规范》计算。

在山地和坡地，应考虑地形、地质、气象及雷电活动的复杂性对避雷针降低保护范围的作用，因此避雷针的保护范围应适当缩小。

277. 避雷针的材料和结构有什么要求？

避雷针通常采用镀锌圆钢或镀锌钢管制成（一般采用圆钢），上部制成针尖形状。所采用的圆钢或钢管的直径不应小于下列数值：

针长 1m 以下：圆钢为 12mm；钢管为 16mm。

针长 1 ~ 2m：圆钢为 16mm；钢管为 25mm。

烟囱顶上的针：圆钢为 20mm。

避雷针较长时，针体可由针尖和不同管径的钢管段焊接而成。

避雷针一般安装在支柱（电杆）上或其他构架、建筑物上，通过引下线与接地体可靠连接。

278. 避雷针引下线有什么要求？

引下线是防雷装置极重要的组成部分，必须极其可靠地按规定装设好，以保证防雷效果。对避雷针引下线的要求如下：

（1）避雷针的引下线材料采用镀锌圆钢或镀锌扁钢，其规格尺寸不应小于下列数值：圆钢直径为 8mm；扁钢截面积为 48mm²、厚度为 4mm。

装设在烟囱上的引下线，其规格尺寸不应小于下列数值：圆钢直径为 12mm；扁钢截面积为 100mm²、厚度为 4mm。

（2）引下线应镀锌，焊接处应涂防腐漆（利用混凝土中钢筋作引下线除外），在腐蚀性较强的场所，还应适当加大截面积或采用其他防腐措施，以保证引下线能可靠地泄放雷电流。

279. 避雷针、避雷线有哪些接地要求？

避雷针（线、带）的接地除必须符合接地的一般要求外，还应遵守下列规定：

（1）避雷针（带）与引下线之间的连接应采用焊接。

（2）装有避雷针的金属筒体（如烟囱），当其厚度大于 4mm 时，可作为避雷针的引下线，但筒底部应有对称两处与接地体相连。

（3）独立避雷针及其接地装置与道路或建筑物的出入口等的距离应大于 3m。

（4）独立避雷针（线）应设立独立的接地装置，在土壤电阻率不大于 100Ω·m 的地区，其接地电阻不宜超过 10Ω。

（5）其他接地体与独立避雷针的接地体之间的距离不应小于 3m。

（6）不得在避雷针构架或电杆上架设低压电力线或通信线。

避雷针及其接地装置不能装设在人、畜经常通行的地方，距道路应 3m 以上，否则要采取保护措施，与其他接地装置和配电装置之间要保持规定距离：地面上不小于 5m，地下不小于 3m。

屋顶上装设多支避雷针时，两针之间距离不宜大于 30m；屋顶上单支避雷针的保护范围可按 60°保护角确定。

280. 避雷器的工作原理是什么？ 常用避雷器类型及结构有哪些？

避雷器用来防护高压雷电波侵入变、配电所或其他建筑物内，防止被保护设备损坏。它与被保护设备并联连接，如图 9－2

所示。当线路上出现危及设备绝缘的雷电过电压时，避雷器就对地放电，从而保护了设备的绝缘，避免设备遭高电压雷电波损坏。

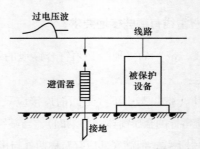

图 9 - 2   避雷器的连接示意图

常用避雷器有阀型避雷器、管型避雷器、氧化锌避雷器等。

（1）阀型避雷器。高压阀型避雷器或低压阀型避雷器都是由火花间隙和阀电阻片组成，装在密封的瓷套管内。火花间隙用铜片冲制而成，每对间隙用 0.5 ~ 1.0mm 厚的云母垫圈隔开，如图 9 - 3 (a) 所示。

阀电阻片是用由陶料黏固起来的电工用金刚砂（碳化硅）颗粒组成，如图 9 - 3 (b) 所示。阀电阻片具有非线性特性：正常电压时阀片电阻很大；过电压时阀片的电阻变得很小，电压越高，电阻越小。

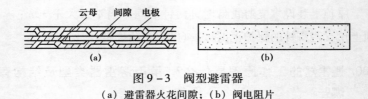

图 9 - 3   阀型避雷器
(a) 避雷器火花间隙；(b) 阀电阻片

正常工作电压情况下，阀型避雷器的火花间隙阻止线路工频电流通过（见图 9 - 2），但线路上出现高压雷电波时，火花间隙会被击穿,很高的高压雷电波就加到阀电阻片上,阀电阻片的电阻立即减小,使高压雷电流畅通地向大地泄放。当过电压一消失,线路上恢复工频电压时,阀片又呈现很大的电阻,火花间隙绝缘也迅速恢复,线路恢复正常运行。这就是阀型避雷器工作原理。

低压阀型避雷器中串联的火花间隙和阀片少;高压阀型避雷器中串联的火花间隙和阀片多,而且随电压的升高数量增多。

(2)管型避雷器。管型避雷器由产气管、内部间隙和外部间隙三部分组成,如图9-4所示。

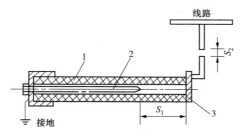

图9-4 管型避雷器
1—产气管;2—内部电极;3—外部电极;S_1—内部间隙;S_2—外部间隙

产气管由纤维、有机玻璃或塑料制成。内部间隙 S_1 装在产气管内,一个电极为棒型,另一个电极为环形。外部间隙 S_2 装在管形避雷器与运行带电的线路之间。

正常运行时,间隙 S_1 和 S_2 均断开,管型避雷器不工作。当线路遭到雷击或发生感应雷时,很高的雷电过电压使管型避雷器的外部间隙 S_2 击穿(此时无电弧),接着管型避雷器内部间隙 S_1 被击穿,强大的雷电流便通过管型避雷器的接地装置入地。强大的雷电流和很大的工频续流会在内部间隙发生强烈电弧,在电弧高温下,产气管的管壁产生大量灭弧气体,由于管子容积很小,所以管内会形成很高压力，将气体从管口喷出，强烈吹弧，在电流经过零值时，电弧熄灭。此时，外部间隙恢复绝缘，使管型避雷器与运行线路隔离，恢复正常运行。

管型避雷器外部间隙 S_2 的最小值：3kV 为 8mm；6kV 为 10mm；10kV 为 15mm。具体应根据周围气候环境、空气温度及含杂质等情况综合考虑后决定，既要保证线路正常安全运行，又要保证防雷保护可靠工作。

（3）氧化锌避雷器。氧化锌避雷器的特点见第 283 条。

281. 氧化锌避雷器的特点是什么？

氧化锌避雷器是 20 世纪 70 年代初期出现的压敏避雷器，它是金属氧化锌微粒为基体与精选过的能够产生非线性特性的金属氧化物（如氧化铋等）添加剂高温烧结而成的非线性电阻。其工作原理是：在正常工作电压下，具有极高的电阻，呈绝缘状态；当电压超过其启动值时（如雷电过电压等），氧化锌阀片电阻变为极小，呈"导通"状态，将雷电流畅通向大地泄放。待过电压消失后，氧化锌阀片电阻又呈现高电阻状态，使"导通"终止，恢复原始状态。

氧化锌避雷器动作迅速，通流量大，伏安特性好，残压低，无续流，因此它一诞生就受到广泛的欢迎，并很快地在电力系统中得到应用。

282. 防雷设备的安装有哪些要求？

防雷设备安装的好坏，关系到防雷效果，关系到设备和人身安全，因此必须认真仔细，保证安装质量。防雷设备的安装要求如下：

（1）避雷针及其接地装置不能装设在人、畜经常通行的地方，距道路应 3m 以上，否则要采取保护措施，与其他接地装置和配电装置之间要保持规定距离：地面上不小于 5m，地下不小于 3m。

（2）用避雷带防建筑物遭直击雷时，屋顶上任何一点距离避雷带不应大于 10m；当有 3m 及以上平行避雷带时，每隔 30 ~ 40m 宜将平行的避雷带连接起来。

（3）屋顶上装设多支避雷针时，两针之间距离不宜大于 30m；屋顶上单支避雷针的保护范围可按 60°保护角确定。

（4）阀型避雷器安装要求：

1）避雷器不得任意拆开，以免损坏密封、损坏元件；避雷器应垂直立放保管。

2）避雷器安装前应检查其型号规格是否与设计相符，瓷件应无裂纹、损坏，瓷套与铁法兰间的结合应良好，组合元件应经试验合格，底座和拉紧绝缘子的绝缘应良好；FS 型避雷器绝缘电阻应大于 2500MΩ。

3）阀型避雷器应垂直安装，每一个元件的中心线与避雷器安装中心线的垂直偏差不应大于该元件高度的 1.5%；如有歪斜可在法兰间加金属片校正，但应保证其导电良好，并把缝隙垫平后涂以油漆；均压环应安装水平，不能歪斜。

4）拉紧绝缘子串必须紧固，弹簧应能伸缩自如，同相绝缘子串的拉力应均匀。

5）放电记录器应密封良好，动作可靠，安装位置应一致，且便于观察，放电记录器要恢复至零位。

6）10kV 以下变、配电所常用的阀型避雷器体积较小，一般安装在墙上或电杆上；安装在墙上时，应有金属支架固定；安装在电杆上时，应有横担固定；金属支架、横担应根据设计要求加工制作，并固定牢靠；避雷器的上部端子一般用镀锌螺栓与高压母线连接，下部端子接到接地引下线上；接地引下线应尽量短而直，截面积应按接地要求和规定选择。

（5）管型避雷器安装要求：

1）安装前应进行外观检查：绝缘管壁应无破损、裂痕；漆膜无脱落；管口无堵塞；配件齐全；绝缘应良好，试验应合格。

2）灭弧间隙不得任意拆开调整，喷口处的灭弧管内径应符合产品技术规定。

3）安装时应在管体的闭口端固定，开口端指向下方；倾斜安装时，其轴线与水平方向的夹角应满足：普通管型避雷器不应小于 15°，无续流避雷器不应小于 45°，装在污秽地区时应增大倾斜角度。

4）避雷器安装方位，应使其排出的气体不会引起相间或相对地短路或闪络，也不得喷及其他电气设备；避雷器的动作指示盖应向下打开。

5）避雷器及其支架必须安装牢固，防止反冲力使其变形和移位，同时应便于观察和检修。

6）无续流避雷器的高压引线与被保护设备的连接线长度应符合产品的技术要求；外部间隙也应符合产品技术要求。

7）外部间隙电极的制作应按产品的有关要求，铁质材料制作的电极应镀锌；外部间隙的轴线与避雷器管体轴线的夹角不应小于 45°，以免引起管壁闪络；外部间隙宜水平安装，以免雨滴造成短路；外部间隙必须安装牢固，间隙距离应符合设计规定。

（6）氧化锌避雷器安装要求与阀型避雷器相同。

283. 阀型避雷器运行中突然爆炸的原因是什么？

（1）在中性点非直接接地的系统中，发生单相接地时，非故障相对地电压会升高（最高可达到线电压）。此时，虽然避雷器所承受的电压小于其工频放电电压，但在持续时间较长的过电压作用下，避雷器可能会发生爆炸。

（2）电力系统发生铁磁谐振过电压时，可能使避雷器放电，从而烧坏其内部元件，引起爆炸。

（3）当线路受雷击时，避雷器正常动作后，由于本身火花间隙灭弧性能较差，如果间隙承受不住恢复电压而击穿时，则电弧会重燃，工频续流将再度出现。这样，将会因间隙多次重燃而使阀片电阻烧坏，引起避雷器爆炸。

（4）避雷器阀片电阻不合格，残压虽然降低了，但续流却增大了，间隙不能灭弧，阀片由于长时间通过续流而烧毁，引起避雷器爆炸。

（5）避雷器瓷套密封不良，容易受潮和进水，引起爆炸。

284. 为什么独立避雷针及其接地装置与道路或建筑物的出入口等的距离应大于3m？ 与其他电气设备接地体间距离不应小于3m？

当雷电直击到避雷针上时，强大的雷电流通过针体和引下线泄入大地，此时会在避雷针本体上和接地装置的接地电阻上产生电压降，其值可能很高。这个电压对附近电气设备放电，称为反击过电压。反击过电压可能会损坏电气设备绝缘，损坏电气设备。防止反击过电压破坏的措施是：使避雷针本体及接地体与电气设备及其接地体在空间和地下保持规定的距离。一般避雷针和电气设备的空间距离不应小于 5m，避雷针接地体与电气设备接地体之间距离不应小于 3m。另外，雷电流入地时，会在地上产生跨步电压，会给行人构成跨步电压触电的危险，所以规定避雷针及其接地装置不能装设在人、畜经常通行的地方，应距道路 3m以上，否则要采取保护措施。

285. 建筑物应按规程规定装设相应的防雷装置，否则建筑物不能验收和使用，具体有哪些规定？

（1）建筑物的防雷分级。

1）一级防雷的建筑：①具有特别重要用途的建筑物，如国家级的会堂、办公建筑、档案馆、大型博展建筑、大型铁路旅客站、国际性航空港、通信枢纽、国宾馆、大型旅游建筑、国际港口客运站等。②国家重点文物保护的建筑物和构筑物。③高度超过 100m 的建筑物。

2）二级防雷的建筑：①重要的或人员密集的大型建筑物，如部、省级办公楼，省级会堂，博展建筑以及体育、交通、通信广播等建筑，大型商店、影剧院等。②省级重点文物保护建筑和构筑物。③19 层及以上住宅建筑和高度超过 50m 的其他民用建筑物。④省级及以上大型计算中心和装有重要电子设备的建筑物。

3）三级防雷的建筑物：①当年计算雷击次数大于或等于0.05 时，或通过调查确认需要防雷的建筑物。②建筑群中最高或位于建筑群边缘高度超过 20m 的建筑物。③高度为 15m 及以上的烟囱、水塔等孤立建筑物或构筑物，在雷电活动较弱地区（年平均雷暴日不超过 15）其高度可为 20m 及以上。④历史上雷害事故严重地区或雷害事故较多地区的较重要建筑物。

在确定建筑物防雷分级时，除按上述规定外，在雷电活动频繁地区或强雷区可适当提高建筑物的防雷等级。

（2）建筑物的防雷措施。

1）一级防雷建筑物的防雷措施及要求：①防直击雷。应在屋角、屋脊、女儿墙或层檐上装设避雷带，并在层面上装设不大于 10m×10m 的网络。突出屋面的物体应沿其顶部四周装设避雷带，在屋面接闪器保护范围之外的物体应装接闪器，并与屋面防雷装置相连。防直击雷装置引下线的数量和间距规定如下：专设引下线时，其根数不应少于两根，间距不应大于 18m；利用建筑物钢筋混凝土中的钢筋作为防雷装置的引下线时，其根数不作规定，但间距不应大于 18m，建筑外廓各个角上的柱筋应被利用。②防雷电波侵入。进入建筑物的各种线路及金属管道宜采用全线埋地引入，并在入户端将电缆的金属外皮、钢管及金属管道与接地装置连接。当全线埋地敷设电缆确有困难而无法实现时，应按规定做好防雷电波侵入的措施。在电缆与架空线连接处还应装设避雷器，并与电缆的金属外皮或钢管及绝缘子铁脚连在一起接地，其冲击接地电阻不应大于 10Ω。③当建筑物高度超过 30m 时，30m 及以上部分应采取防侧击雷和等电位措施。

2）二级防雷建筑物的防雷措施及要求：①防直击雷。防直击雷宜在屋角、屋脊、女儿墙或屋檐上装设避雷带，并在屋面上装设不大于 15m×15m 的网格。突出屋面的物体，应沿其顶部四周装设避雷带。防直击雷也可采用装设在建筑物上的避雷带（网）和避雷针两种混合组成的接闪器，并将所有避雷针用避雷带相互连接起来。防直击雷装置的引下线数量及间距规定如下：专设引下线时，其引下线的数量不应少于两根，间距不应大于 20m；利用建筑物钢筋混凝土中的钢筋作为防雷装置的引下线时，其引下线的数量不作具体规定，但间距不应大于 20m，建筑物外廓各个角上的钢筋应被利用。②防雷电波侵入。当低压线路全长采用埋地电缆或在架空金属槽内的电缆引入时，在入户端应将电缆金属外皮、金属线槽接地，并应与防雷接地装置相连接。低压架空线应采用一段埋地长度符合规定的金属铠装电缆或护套电缆穿钢管直接埋地引入，电缆埋地长度不应小于 15m，电缆与架空线连接处应装设避雷器。避雷器、电缆金属外皮、钢管和绝缘子铁脚等应连在一起接地，冲击接地电阻不应大于 10Ω。年平均雷暴日在 30 及以下地区的建筑物，可采用低压架空线直接引入，但应符合下列要求：入户端应装设避雷器，并与绝缘子铁脚连在一起接到防雷接地装置上，冲击接地电阻应小于 5Ω；入户端的三基电杆绝缘子铁脚应接地，冲击接地电阻均不能大于 20Ω。③进出建筑物的各种金属管道及电气设备的接地装置，应在进出处与防雷接地装置连接。

3）三级防雷建筑物的防雷措施及要求：①防直击雷。宜在建筑物屋角、屋檐、女儿墙或屋脊上装设避雷带或避雷针。当采用避雷带保护时，应在屋面上装设不大于 20m×20m 的网格。当采用避雷针保护时，被保护的建筑物及突出屋面的物体均应处在避雷针的保护范围内。防直击雷装置引下线的数量和间距规定如下：专设引下线时，其引下线的数量不宜少于两根，间距不应大于 25m；当利用建筑物钢筋混凝土中的钢筋作为防雷装置引下线时，其引下线的数量不作具体规定，但间距不应大于 25m。建筑物外廊易受雷击的几个角上柱子的钢筋应予利用。构筑物的防直击雷装置引下线一般可为一根，但其高度超过 40m 时，应在相对称的位置上装设两根。防直击雷装置每根引下线的冲击接地电阻值不宜大于 30Ω。②防电波侵入。对电缆进出线应在进出端将电缆金属外皮、钢管等与电气设备接地相连。在电缆与架空线连接处应装设避雷器。避雷器、电缆金属外皮和绝缘子铁脚应连在一起接地，冲击接地电阻不应大于 30Ω。

做好防雷设计及保证防雷装置安装质量是建筑物安全的重要环节之一，在工程建设中切不可马虎。对于一、二级防雷建筑物，除做好上述防直击雷及雷电波措施外，还应考虑防感应雷的措施。

286. 避雷针与避雷器的作用有什么区别？

装设避雷针、避雷线、避雷带是防止直击雷破坏的有效措施，它们之间就是保护范围有些区别，例如避雷线的保护范围比避雷针要小。

装设避雷器是防止高压雷电波侵入变配电所和建筑物从而对设备造成毁坏。它和避雷针等接闪器的作用是不同的，相互不能替代。

第十章　常用电工测量仪表及电气试验

287. 什么是测量仪表的误差和准确度级?

（1）仪表的误差。仪表指示值与被测量的实际值之间的差异称为仪表的误差。仪表误差越小，仪表准确度越高。仪表误差有以下两类：

1）基本误差。指仪表在正常的工作条件下，由于仪表制造工艺限制，仪表本身所固有的误差，如摩擦误差、标尺刻度不准确、轴承与轴尖造成的倾斜误差等。

2）附加误差。指仪表离开规定的工作条件，如环境温度改变、受外电场或外磁场影响等而引起的误差。

（2）仪表的准确度级。根据仪表误差的大小不同，电工指示仪表一般分为 7 个准确度级，即 0.1、0.2、0.5、1.0、1.5、2.5和 5.0 级。它们所表示的基本误差见表 10-1。

表 10-1　仪表的准确度级与基本误差

准确度级	0.1	0.2	0.5	1.0	1.5	2.5	5.0
基本误差（%）	±0.1	±0.2	±0.5	±1.0	±1.5	±2.5	±5.0

一般指示仪表在仪表量程内，被测量值越小其测量误差就相对较大，所以在选用仪表时，应尽可能使被测量值在仪表满刻度的 2/3 以上。

288. 怎样正确使用万用表？　万用表使用注意事项有哪些？

　　万用表是常用的电工测量仪表。它可以测量直流电流、直流电压、交流电压、电阻等电量，有些万用表还可以测量交流电流、电功率、电感量、电容量等。万用表品种规格很多，除了常用的模拟式万用表外，还有晶体管万用表及数字万用表。晶体管万用表灵敏度高。数字万用表的功能很多，除了用来测量电流、电压、电阻外，还能用来测量频率、周期、时间间隔、晶体管参数和温度等。现在还出现了带微处理器的智能数字万用表，它们具有程控操作、自动校正、自检故障、数据变换及处理等一系列功能。所以使用万用表时一定要仔细阅读仪表的说明书，要严格按说明书上的规定正确操作和使用。

　　万用表使用前应熟悉掌握面板上的各调节旋钮、刻度标尺的用途和使用方法，这样才能正确测量，准确地读出所需测量的数据。

　　常用的模拟式万用表使用注意事项：

　　（1）正确选择转换开关位置。选择测量种类时，要谨慎细心，不能误用电流挡或电阻挡测电压，否则可能烧毁仪表。选择量程时也要适当，测量时最好使表计指针在量程的1/2～2/3范围内，这样读数较为准确。

　　（2）测量时手和身体不得触及测试棒的金属部分，以保证测量的准确性和安全。

　　（3）不能用万用表电阻挡去直接测量检流计、微安表头、标准电池等仪器和仪表的内阻，以防损坏这些仪器仪表。

　　（4）不能带电测量电阻。当测量线路中的某一电阻时，线路必须与电源断开，决不能在带电的情况下用万用表测量电阻值，否则不仅得不到正确的读数，还有可能会烧坏万用表。

（5）测量时电路连接必须正确。测量电压时，表笔与被测电路并联；测量电流时，表笔与被测电路串联；测量电阻时，表笔与被测电阻的两端相连；测量晶体管、电容等时，应将其引出线插入面板上的指定插孔中。

（6）用万用表测量半导体元件的正、反向电阻时，应用 R × 100 挡，不能用高阻挡，以免损坏半导体元件。

（7）测量完毕，应将转换开关拨到交流电压最高挡上或空挡上，不可将开关置于电阻挡上，以免两侧棒被其他金属短接而使表内电池耗尽或错误操作发生事故。如果转换开关置于电阻挡上，下次测量时忘记拨挡就去测量电压，会烧坏仪表。

289. 怎样正确使用绝缘电阻表？ 绝缘电阻表使用时有哪些注意事项？

绝缘电阻表又称兆欧表，俗称摇表，是测量电气设备和电气线路绝缘电阻最常用的一种携带式电工仪表。图 10 - 1 是绝缘电阻表的外形图。

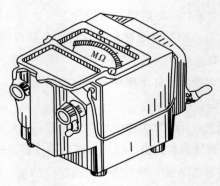

图 10 - 1　绝缘电阻表外形图

在电动机、电气设备和电气线路中，绝缘材料的好坏对电气设备能否正常运行，以及能否安全发、供、用电有着重大影响。而说明绝缘材料性能好坏的重要参数是它的绝缘电阻大小。绝缘电阻往往由于绝缘材料受热、受潮、污染、老化等原因而降低，以致造成电气短路、接地等严重事故，所以经常监测电气设备和线路的绝缘电阻是保障电气设备和线路安全运行的重要手段。

用绝缘电阻表测量绝缘电阻，虽然很简单，但如果使用不当，不但测量结果不准，甚至还会损坏仪表和危及人身安全。

绝缘电阻表的正确使用及注意事项简述如下：

（1）绝缘电阻表的选用。绝缘电阻表的选用，主要是选择合适的绝缘电阻表的额定电压及测量范围（量程）。通常对于检测何种电气设备应该采用何种电压等级的绝缘电阻表都有具体规定，所以在测量电气设备绝缘电阻时，应按规定选用电压等级和测量范围合适的绝缘电阻表。一般被测设备额定电压在 500V 以下，选用 500V、量程 100MΩ 及以上的绝缘电阻表；被测设备额定电压在 3000V 以下、500V 以上（包括 500V），选用 1000V、量程 2000MΩ 及以上的绝缘电阻表；绝缘子（瓷瓶）等绝缘电阻很大的设备测量绝缘电阻时，至少要选用 2500V 以上的绝缘电阻表才能测量。一些低电压的电气设备，其内部绝缘所能承受的电压不高，为了设备的安全，测量绝缘电阻时不能用电压太高的绝缘电阻表。例如，测量额定电压不足 500V 的线圈的绝缘电阻时，应选用 500V 的绝缘电阻表。绝缘电阻表的量程要与被测设备绝缘电阻数值相适应，量程不能太大，以免读数不准。

（2）测量前的准备。

1）用绝缘电阻表进行测量前，必须先切断被测设备的电源，将被测设备与电路断开并接地短路放电。不允许用绝缘电阻表测量带电设备的绝缘电阻，以防发生设备和人身安全事故。

2）有可能感应出高电压的设备，在可能性没有消除以前，不可进行测量。

3）被测物的表面应擦干净，否则测出的结果不能说明电气设备的绝缘性能。

4）绝缘电阻表要放置平稳，防止摇动绝缘电阻表手柄时绝缘电阻表掉地伤人和损坏仪表。另外，绝缘电阻表放置地点要远离强磁场，以保证测量正确。

（3）绝缘电阻表测量前的本身检查。测量前应检查绝缘电阻表本身是否完好。检查方法是：绝缘电阻表未接上被测物之前（开路状态）摇动绝缘电阻表手柄，此时指针应指"∞"的位置。然后再将"线"（L）和"地"（E）两接线柱短接，缓慢转动手柄（只能轻轻一摇），看指针是否指在"0"。检查结果假如满足上述条件，则表明绝缘电阻表是好的，可以接线使用；假如不符合上述要求，则说明绝缘电阻表有问题，需检修后才能使用。

（4）接线。一般绝缘电阻表上有三个接线柱："线"（或"相线""线路""L"）接线柱，在测量时与被测物和大地绝缘的导体部分相接；"地"（或"接地""E"）接线柱，在测量时与被测物的金属外壳或其他导体部分相接；"屏"（或"保护""G"）接线柱，在测量时与被测物上的遮蔽环或其他不需测量部分相接。一般测量时只用"线"和"地"两个接线柱。只有在被测物电容量很大或表面漏电很严重的情况才使用"屏"（"保护"）接线柱，将"屏"接线柱与被测物表面遮蔽环连接后，测量时被测物的大电容电流或漏电流就直接经"屏"端子通过，不再进仪表，这样在测量大电容量被测物绝缘电阻时更加准确。

（5）测量。

1）转动绝缘电阻表手柄，使转速达到 120r/min，这样绝缘电阻表才能产生额定电压值，测量才能准确（因为绝缘电阻表刻度值是根据额定电压值情况下计算出的绝缘电阻值），而且转动时转速要均匀，不可忽快忽慢，否则会使指针摆动，增大测量误差。

2）绝缘电阻值随测量时间的长短而不同，一般采用 1min 以后的读数为准。当遇到电容量特别大的被测物时，需等到指针稳定不动时为准。

3）测量时，除记录被测物绝缘电阻外，必要时，还要记录对测量有影响的其他条件，如测量时的环境温度、湿度、天气情况、所用绝缘电阻表的电压等级和量程范围等型号规格以及被测物的状况等，以便对测量结果进行综合分析。

（6）测量结束后拆除接线。在绝缘电阻表没有停止转动和被测物没有放电以前，不可用手去触摸被测物测量部分和进行拆除导线工作。在做完大电容量设备的测试后，必须先将被测物对地短路放电，然后再拆除绝缘电阻表的接线，以防止电容放电伤人或损坏仪表。

GB 26860—2011《电力安全工作规程　发电厂和变电站电气部分》中规定：测量设备绝缘电阻，应将被测量设备各侧断开，验明无压，确认设备无人工作，方可进行。在测量中不应让他人接近被测量设备。测量前后，应将被测设备对地放电。测量线路绝缘电阻，若有感应电压，应将相关线路同时停电，取得许可，通知对侧后方可进行。

290. 怎样正确使用钳形电流表？　钳形电流表在使用时有哪些注意事项？

钳形电流表是一种在不切断电路的情况下测量电路中电流的

便携式仪表。这种仪表的外形结构如图 10-2 所示。它实质上是由一个电流互感器加一个电流表组成，夹在钳口中的导线相当于电流互感器的一次绕组，导线中的被测电流反映到绕在钳子铁芯上的二次绕组，在与之相连的电流表中指示出被测电流的大小。

图 10-2　钳形电流表外形示意图

钳形电流表一般用来测量 400V 以下的交流电流，如低压母线、低压开关、低压交流电动机等的电流。由于钳形电流表的准确度不高，所以通常只用在不便于拆线或不能切断电路的情况下，以了解电气设备或电路的运行情况。

使用钳形电流表测量时注意事项如下：

（1）被测电路的电压不可超过钳形电流表的额定电压值，以免损坏仪表。

（2）切勿在测量过程中，夹着测量导线而切换量程挡，以免发生电流互感器二次侧开路，产生高电压和铁芯高度发热，造成人身事故和钳形电流表损坏事故。

（3）测量时应将被测导线位于钳口中部，并使钳口紧密闭合，这样才能较准确测量。如果钳口闭合不紧密，则铁芯磁路的磁阻增大，会使铁芯发热并伴有嗡嗡声。

（4）测量过程中，操作人员应保持人身与带电部分的安全距离，尤其在读数时，需当心头部与带电部分距离，不能太近或碰到带电体，防止发生触电事故。

（5）在测量过程中要当心，不能造成相间短路或接地短路。因为钳形电流表铁芯是导电的，测量中不能碰到"相"与"相"或"相"与"地"，防止发生短路事故。

GB 26860—2011《电力安全工作规程　发电厂和变电站电气部分》中规定：使用钳形电流表时，应注意钳形电流表的电压等级。测量时应戴绝缘手套，站在绝缘物上，不应触及其他设备，以防短路或接地。测量低压熔断器和水平排列低压母线电流前，应将各相熔断器和母线用绝缘材料加以隔离。观测表计时，应注意保持头部与带电部分的安全距离。

钳形电流表品种规格繁多，用整流系测量机构制成的钳形电流表可以测量交流电流和交流电压，用电磁系测量机构制成的钳形电流表可以交直流两用。随着科技进步，新的钳形电流表不断出现，所以钳形电流表使用时一定要仔细阅读仪表说明书，要严格按说明书上的规定正确操作和使用。

291. 怎样正确使用直流电桥测量直流电阻？

直流电阻测量是电气设备试验中常见的测试项目，对判断电气设备导电回路的连接和接触情况起到重要作用。

如果电气设备中导线连接接头焊接不良，或与接线端子拧得不紧，那么这些地方的接触电阻就会很大，运行中若发生过负荷，就会出现局部严重过热，最终导致设备事故。测量这些设备导电回路的直流电阻，就是为了及时发现线圈等导电回路的隐患，及时排除隐患，避免事故发生。

测量直流电阻的方法有电流、电压表法和平衡电桥法。

电流、电压表法又称直流压降法，其原理是在被测电路中通以直流电流，测量两端压降，根据欧姆定律计算出被测电阻。平衡电桥法是利用直流电桥测量直流电阻。利用直流电桥测量直流电阻简单方便，准确度高，常用的直流电桥有单臂电桥和双臂电桥。单臂电桥测量直流电阻接线简单，操作简便，但是不能消除测试时连接线和接线柱接触电阻对测量结果的影响。特别是测量低电阻时，由于被测量很小，试验时连接线和接线柱接触电阻会对测试结果产生很大影响，造成较大误差，因此不能用其测量 10^{-6} ~ 10Ω 的低值电阻。双臂电桥由于具有特殊的内部结构和外部连线方式，可以消除试验连线对测量结果的影响，可以精确测量 10^{-5} ~ 11Ω 的低值电阻，测量误差不大于 0.5%。

（1）直流单臂电桥使用方法。

1）先打开检流计锁扣，再调节调零器使指针位于零点。

2）将被测电阻 R_x 接到标有 "R_x" 的两个接线柱之间，根据被测电阻的估计数值，把电桥的测量倍率放到适当的位置，将可变电阻调到某一适当位置。

3）测量时先按下电源按钮 "B"，然后按下检流计按钮 "G"，根据检流计指针摆动方向调节可变电阻，反复调节比较臂电阻，直到检流计指零，电桥完全平衡为止。

4）测量结束时，应先松开检流计按钮 "G"，然后松开电源按钮 "B"。若先松开电源按钮 "B"，在测量具有较大电感的电阻时，会因断开电源而产生自感电动势，此电动势作用到检流计回路，会使检流计指针撞击损坏，甚至烧坏检流计的线圈。

5）电桥使用完毕后应将检流计锁扣锁住，检流计的指针即被固定住。这样做的目的是防止在移动电桥时或在运输途中检流计指针因受振动导致损坏。

（2）直流双臂电桥使用方法。直流双臂电桥的使用方法和注意事项，和单臂电桥基本相同，但还要注意以下几点：

1）双臂电桥试验引线需四根，分别单独从双臂电桥的 C1、P1、P2、C2 四个接线柱引出。被测电阻的电流端钮和电位端钮应和双臂电桥的对应端钮正确连接。假如被测电阻没有专门的电位端钮和电流端钮，也要设法引出四根线和双臂电桥正确连接。

2）测试结束时先断开检流计按钮开关"G"，然后才可断开电池按钮开关"B"，最后拉开电桥电源开关 B1，拆除电桥到被测电阻的四根引线 C1、P1、P2 和 C2。

3）为了测试准确，采用双臂电桥测试小电阻时，所使用的四根连接引线一般选用较粗、较短的多股软铜绝缘线，其阻值不大于 0.01Ω。

4）双臂电桥使用结束后，应立即将检流计的锁扣锁住，防止指针受振动碰撞折断。

292. 使用接地电阻测量仪测量接地电阻时应注意什么？

电力系统接地有两大类，即工作接地和保护接地，都是为了保证电力系统安全运行、电气设备安全运行和人身安全。不管哪种接地，接地电阻都必须符合规定，决不能超过规定值，如保护接地电阻不能大于 4Ω，否则就起不了接地的作用。所以，施工安装单位、运行检修管理部门都要经常测量接地电阻，监测接地电阻有无变化，以保证电气设备和人身安全，保障安全生产。

测量接地电阻常用接地电阻测量仪，接地电阻测量仪的型号、规格及品种多种多样，使用时必须仔细阅读所使用测量仪的说明书，应严格按说明书上的规定操作和使用，包括外面辅助接地极的正确设置，只有这样才能正确测量。

ZC-8 型接地电阻表是常用的接地电阻测量仪表。ZC-8 型接地电阻表内部装有小的手摇发电机，用以产生测试用的交流电源，发电机的转速也是 120r/min。ZC－8 型接地电阻表外形与普通绝缘电阻表相似，但盘面刻度和接线柱布置不同。ZC－8 型接地电阻表有四个接线柱，分别以 C1、C2、P1、P2 表示，其中 C1、C2 用来构成电流回路，P1、P2 则是用来测量电压，不能接错。

测量接地电阻的注意事项如下：

（1）测量接地电阻应选择晴天，雨天和刚下过雨后不要测量接地电阻，因为此时所测的数值不是平时的接地电阻值。

（2）不准带电测量。测量前应将接地装置与被保护的电气设备断开。测量变电站接地网的接地电阻，一般应在变电站停电时测量。

（3）在测量接地电阻时，尽量不要有人员走动，也不要让动物进入逗留，以免地中杂散电流引起的电位差造成伤害。

（4）测量时仪表应水平放置，然后调零。接地电阻测量仪不准开路摇动手把，以防损坏仪表。

293. 什么是电气设备的绝缘水平？

电气设备的"绝缘水平"在一般情况下是用其试验电压来表示的。例如，35kV 等级油浸式变压器等设备，其工频 1min 耐压试验电压为 85kV，则它的"绝缘水平"就是 85kV。电气设备必须具有一定的绝缘水平，以保证安全可靠运行。

294. 电气设备的绝缘缺陷是什么造成的？ 绝缘缺陷怎样分类？

电气设备的绝缘缺陷一般由两种情况造成：一种情况是在设备制造时潜伏的；另一种情况是设备投入运行后，由于长时间工作电流的热效应，造成设备发热老化，或者由于工作电压或过电压等影响，以及受外力破坏等原因造成。

绝缘缺陷有集中性缺陷和分布性缺陷之分。例如，瓷绝缘子瓷质裂纹、发电机和电动机绝缘的局部磨损、电缆绝缘的气隙在电压作用下发生局部放电而逐步损坏绝缘，以及机械损伤、局部受潮等都是集中缺陷。电气设备的整体绝缘性能下降，如电机、套管等设备绝缘中有机材料受潮、老化、变质等都是分布性缺陷。绝缘体内部的缺陷，降低了电气设备的绝缘水平，使设备存在安全隐患，通过试验检测可以把隐藏的缺陷检查出来，然后采取措施消除缺陷。

295. 电气试验的作用是什么？ 电气试验如何分类？

电气试验是检查电气设备健康水平的有效方法。通过各种电气试验，可以掌握电气设备的健康情况，可以及时地发现事故隐患，做好预防措施，保证电气设备能安全可靠地运行。《电气设备预防性试验规程》是进行电气试验的准则，电气试验必须按照这个规程的要求进行。

按照作用和要求的不同，电气设备的试验可分为绝缘试验和特性试验两类。这两类试验都是通过对设备的绝缘和特性进行测试，发现设备的潜伏缺陷和薄弱环节，为设备的安全运行和检修提供依据。

296. 电气绝缘试验常用方法有哪些？

（1）非破坏性试验。非破坏性试验是指在较低的试验电压下或用其他不会损伤绝缘的办法来测量各种特性，从而判断设备内部缺陷。例如，绝缘电阻和吸收比试验、泄漏试验、介质损失角正切值试验等。这类试验不会损伤设备，但由于试验电压较低，所以有些缺陷较难充分暴露。

1）绝缘电阻试验。绝缘电阻是指加于试品上的直流电压与流过试品的泄漏电流之比，即

$$R = U/I \qquad (10-1)$$

式中　U——加于试品两端的直流电压（V）；

　　　I——电压为 U 时，试品的泄漏电流（μA）；

　　　R——试品的绝缘电阻（MΩ）。

从式（10-1）看到，绝缘电阻 R 与泄漏电流 I 成反比，而泄漏电流的大小又取决于绝缘材料的状况。当绝缘受潮、表面脏污或局部缺陷时，泄漏电流显著增大，绝缘电阻显著降低。因此，测量绝缘电阻是了解设备绝缘状况的有效手段之一，方法最为简便，所用仪器一般用绝缘电阻表。

2）吸收比试验。电气设备的绝缘常常由多种材料组成，即使是同一种介质制成的绝缘体，也会在制造和运行中发生电性能变化，所以绝缘材料不可能是绝对均匀的介质。不均匀介质加上直流电压后，介质中会产生三种电流，即加压瞬间出现的电容电流 i_1、介质极化引起的吸收电流 i_2、介质电导引起的泄漏电流 i_3，则介质总的电流 $I = i_1 + i_2 + i_3$。

在绝缘良好的状态下，泄漏电流一般很小。此时加压 60s 时的绝缘电阻 R_{60} 较加压 15s 时的绝缘电阻要大得多。而当绝缘有缺陷时，电介质极化加强，吸收电流增大，泄漏电流增大更显著，R_{60} 与 R_{15} 数值上就接近，因此绝缘状态越差两者越接近。

加压 60s 时测量的绝缘电阻值 R_{60} 与加压 15s 时测量的绝缘电阻值 R_{15} 的比值称为吸收比 K，即

$$K = R_{60}/R_{15} \qquad (10-2)$$

从上述分析可知，吸收比 K 越大，绝缘状况越好；K 越接近于1，绝缘状况就越不好。根据 K 值的大小，并与以前相同情况下试验得到的 K 值进行比较，就可以判断设备绝缘水平的变化，了解设备的绝缘性能。吸收比试验一般用于电容量较大的试品，如大型发电机、变压器及电缆等，试验时用的主要仪器是绝缘电阻表。手摇式绝缘电阻表测量不易准确，现在一些新型电子式绝缘电阻表更适宜做吸收比试验。

3）泄漏电流试验。泄漏电流试验的原理与绝缘电阻试验的原理基本相同，不同之处是做泄漏电流试验的试验电压是可以任意调整的，对一定电压等级的试品，可以施加相应的试验电压。做泄漏电流试验不是用绝缘电阻表，而是用调压器、试验变压器、高压硅整流器等设备。做泄漏电流试验时，由于试验电压比绝缘电阻表的试验电压高，所以比用绝缘电阻表测量容易发现设备绝缘的缺陷。

4）介质损失角正切值（$\tan\delta$）试验。在电场作用下，电介质中有一部分电能会转变成其他形式的能量，通常转变为热能。所谓介质损失是指在电场作用下，电介质内单位时间消耗的电能。如果损失很大，则会使介质温度升得很高，促使绝缘材料发热老化，此时介质损耗进一步增加，介质温度进一步升高，造成发热量大于散热量的恶性循环，严重时会使介质熔化、烧焦、完全丧失绝缘性能。因此，介质损耗的大小是衡量绝缘材料绝缘性能的一项重要指标。

当外加电压和频率一定时，电介质的损耗大小与损失角正切值 $\tan\delta$（δ 是电流和电压相角差的余角）及试品电容 C 成正比。对于一定结构的试品，其 C 值为定值，因此，同类试品的绝缘优劣可直接由 $\tan\delta$ 的大小来加以判断，并可以从同一试品 $\tan\delta$ 的历史数值比较中看出该设备绝缘性能的发展趋势。

测量 tanδ 的方法有平衡电桥法、不平衡电桥法、相敏电路法和低功率因数瓦特表法等，相应的仪器是 QS1（QS3）电桥、M 型试验器、介质损失测量仪和低功率因数瓦特表等。其中平衡电桥法用得较多，具体试验方法可参阅有关资料。

（2）破坏性试验（或称耐压试验）。要发现电气设备绝缘的内部缺陷，除上述讲到的非破坏性试验外，还有一种是破坏性试验，即耐压试验。耐压试验对绝缘的考验最严格，施加的电压很高，一些危险性较大的集中缺陷一般都能通过耐压试验发现。

通过上述各种试验结果，对比设备出厂时原始数据记录和历年的试验数据，并与同类型设备的试验数据相比较，经过分析，就可以作出设备健康水平的判断，找出设备缺陷和薄弱环节，以便及时进行处理，保障设备运行安全。为此要严格按设备试验周期认真做好有关试验和按设备检修周期认真做好设备检修工作，这些工作都是安全生产管理的重要内容。

297. 测量绝缘电阻时有哪些注意事项？

（1）应将被测设备的电源和对外连线断开，并充分放电，确认被测设备未带电。

（2）应将被测设备擦拭清扫干净，并保持清洁。

（3）测量时必须使用绝缘良好的导线，相线和地线应隔开。

（4）测量大电容设备（如电力电缆、大型电机等）的绝缘电阻时，要注意电容贮电对人和仪表的危害。测完每一相的绝缘电阻后要尽快将绝缘电阻表从测量回路中断开，并将该相对地进行充分放电，以防测量过程中积蓄的电荷释放伤人，或反充电损坏绝缘电阻表。

（5）测量双回路输电线路的绝缘电阻时，如果所测线路靠近另一带电线路，则不得使用绝缘电阻表进行测量。此外，在雷雨天气也不得使用绝缘电阻表测量电力线路的绝缘电阻。

（6）绝缘电阻表必须合格，自身无漏电故障。

298. 如何做吸收比试验？ 吸收比试验测得的吸收比接近1表示什么？

用绝缘电阻表做吸收比试验的步骤简述如下：

（1）被测设备应与电路断开，不能接在电路中测量。

（2）被测设备表面应擦干净。

（3）接线前要确保绝缘电阻表良好。

（4）接线一般接绝缘电阻表的 L（线）、N（地）两接线柱；碰到漏电严重的设备和电容量大的设备必须再接绝缘电阻表的 G（屏）接线柱，以保证测量准确。

（5）测量时绝缘电阻表把手摇的速度不少于 120 次/min，15s 时读一个数值，60s 时再读一个数值。

（6）将 60s 时的数值 R_{60} 除以 15s 时读的数值 R_{15} 即为吸收比 K，即 $K = R_{60}/R_{15}$。

（7）测量完毕，绝缘电阻表手柄需慢慢停止转动，要放电后才能拆线。

吸收比 K 越大，表示绝缘状况越好；K 越接近于1，绝缘状况就越不好。根据 K 值的大小，并与以前相同情况下试验得到的 K 值进行比较，就可以判断设备绝缘水平的变化。一般情况，吸收比 K 接近1是指该设备受潮。

299. 什么是耐压试验？ 耐压试验分几类？

耐压试验是对试品施加超过工作电压一定倍数的高电压，且经历一定的时间（一般为 1min）用来模拟设备在运行状态下可能遇到的过电压作用，对设备的绝缘性能进行极其严格的考验。耐压试验合格，则可以保证该设备有一定的绝缘水平和裕度。但进行耐压试验对电气设备的绝缘有一定的破坏性，可能会将有缺陷的部位击穿，或者使局部缺陷发展，甚至使尚能继续运行的设备在高电压下受到一定损伤，故耐压试验为破坏性试验。因此，在进行耐压试验前必须对试品先进行非破坏性试验（绝缘电阻、吸收比、泄漏电流及 tanδ 等项目试验），对试品的绝缘状况进行初步鉴定，若已发现绝缘不良，应处理后再进行耐压试验。

在绝缘预防性试验中应用的耐压试验方法有两种：交流耐压试验法、直流耐压试验法。

交流耐压试验接线和操作都比较简单，试验电压标准是根据大气过电压和内部过电压的幅值及系统中相应保护装置的水平而决定的。

对于大电容量的试品（如电力电容器、电力电缆、大容量发电机等），进行交流耐压试验时，因电容电流大，所以需要大容量的试验设备，这给试验造成了很大困难，为此可以采用另一种耐压试验方法——直流耐压试验法。直流耐压试验的方法及试验设备与泄漏试验相同。交流耐压试验使用的试验设备有试验变压器、调压器、限流电阻、保护球隙、静电电压表等，一般都有试验台进行操作、控制。

300. 耐压试验有哪些安全注意事项？

（1）耐压试验只有在绝缘电阻摇测合格后才能进行。

（2）试验电压应按规定确定，不得超过规定值。

（3）试验电流不能超过试验装置的允许电流。

（4）试验场地应设防护围栏，防止试验作业人员接近带电的高压装置，试验装置应有可靠的保护接地（或保护接零）措施。

（5）有电容的设备、电缆等，试验前应进行放电。

（6）每次试验结束，应将调压器放到零位。

301. 高压试验有哪些安全规定？

（1）高压试验应填写第一种工作票。

（2）高压试验工作不得少于两人。

（3）因试验需要断开设备接头时，拆前应做好标记，接后应进行检查。

（4）试验装置的金属外壳应可靠接地。高压引线应尽量缩短，必要时用绝缘物支持牢固。

（5）试验现场应装设遮栏或围栏，向外悬挂"止步，高压危险！"标示牌，并派人看守。被试设备两端不在同一地点时，另一端还应派人看守。

（6）加电压前必须认真检查试验接线、表计倍率、量程、调压器零位及仪表的开始状态，均正确无误，通知有关人员离开被试设备，并取得试验负责人许可，方可加电压。高压试验工作人员在全部加压过程中，应思想集中，不得与他人闲谈，随时警戒异常现象发生，操作人应站在绝缘垫上。

（7）变更接线或试验结束时，应首先断开试验电源，放电，并将升压设备的高压部分短路接地。

（8）未装地线的大电容被试设备，应先行放电再做试验。高压直流试验时，每告一段落或试验结束时，应将设备对地放电数次，并短路接地。

（9）试验结束时，试验人员应拆除自装的接地短路线，并对被试设备进行检查和清理现场。

（10）特殊的重要电气试验，应有详细的试验措施，并经厂（局）主管生产的领导（总工程师）批准。

第十一章　安全生产制度

302. 安全生产管理的原则是什么？

安全生产管理的原则是：坚决贯彻"安全第一、预防为主、综合治理"方针。

303. "安全第一、预防为主、综合治理"的具体含义是什么？

"安全第一"是指企业必须把安全生产作为头等大事，必须把安全生产摆在一切工作的首位。只有抓好安全，才能保证生产的顺利进行。

"预防为主、综合治理"是指不能出了事故才想到安全生产，平时就要做好各项工作，抓好安全生产各环节，做好综合治理，防止生产出现事故，把安全工作的重点放在预防和综合治理上，做到防患于未然。

各级领导干部在管理生产的同时，必须负责安全工作，要认真贯彻国家有关安全生产和劳动保护的法令和规章制度。做到在制订工作计划时要有安全工作的项目；在布置工作时要有安全工作的内容；在检查工作时要有安全工作的要求；在终结工作时要有安全工作的经验和教训；在评比工作时要有安全工作的先进事迹。充分发动群众，使每个职工认识到安全生产的重要性，在各项生产工作中坚决贯彻"安全第一、预防为主、综合治理"的方针，抓好企业安全生产。

304. 什么是安全生产责任制?

安全生产责任制是指以企业行政正职在内的各级领导、各职能部门、各专业工种、各生产岗位为保证安全生产,制订明确的安全职责,做到各负其责,密切配合,调动一切积极因素,从各个方面为安全生产创造条件,保证安全生产。

305. 企业的每个职工在安全生产中的职责是什么?

(1) 自觉遵守国家、上级及本单位有关安全生产的法规、条例、规程及各项规章制度。自觉遵守劳动纪律。

(2) 有权制止他人违章作业,有权拒绝执行违章指挥。

(3) 认真吸取事故教训,不断提高安全意识和自我保护能力,做到"不伤害自己,不伤害他人,不被他人伤害"。

(4) 及时反映和按规程规定处理一切危及人身和设备安全的情况。

(5) 按要求参加安全生产培训和检查,参加各项安全活动,为不断提高企业安全生产水平提出合理化建议。

(6) 刻苦学习和钻研自己的专业业务,不断提高自己专业技术水平,保证安全生产。

(7) 尊重和支持安全管理人员的工作,服从安全生产管理人员的管理。

306. 什么是应急预案? 为什么要制定应急预案?

应急预案是针对可能发生的重大事故或灾害,万一发生时能保证迅速、有序、有效地开展应急处理与救援行动,降低事故损失而预先制订的有关计划或方案。它是在预测潜在的重大危险、事故类型、发生可能、发生过程、事故后果及影响严重程度的基础上，对应急机构、人员、技术要求、装备、设施设备、物资、救援行动及其指挥与协调等方面预先做出具体安排和准备，把事故压缩在最小范围，减小事故损失。

307. 对电气作业工作人员有什么要求？

GB 26860—2011《电力安全工作规程　发电厂和变电站电气部分》规定，电气作业工作人员要符合下列要求：

（1）经医师鉴定，无妨碍工作的病症（体格检查至少每两年一次）。

（2）具备必要的安全生产知识和技能，从事电气作业的人员应掌握触电急救等救护法。

（3）具备必要的电气知识和业务技能，熟悉电气设备及其系统。

308. 对电气作业现场有什么安全要求？

GB 26860—2011《电力安全工作规程　发电厂和变电站电气部分》规定，电气作业现场有下列安全要求：

（1）作业现场的生产条件、安全设施、作业机具和安全工器具等应符合国家或行业标准规定的要求，安全工器具和劳动防护用品在使用前应确认合格、齐备。

（2）经常有人工作的场所及施工车辆上宜配备急救箱，存放急救用品，并指定专人检查、补充或更换。

309. 保证变、配电所安全运行的"两票三制"是什么？

变、配电所的安全运行直接关系到电力系统的安全运行和工矿企业的可靠供电，因此，抓好变、配电所的安全运行是电气工作的重要任务。为了保障变、配电所的安全可靠运行，防止电气事故的发生，从长期的生产运行中总结出来了一系列安全工作制度，即"两票三制"。"两票三制"是指工作票制度、操作票制度、交接班制度、巡回检查制度、设备定期试验轮换制度。

310. 什么是工作票？

工作票是准许在电气设备或线路上工作的书面安全要求之一。在高压设备上工作，必须填用工作票或口头电话命令。根据工作性质和工作范围的不同，工作票分为两种，即电气第一种工作票、电气第二种工作票，除此之外还有电气带电作业工作票、紧急抢修单等种类。在工作票上明确写明了工作地点、工作任务、应做的安全措施、计划工作时间等，填写时必须严格按规定要求认真填写。

311. 哪些工作应填写第一种工作票？

凡在高压电气设备上进行检修、试验、清扫、检查等工作时，需要全部停电或部分停电者；在高压室内的二次接线及照明部分工作，需要将高压设备停电或做安全措施者，需要填写第一种工作票。GB 26860—2011《电力安全工作规程　发电厂和变电站电气部分》规定，需要高压设备全部停电、部分停电或做安全措施的工作，填用电气第一种工作票。

312. 哪些工作应填写第二种工作票？

带电作业和在带电设备外壳上的工作；控制盘和低压配电盘、配电箱、电源干线上的工作；二次接线回路上的工作且无须将高压电气设备停电者；转动中的发电机、同期调相机的励磁回路或高压电动机转子电阻回路上的工作；非当值的值班人员用绝缘棒和电压互感器定相或用钳形电流表测量高压回路的电流等工作需填写第二种工作票。GB 26860—2011《电力安全工作规程 发电厂和变电站电气部分》规定，大于表 11 - 1 安全距离的相关场所和带电设备外壳上的工作以及不可能触及带电设备导电部分的工作，填用电气第二种工作票。

313. 填用工作票有什么规定？

工作票要用钢笔或圆珠笔填写，一式两份，应正确清楚，不得任意涂改。两份工作票中的一份必须经常保存在工作地点，由工作负责人收执；另一份由运行值班人员收执，按班移交。运行值班人员应将工作票号码、工作任务、许可时间及完工时间记入操作记录簿中。在无人值班的设备上工作时，第二份工作票由工作许可人收执。一个工作负责人只能发给一张工作票。

第一种工作票应在工作前一日交给运行值班人员。第二种工作票应在进行工作的当天预先交给运行值班人员。由运行值班人员在开工前将工作票内的全部安全措施一次做完。

工作票的有效时间，以批准的检修期为限。若至工作票预定时间，工作尚未完成，应由工作负责人提前办理延期手续。

工作完毕后，现场运行负责人员应对工作结果认真验收，验收后记入运行日志并在工作票上签名。当所有工作票全部回收（工作票都已终结）并得到值班调度员或运行值班员的许可指令后，方可合闸恢复送电。

GB 26860—2011《电力安全工作规程 发电厂和变电站电气部分》规定：工作票应使用统一的票面格式。工作票一份交工作负责人，另一份交工作许可人。一个工作负责人不应同时执行两张及以上工作票。在工作票停电范围内增加工作任务时，若无需变更安全措施范围，应由工作负责人征得工作票签发人和工作许可人同意，在原工作票上增填工作项目；若需变更或增设安全措施，应填用新的工作票。电气第一种工作票、电气第二种工作票和电气带电作业工作票的有效时间，以批准的检修计划工作时间为限，延期应办理手续。事故紧急抢修工作使用紧急抢修单或工作票。非连续进行的事故修复工作应使用工作票。只有在同一停电系统的所有工作票都已终结，并得到值班调度员或运行值班员的许可指令后，方可合闸送电。

314. 在执行工作票制度中，工作负责人（监护人）应负的安全责任有哪些？

在执行工作票制度中，根据 GB 26860—2011《电力安全工作规程　发电厂和变电站电气部分》规定，工作负责人（监护人）的安全责任如下：

（1）正确安全地组织工作。

（2）确认工作票所列安全措施正确、完备，符合现场实际条件，必要时予以补充。

（3）工作前向工作班全体成员告知危险点，督促、监护工作班成员执行现场安全措施和技术措施。

315. 什么是倒闸操作？　倒闸操作的基本条件是什么？

电气设备有三种工作状态，即运行、备用（冷备用、热备用）、检修状态。运行状态指设备的断路器（开关）和隔离开关（刀闸）均在闭合位置，即通电工作；冷备用状态指设备的断路器（开关）和隔离开关（刀闸）均在打开位置，要合上断路器（开关）和隔离开关（刀闸）后才能投入运行；热备用状态指隔离开关（刀闸）已合上，断路器（开关）未合，只要断路器（开关）合上，就能送电；检修状态指设备的断路器（开关）和隔离开关（刀闸）均已拉开，而且接地线等安全措施均已做好。将电气设备由一种工作状态变换到另一种工作状态所进行的一系列操作统称为倒闸操作。例如，要将设备从运行状态变换到检修状态，就要拉断路器（开关）、拉隔离开关（刀闸）、验电、装设接地线、悬挂标示牌、装设遮栏等，这些工作即为倒闸操作。

倒闸操作的基本条件：

（1）操作人员和监护人员应经过严格培训考核，有合格的特种作业操作证（电工）。

（2）要有与现场设备实际接线相一致的一次系统模拟接线图、继电保护回路展开图，以及其他相关的二次接线图。

（3）要有正确的调度命令和合格的操作票。

（4）操作中要使用统一的调度术语。

（5）现场一、二次设备要有明显的标志，包括命名、编号、设备相色等。

（6）要有合格的操作工具、安全用具和设施（如放置接地线、安全工具、用具的装置）。

316. 什么是操作票？

先将操作步骤写下来，然后按写下来的操作步骤逐项操作，可避免发生误操作。这种按规定格式写下来的倒闸操作步骤票据称为倒闸操作票。操作票中包含编号、操作任务、操作顺序、操作时间，以及操作人或监护人签名等内容。

317. 填写操作票有哪些规定?

（1）每张操作票只能填写一个操作任务。

（2）操作票应填写设备的双重名称，即设备名称和编号。

（3）操作票应用钢笔或圆珠笔填写，票面应清楚整洁，不得任意涂改，并应按操作票编号顺序填写。作废的操作票，应注明"作废"字样。

（4）倒闸操作由操作人填写操作票。

318. 哪些操作可不用操作票?

GB 26860—2011《电力安全工作规程　发电厂和变电站电气部分》规定，下列工作可以不用操作票:

（1）事故应急处理。

（2）程序操作。

（3）拉合断路器（开关）的单一操作。

（4）拉开全站仅有的一组接地开关或拆除仅有的一组接地线时，可不填用操作票。

上述操作在完成后应做好记录，事故应急处理应保存原始记录。

319. 倒闸操作的原则是什么?

断路器有灭弧装置，能拉合正常负荷电流，也能切断短路电流。隔离开关没有专门灭弧装置，它不能切合负荷电流，更不能切断短路电流。

GB 26860—2011《电力安全工作规程　发电厂和变电站电气部分》规定：停电操作应按照"断路器→负荷侧隔离开关→电源

侧隔离开关"的顺序依次断开,送电合闸操作按相反的顺序依次
闭合。不应带负荷拉合隔离开关。这就是倒闸操作原则。

320. 执行操作票有何规定? 倒闸操作中,若产生疑问应如何处理?

(1)开始操作前,应先在模拟图板上进行核对性模拟预演,
无误后,再进行设备操作。操作前应核对设备名称、编号和位
置,操作中应认真执行监护复诵制。发布操作命令和复诵操作命
令都应严肃认真,声音洪亮清晰。必须按操作票填写的顺序逐项
操作。每操作完一项,应检查无误后在操作票上做一个"√"记
号,全部操作完毕后进行复查。在操作票上盖"已执行"章,并
按规定将操作票保存备查。

(2)操作中产生疑问时,应立即停止操作,并向值班调度员
或值班负责人报告,弄清问题后,再进行操作。不准擅自更改操
作票,不准随意解除闭锁装置,以防发生事故或把事故扩大,造
成严重后果。

321. 雷雨天气能否进行倒闸操作? 雨天、雾天能否进行室外倒闸操作? 有什么注意事项?

(1)GB 26860—2011《电力安全工作规程 发电厂和变电站
电气部分》规定:雷电天气时,不宜进行电气操作,不应就地电
气操作,以防发生雷击事故。

(2)雨天、雾天可以进行室外倒闸操作,但 GB 26860—2011
《电力安全工作规程 发电厂和变电站电气部分》规定有下列注
意事项:雨天操作室外高压设备时,应使用有防雨罩的绝缘棒,
并穿绝缘靴、戴绝缘手套。接地网电阻不符合要求的,晴天也应
穿绝缘靴,以防发生事故。

322. 倒闸操作必须做到"五防"，是指哪"五防"？

倒闸操作一定要严格做到"五防"，即防止带负荷拉合隔离开关（刀闸）、防止带接地线（接地开关）合闸、防止带电挂接地线（接地开关）、防止误拉合断路器（开关）、防止误入带电间隔。

323. 倒闸操作有哪些步骤？

（1）模拟预演：根据填写和审核的操作票，先在一次系统模拟接线图上进行预演，逐项唱票，逐项翻正。预演完毕后，应检查操作票上所列项目的操作是否达到操作目的。

（2）准备工作：由操作人员准备好必要的合格操作工具和安全用具。

（3）站正位置：操作人员按操作项目，有顺序地走到应操作的设备前立正，等候监护人唱票。

（4）核对设备：监护人按操作项目核对操作设备名称及设备编号，核对应与操作票全部符合。

（5）高声唱票：监护人高声读应操作项目的全部内容。

（6）高声复诵：操作人应手指被操作设备，高声复诵一遍操作项目的内容。

（7）允许操作：监护人认为一切无误，便发布"对，执行"的命令。

（8）执行操作：操作人在听到"对，执行"的命令后，进行果断操作。

（9）检查设备：每一项操作结束后，操作人和监护人一起检查被操作的设备状态，被操作的设备应与操作项目的要求相符合并处于良好状态。

（10）逐项勾票：每操作完一项在检查无误后做一个"√"记号，然后进行下一项目操作。

（11）查清疑问：操作中产生疑问时应立即停止操作并向值班调度员或值班负责人报告，弄清问题后再进行操作。不准擅自更改操作票，不准随意解除闭锁装置。

（12）记录时间：一张操作票操作完毕后，监护人应记录操作的起止时间。

（13）签名盖章：一张操作票操作完毕后，监护人和操作人在操作票的相应栏目内各自签名，并加盖"已执行"的图章。

（14）汇报制度：一张操作票操作完毕后，监护人应向发令人报告操作任务的执行时间和执行情况。

倒闸操作必须安全正确，不准发生误操作事故。

324. 什么是交接班制度？ 交接班有何规定？

在一个工作班工作完毕，下一个工作班即将开始工作前进行工作交接的制度称交接班制度。

交接班要做到"五清"，即讲清、听清、问清、看清、点清。

交班的人要把当前运行状态；设备检修情况和缺陷情况；信号装置异常情况；当班期间设备不正常情况及处理情况；设备的停复役变更和继电保护方式或定值变更情况；各项操作任务的执行情况；工作票的执行情况；各种记录簿、资料、图纸的收存保管情况；各种安全用具、开关钥匙及有关材料工具情况；上级命令指示或有关通知；本值尚未完成，需下一班续做的工作和注意事项等仔细讲清。接班的人要仔细听清，不清楚的问题一定要问清，现场情况要看清，实物（如值班记录簿、安全工器具、仪表、各种钥匙等）一定要点清。

如果在交接班过程中，需要进行重要操作或事故处理，仍由交班人员负责处理，必要时可请接班人员协助工作，但接班人员只能当助手。

交接班工作很重要，电力系统中不少事故就是由于交接班时没有交接清楚而引起。所以交接班工作必须认真、严肃，决不能马虎了事。

325. 什么是巡回检查制度？ 巡回检查有何规定？

巡回检查是沿着预先拟订好的、科学的、切合实际的路线，对所有电气设备按规定的巡回检查周期和运行规程规定的检查项目依次进行巡视检查。通过巡视检查，可及时发现事故隐患，及时处理，防止事故发生。因此，巡回检查应一丝不苟，不能漏查设备和漏查项目。要做到：跑到、看到、听到、闻到、必要时摸到（不允许触及者不准摸）设备。

326. 雷雨天气巡视室外高压设备有何规定？

GB 26860—2011《电力安全工作规程　发电厂和变电站电气部分》规定：雷雨天气，需要巡视室外高压设备时，应穿绝缘靴，不应使用伞具，并不得靠近避雷器和避雷针，以防跨步电压触电和雷击伤亡事故发生。

327. 什么是设备定期试验轮换制度？

设备定期试验轮换制度是指：对电站、变配电所内的设备、备用设备及继电保护自动装置等需定期进行试验和轮换，以便及时发现缺陷，消除缺陷，使这些设备始终保持完好状态，确保安全运行，备用设备在投用时能正确投用并可靠运行，继电保护自动装置在电路短路故障时能正确动作切除故障，电路有不正常运行状况时能及时报警告知值班人员及时处理。

328. 在高压电气设备上工作时，保证安全的组织措施有哪些？

在高压电气设备上工作，保证安全的组织措施有：工作票制度，工作许可制度，工作监护制度，工作间断、转移和终结制度。

GB 26860—2011《电力安全工作规程　发电厂和变电站电气部分》规定：安全组织措施作为保证安全的制度措施之一，包括工作票、工作的许可、监护、间断、转移和终结等。工作票签发人、工作负责人（监护人）、工作许可人、专责监护人和工作班成员在整个作业流程中应履行各自的安全职责。

329. 什么是工作许可制度？

电气工作开始前，必须完成工作许可手续。工作许可人（运行值班负责人）应负责审查工作票所列安全措施是否正确完善，是否符合现场条件，并负责落实施工检修现场的安全措施。在电站、变配电所内工作时，许可人应会同工作负责人到现场检查所做的安全措施是否完备、可靠，并检验、证明、检修设备确无电压；对工作负责人应指明带电设备的位置和注意事项，然后分别在工作票上签名，工作班组方可开始工作。

工作过程中，工作负责人和工作许可人任何一方不得擅自变更安全措施，值班人员不得变更有关检修设备的运行接线方式。工作中如有特殊情况需变更时，应事先取得对方同意。

线路停电检修时，运行值班员必须在变配电所将线路可能受电的各方面均拉闸停电，并挂好接地线，将工作班组数目、工作负责人姓名、工作地点和工作任务记入记录簿内，然后才能发出许可工作的命令。严禁约定时间停电和送电。

GB 26860—2011《电力安全工作规程 发电厂和变电站电气部分》规定：

（1）工作许可人在完成施工作业现场的安全措施后，还应完成以下手续：

1）会同工作负责人到现场再次检查所做的安全措施。

2）对工作负责人指明带电设备的位置和注意事项。

3）会同工作负责人在工作票上分别确认、签名。

（2）工作许可后，工作负责人、工作许可人任何一方不应擅自变更安全措施。

330. 什么是工作监护制度？ 工作监护内容是什么？

完成工作许可手续后，工作负责人（监护人）应向工作班人员交代现场安全措施、带电部位和其他注意事项。工作负责人（监护人）必须始终在工作现场，对工作班人员的安全认真监护，及时纠正违反安全的动作。

工作班人员必须服从工作负责人（监护人）的指挥。工作负责人（监护人）如发现工作班人员违反安全工作规程而进行不安全工作时，应该立即予以指正，必要时可暂停其工作。

所有工作人员（包括工作负责人）不许单独留在高压室内或室外变配电所高压设备区内，以免发生意外触电或电弧灼伤事故。

监护人所监护的内容归纳如下：

（1）部分停电时，监护所有工作人员的活动范围，要与带电部分保持规定的安全距离。

（2）带电作业时，监护所有工作人员的活动范围，要与接地部分保持规定的安全距离。

（3）监护所有工作人员工具使用是否正确，工作位置是否安全，操作方法是否正确等。

331. 工作监护人因事要离开工作现场应怎么办？

工作负责人或专责监护人因故离开现场时，须指定能胜任的人员临时代替，离开前应将工作现场交代清楚，并告知工作班人员，使监护工作不间断。原工作负责人返回工作地点时，也应履行同样的交接手续。

若工作负责人需要长时间离开现场，应由原工作票签发人变更新工作负责人，两个工作负责人应做好必要的交接。

332. 什么是工作间断、转移和终结制度？

GB 26860—2011《电力安全工作规程　发电厂和变电站电气部分》对工作间断、转移和终结制度的规定如下：

（1）工作间断时，工作班成员应从工作现场撤出，所有安全措施保持不变。隔日复工时，应得到工作许可人的许可，且工作负责人应重新检查安全措施。工作人员应在工作负责人或专责监护人的带领下进入工作地点。

（2）在工作间断期间，若有紧急需要，运行人员可在工作票未交回的情况下合闸送电，但应先通知工作负责人，在得到工作班全体人员已离开工作地点、可送电的答复，并采取必要措施后方可执行。

（3）检修工作结束以前，若需将设备试加工作电压，应按以下要求进行：

1）全体工作人员撤离工作地点。

2）收回该系统的所有工作票，拆除临时遮栏、接地线和标示牌，恢复常设遮栏。

3）应在工作负责人和运行人员全面检查无误后，由运行人员进行加压试验。

（4）在同一电气连接部分依次在几个工作地点转移工作时，工作负责人应向工作人员交代带电范围、安全措施和注意事项。

（5）全部工作完毕后，工作负责人应向运行人员交代所修项目状况、试验结果、发现的问题和未处理的问题等，并与运行人员共同检查设备状况、状态，在工作票上填明工作结束时间，经双方签名后表示工作票终结。

（6）只有在同一停电系统的所有工作票都已终结，并得到值班调度员或运行值班员的许可指令后，方可合闸送电。

《国家电网公司电力安全工作规程》对工作间断、转移和终结制度的规定如下：

（1）工作间断时，工作班成员应从工作现场撤出，所有安全措施保持不动，工作票仍由工作负责人执存，间断后继续工作无需通过工作许可人。每日收工后，应清扫工作地点，开放已封闭的通路，并将工作票交回运行人员。次日复工时，应得到工作许可人的许可，取回工作票，工作负责人应重新认真检查安全措施是否符合工作票的要求，并召开现场站班会后，方可工作。若无工作负责人或专责监护人带领，工作人员不得进入工作地点。

（2）在未办理工作票终结手续以前，任何人员不准将停电设备合闸送电。在工作间断期间，若有紧急需要，运行人员可在工作票未交回的情况下合闸送电，但应先通知工作负责人，在得到工作班全体人员已经离开工作地点、可以送电的答复后方可执行，并应采取下列措施：

1）拆除临时遮栏、接地线和标示牌，恢复常设遮栏，换挂"止步，高压危险！"的标示牌。

2）应在所有道路派专人守候，以便告诉工作班人员"设备已经合闸送电，不得继续工作"，守候人员在工作票未交回以前，不得离开守候地点。

（3）检修工作结束以前，若需将设备试加工作电压，应按下列条件进行：

1）全体工作人员撤离工作地点。

2）将该系统的所有工作票收回，拆除临时遮栏、接地线和标示牌，恢复常设遮栏。

3）应在工作负责人和运行人员进行全面检查无误后，由运行人员进行加压试验。工作班若需继续工作时，应重新履行工作许可手续。

（4）在同一电气连接部分用同一工作票依次在几个工作地点转移工作时，全部安全措施由运行人员在开工前一次做完，不需再办理转移手续。但工作负责人在转移工作地点时，应向工作人员交代带电范围、安全措施和注意事项。

（5）全部工作完毕后，工作班应清扫、整理现场。工作负责人应先周密地检查，待全体工作人员撤离工作地点后，再向运行人员交代所修项目、发现的问题、试验结果和存在问题等，并与运行人员共同检查设备状况、状态，有无遗留物件，是否清洁等，然后在工作票上填明工作结束时间。经双方签名后，工作终结。待工作票上的临时遮栏已拆除，标示牌已取下，已恢复常设遮栏，未拉开的接地线、接地开关已汇报调度，工作票方告终结。

（6）只有在同一停电系统的所有工作票都已终结，并得到值班调度员或运行值班负责人的许可指令后，方可合闸送电。

333. 在低压电气设备上工作时，保证安全的组织措施有哪些？

根据 DL/T 477—2010《农村电网低压电气安全工作规程》规定，在低压电气设备上工作时，保证安全的组织措施如下：

（1）工作票制度。

（2）工作许可制度。

（3）工作监护制度和现场看守制度。

（4）工作间断和转移制度。

（5）工作终结、验收和恢复送电制度。

334. 在高压电气设备上工作时，保证安全的技术措施有哪些？

根据 GB 26860—2011《电力安全工作规程 发电厂和变电站电气部分》规定，在高压电气设备上工作时，保证安全的技术措施如下：

（1）停电。

（2）验电。

（3）装设接地线。

（4）悬挂标示牌和装设遮栏（围栏）。

335. 在高压设备上工作，对停电有什么规定？

GB 26860—2011《电力安全工作规程 发电厂和变电站电气部分》对停电的规定如下：

（1）符合下列情况之一的设备应停电：

1）检修设备。

2）与工作人员在工作中的距离小于表 11-2 规定的设备。

3）工作人员与 35kV 及以下设备的距离大于表 11-2 规定的安全距离，但小于表 11-1 规定的安全距离，同时又无绝缘隔板、安全遮栏等措施的设备。

4）带电部分邻近工作人员，且无可靠安全措施的设备。

5）其他需要停电的设备。

（2）停电设备的各端应有明显的断开点，或应有能反映设备运行状态的电气和机械等指示，不应在只经断路器断开电源的设备上工作。

（3）应断开停电设备各侧断路器、隔离开关的控制电源和合闸电源，闭锁隔离开关的操动机构。

（4）高压开关柜的手车开关应拉至"试验"或"检修"位置。

《国家电网公司电力安全工作规程》对工作地点应停电的设备规定如下：

（1）工作地点，应停电的设备：

1）检修的设备。

2）与工作人员在进行工作中正常活动范围的距离小于表 11-2 规定的设备。

3）在 35kV 及以下的设备处工作，安全距离虽大于表 11-2 的规定，但小于表 11-1 的规定，同时又无绝缘挡板、安全遮栏措施的设备。

4）带电部分在工作人员后面、两侧、上下，且无可靠安全措施的设备等。

5）其他需要停电的设备。

（2）对停电的规定：

1）检修设备停电，应把各方面的电源完全断开（任何运用中的星形接线设备的中性点，应视为带电设备）。禁止在只经断路器（开关）断开电源的设备上工作。应拉开隔离开关（刀闸），手车开关应拉至"试验"或"检修"位置，应使各方面有一个明显的断开点。与停电设备有关的变压器和电压互感器，应将设备各侧断开，防止向停电检修设备反送电。

2）检修设备和可能来电侧的断路器（开关）、隔离开关（刀闸）应断开控制电源和合闸电源，隔离开关（刀闸）操作把手应锁住，确保不会误送电。

3）对难以做到与电源完全断开的检修设备，可以拆除设备与电源之间的电气连接。

336. 高压设备停电后，为什么还要验电？

虽然电气设备或线路电路切断了，但很难保证没有邻近带电设备或线路对它存在感应电，有时感应电还不小。因此，为了检修工作安全，在挂接地线或合接地开关之前必须进行验电，确证无电压后才能进行，以防带电挂接地线或合接地开关造成严重事故。

337. 怎样正确进行高压验电？

高压验电有下列注意事项：

（1）必须用电压等级合适而且合格的验电器。

（2）验电前，应先在有电设备上进行试验，确证验电器良好。

（3）验电时，应在检修设备进出线两侧各相分别验电。

（4）高压验电时必须戴绝缘手套。

线路验电应逐相进行。同杆架设的多层电力线路验电时，先验低压后验高压；先验下层后验上层。

表示电气设备断开和允许进入设备间隔的信号及经常接入的

电压表读数只能作为参考，不能作为设备有无电压的依据。但如果信号和仪表指示有电，则禁止在设备上工作。

GB 26860—2011《电力安全工作规程 发电厂和变电站电气部分》对验电的规定如下：

（1）直接验电应使用相应电压等级的验电器在设备的接地处逐相验电。验电前，验电器应先在有电设备上确证验电器良好。在恶劣气象条件时，对户外设备及其他无法直接验电的设备，可间接验电。330kV及以上的电气设备可采用间接验电方法进行验电。

（2）高压验电应戴绝缘手套，人体与被验电设备的距离应符合表11-1的安全距离要求。

338. 在高压电气设备上工作，为什么要装设临时接地线（或合接地开关）？

检修设备在完成停电、验电后，虽已确证不再带电，但还不能工作，因为在工作过程中，假如突然来电，会对安全工作构成严重威胁。为了工作安全，必须装设接地线，在验明设备确已无电压后，应立即将检修设备三相短路接地。这样可防止工作中突然来电，同时设备断开部分的剩余电荷，也可因接地而放尽。由于邻近运行的电力线路或雷电等引起的感应电压也能消除。

339. 装设临时接地线有何规定？ 对临时接地线有何要求？

（1）装设接地线有下列注意事项：

1）装设接地线必须由两人进行。若是单人值班，那只允许使用接地开关接地。

2）装设接地线必须先接接地端，后接导体端，而且接触必须良好。拆接地线的顺序与此相反，即先拆导体端，后拆接地端。

3）装、拆接地线均应使用绝缘棒和戴绝缘手套。接地线必须使用专用的线夹固定在导体上，严禁用缠绕的方法进行接地或短路。

4）接地线应采用多股软铜线，其截面积应符合短路电流的要求，但不得小于 25mm²。

（2）GB 26860—2011《电力安全工作规程　发电厂和变电站电气部分》对接地的规定如下：

1）装设接地线不宜单人进行。

2）人体不应碰触未接地的导线。

3）当验明设备确无电压后，应立即将检修设备接地（装设接地线或合接地开关）并三相短路。电缆及电容器接地前应逐相充分放电，星形接线电容器的中性点应接地。

4）可能送电至停电设备的各侧都应接地。

5）装、拆接地线导体端应使用绝缘棒，人体不应碰触接地线。

6）不应用缠绕的方法进行接地或短路。

7）接地线采用三相短路式接地线，若使用分相式接地线时，应设置三相合一的接地端。

8）成套接地线应由有透明护套的多股软铜线和专用线夹组成，接地线截面积不应小于 25mm²，并应满足装设地点短路电流的要求。

9）装设接地线时，应先装接地端，后装接导体端，接地线应接触良好，连接可靠。拆除接地线的顺序与此相反。

10）在配电装置上，接地线应装在该装置导电部分的适当部位。

11）已装设接地线发生摆动，其与带电部分的距离不符合安全距离要求时，应采取相应措施。

12）在门型构架的线路侧停电检修，如工作地点与所装接地线或接地开关的距离小于 10m，工作地点虽在接地线外侧，也可不另装接地线。

13）在高压回路上工作，需要拆除部分接地线应征得运行人员或值班调度员的许可。工作完毕后立即恢复。

14）因平行或邻近带电设备导致检修设备可能产生感应电压时，应加装接地线或使用个人保安线。

340. 悬挂标示牌和装设遮栏的作用是什么？

为防止工作中工作人员或工作工器具误碰带电设备或距离带电设备太近造成带电设备对人体放电，检修设备在完成停电、验电、装设接地线后还不能工作。同时，为防止误合闸造成误送电，发生严重事故，还必须按规定完成悬挂标示牌和装设遮栏工作。按规定做好悬挂标示牌和装设遮栏是高压设备上工作保证安全的技术措施重要内容，只有落实好上述各项技术措施后，才能开始工作。工作中工作人员不准擅自移动或拆除遮栏、标示牌。标示牌的格式、字样应符合规定。标示牌的悬挂和拆除，应按《电力安全工作规程》规定执行。

341. "禁止合闸，有人工作！"标示牌挂设在什么地点？

GB 26860—2011《电力安全工作规程 发电厂和变电站电气部分》规定：在一经合闸就可能送电到工作地点的隔离开关的操作把手上，应悬挂"禁止合闸，有人工作！"或"禁止合闸，线路有人工作！"的标示牌。

在计算机显示屏上操作的隔离开关操作处，应设置"禁止合闸，有人工作！"或"禁止合闸，线路有人工作！"的标记。

GB 26859—2011《电力安全工作规程 电力线路部分》规定：在一经合闸即可送电到工作地点的断路器、隔离开关及跌落式熔断器的操作处，均应悬挂"禁止合闸，线路有人工作！"或"禁止合闸，有人工作！"的标示牌。

342. "禁止攀登，高压危险！"标示牌挂设在什么地点？

"禁止攀登，高压危险！"标示牌悬挂在高压配电装置构架的爬梯上，变压器、电抗器等设备的爬梯上，以防止误攀登，造成电击伤亡事故。

343. "止步，高压危险！"标示牌挂设在什么地点？

"止步，高压危险！"标示牌悬挂在工作地点临近带电设备的遮栏上、室外工作地点的围栏上、禁止通行的过道上、高压试验地点、室外构架上、工作地点临近带电设备的横梁上等，以保证工作人员与带电设备的安全距离，防止发生人身触电事故。

GB 26860—2011《电力安全工作规程 发电厂和变电站电气部分》规定：

（1）在室内高压设备上工作时，应在工作地点两旁及对侧运行设备间隔的遮栏上和禁止通行的过道遮栏上悬挂"止步，高压危险！"的标示牌。

（2）在室外高压设备上工作时，应在工作地点四周装设遮栏，遮栏上悬挂适当数量朝向里面的"止步，高压危险！"标示牌，遮栏出入口要围至邻近道路旁边，并设有"从此进出！"的标示牌。

（3）高压开关柜内手车开关拉至"检修"位置时，隔离带电部位的挡板封闭后不应开启，并设置"止步，高压危险！"的标示牌。

（4）若室外只有个别地点设备带电，可在其四周装设全封闭遮栏，遮栏上悬挂适当数量朝向外面的"止步，高压危险！"标示牌。

（5）室外构架上工作，应在工作地点邻近带电部分的横梁上，悬挂"止步，高压危险！"的标示牌。

344. 遮栏用什么材料制作？ 工作人员在工作中能否移动遮栏或进入遮栏工作？

高压电气设备在部分停电情况下检修时，为防止检修人员走错位置，误入带电间隔或过分接近带电部分，一般都采用遮栏进行防护。另外，遮栏也用作检修安全距离不够时的安全隔离装置。为了保证遮栏设置和使用的严肃性，防止发生人身触电伤亡事故。《电力安全工作规程》规定，工作人员在工作中不应擅自移动或拆除遮栏、标示牌。

遮栏用干燥的绝缘材料制成，不能用金属材料制作，而且规定遮栏高度不得低于 1.7m，下部边缘离地不应超过 10cm。

345. 设备不停电时的安全距离如何规定？

GB 26860—2011《电力安全工作规程　发电厂和变电站电气部分》规定，设备不停电时的安全距离见表 11 - 1。

表 11 - 1　设备不停电时的安全距离

电压等级（kV）	安全距离（m）	电压等级（kV）	安全距离（m）
10 及以下	0.70	750	7.20
20 ~ 35	1.00	1000	8.70
66 ~ 110	1.50	±50 及以下	1.50
220	3.00	±500	6.00
330	4.00	±660	8.40
500	5.00	±800	9.30

注 1. 表中未列电压等级按高一挡电压等级的安全距离。
　　2. 13.8kV 执行 10kV 的安全距离。
　　3. 750kV 数据按海拔 2000m 校正，其他等级数据按海拔 1000m 校正。

346. 工作人员在工作中正常活动范围与带电设备的安全距离怎样规定？

GB 26860—2011《电力安全工作规程 发电厂和变电站电气部分》规定，工作人员在工作中正常活动范围与带电设备的安全距离见表 11 - 2。

表 11 - 2 工作人员工作中正常活动范围与设备带电部分的安全距离

电压等级（kV）	安全距离（m）
10 及以下	0. 35
20、35	0. 60
66、110	1. 50
220	3. 00
330	4. 00
500	5. 00
750	8. 00
1000	950
±50 及以下	1. 50
±500	6. 80
±660	9. 00
±800	10. 10

注 1. 表中未列电压等级按高一挡电压等级的安全距离。
2. 13. 8kV 执行 10kV 的安全距离。
3. 750kV 数据按海拔 2000m 校正，其他等级数据按海拔 1000m 校正。

例如，工作人员在工作中正常活动范围与 10kV 带电设备的安全距离小于 0. 35m，那带电设备必须停电才能工作；假如工作人员在工作中正常活动范围与 10kV 带电设备的安全距离大于 0. 35m，小于 0. 7m，那工作人员要与带电设备有隔离措施才能工作。

347. 车辆（包括装载物）外廓至无遮栏带电部分之间的安全距离怎样规定？

车辆（包括装载物）外廓至无遮栏带电部分之间的安全距离如表 11 - 3 所示。

表 11 - 3　车辆（包括装载物）外廓至无遮栏带电部分之间的安全距离

电压（kV）	35	63（66）	110	220	330	500
安全距离（m）	1.15	1.40	1.65 (1.75)	2.55	3.25	4.55

注　括号内数字为 110kV 中性点不接地系统使用。

348. 电气设备发生接地故障时，工作人员与接地点的距离不得小于多少？

GB 26860—2011《电力安全工作规程　发电厂和变电站电气部分》规定：高压设备发生接地故障时，室内人员进入接地点 4m 以内，室外人员进入接地点 8m 以内，均应穿绝缘靴。接触设备的外壳和构架时，还应戴绝缘手套。

也就是说，高压设备发生接地时，室内不得接近故障点 4m 以内，室外不得接近故障点 8m 以内。进入上述范围的工作人员应穿绝缘靴，接触设备的外壳和构架时，应戴绝缘手套，以防跨步电压触电和接触电压触电。

349. 生产厂房和工作场所有哪些安全要求？

GB 26164.1—2010《电业安全工作规程　第 1 部分：热力和机械》规定，厂区布局及工作场所的安全要求如下：

（1）厂区选址应经过安全条件论证，总平面应布局合理。竣工后，安全设施应经过竣工验收。

（2）厂房等主要建筑物、构筑物必须定期进行检查，结构应无倾斜、裂纹、风化、下塌、腐蚀的现象，门窗及锁扣应完整，化妆板等附着物固定牢固。

（3）寒冷地区的厂房、烟囱、水塔等处的冰溜子，应及时清除，以防掉落伤人或压垮构建筑物。如不能清除，应采取安全防护措施。厂房屋面板上不许堆放物件，对积灰、积雪、积冰应及时清除。厂房建筑物顶的排汽门、水门、管道应无因漏气、漏水而造成的严重结冰，以防压垮房顶。

（4）厂区的道路应随时保持畅通。室外设备的通道上、厂区主要道路有积雪时，应及时清扫，室外作业场所路滑的地段应铺撒防滑砂或采取其他防滑措施。

（5）厂界的环境噪声应符合 GB 12348—2008《工业企业厂界环境噪声排放标准》的相关规定。

（6）厂区消防设施的设计应符合 GB 50229—2019《火力发电厂与变电站设计防火标准》及 DL 5027—2015《电力设备典型消防规程》的相关规定。

（7）易燃、易爆、有毒危险品，高噪声，以及对周边环境可能产生污染的设备、设施、场所，在符合相关技术标准的前提下，应远离人员聚集场所。

（8）工作场所必须设有符合规定照度的照明。主控制室、重要表计、主要楼梯、通道等地点，必须设有事故照明。工作地点应配有应急照明。高度低于 2.5m 的电缆夹层、隧道应采用安全电压供电。

（9）室内的通道应随时保持畅通，地面应保持清洁。

（10）所有楼梯、平台、通道、栏杆都应保持完整，铁板必须铺设牢固。铁板表面应有纹路，以防滑跌。在楼梯的始级应有明显的安全警示。

（11）门口、通道、楼梯和平台等处，不准放置杂物；电缆及管道不应敷设在经常有人通行的地板上；地板上临时放有容易使人绊跌的物件（如钢丝绳等）时，必须设置明显的警告标志。当过道中存在高度低于2m的物件时，必须设置明显的警告标志。地面有油水、泥污等，必须及时清除，以防滑跌。

（12）工作场所的井、坑、孔、洞或沟道，必须覆以与地面齐平的坚固盖板。在检修工作中如需将盖板取下，必须设有牢固的临时围栏，并设有明显的警告标志。临时打的孔、洞，施工结束后，必须恢复原状。

（13）所有升降口、大小孔洞、楼梯和平台，必须装设不低于1050mm高的栏杆和不低于100mm高的脚部护板。离地高度高于20m的平台、通道及作业场所的防护栏杆不应低于1200mm。如在检修期间需将栏杆拆除时，必须装设牢固的临时遮栏，并设有明显警告标志，在检修结束时应将栏杆立即装回。原有高度1000mm或1050mm的栏杆可不作改动。

（14）所有高出地面、平台1.5m，需经常操作的阀门，必须设有便于操作、牢固的梯子或平台。

（15）楼板、平台应有明显的允许荷载标志。

（16）禁止利用任何管道、栏杆、脚手架悬吊重物和起吊设备。

（17）在楼板和结构上打孔或在规定地点以外安装起重滑车或堆放重物时，必须事先经过本单位有关技术部门的审核许可。

（18）生产厂房及仓库应备有必要的消防设施和消防防护装备，如消防栓、水龙带、灭火器、砂箱、石棉布和其他消防工具及正压式消防空气呼吸器等。消防设施和防护装备应定期检查和试验，保证随时可用。严禁将消防工具移作他用，严禁放置杂物妨碍消防设施、工具的使用。

（19）禁止在工作场所存储易燃物品，如汽油、煤油、酒精等。运行中所需小量的润滑油和日常使用的油壶、油枪，必须存放在指定地点的储藏室内。

（20）生产厂房应备有带盖的铁箱，以便放置擦拭材料（抹布和棉纱头等），用过的擦拭材料应另放在废棉纱箱内，含有毒有害工业油品的废弃擦拭材料，应设置专用箱收集，定期清除。

（21）所有高温的管道、容器等设备上都应有保温，保温层应保证完整。当环境温度在 25℃ 时，保温层表面的温度不宜超过 50℃。

（22）油管道不宜用法兰盘连接。在热体附近的法兰盘，必须装金属罩壳。热管道或其他热体保温层外必须再包上金属皮。如检修时发现保温有渗油，应更换保温。

（23）油管道的法兰、阀门以及轴承、调速系统等应保持严密不漏油。如有漏油现象，应及时修好，漏油应及时拭净。

（24）生产厂房内外的电缆，在进入控制室、电缆夹层、控制柜、开关柜等处的电缆孔洞，必须用防火材料严密封闭，并沿两侧一定长度涂以防火涂料或其他阻燃物质。

（25）生产厂房的取暖用热源，应有专人管理。使用压力应符合取暖设备的要求。如用较高压力的热源时，必须装有减压装置，并装安全阀。安全阀应定期校验。

（26）冬季室外作业采用临时取暖设施时，必须做好相应的防火措施，高处作业的场所必须设置紧急疏散通道。

（27）进入煤粉仓、引水洞等相对受限场所以及地下厂房等空气流动性较差的场所作业，必须事先进行通风，并测量氧气、一氧化碳、可燃气等气体含量，确认不会发生缺氧、中毒方可开始作业。作业时必须在外部设有监护人，随时与进入内部作业人员保持联络。进出人员应登记。

（28）在高温场所工作时，应为工作人员提供足够的饮水、清凉饮料及防暑药品。对温度较高的作业场所必须增加通风设备。

（29）主控室、化验室等必要场所应配备急救箱，应根据生产实际存放相应的急救药品，并指定专人经常检查、补充或更换。

（30）应根据生产场所、设备、设施可能产生的危险、有害因素的不同，分别设置明显的安全警示标志。

（31）生产厂房装设的电梯，在使用前应经有关部门检验合格，取得合格证并制定安全使用规定和定期检验维护制度。电梯应有专责人负责维护管理。电梯的安全闭锁装置、自动装置、机械部分、信号照明等有缺陷时必须停止使用，并采取必要的安全措施，防止高空摔跌等伤亡事故发生。

350. 生产厂房和工作场所对一般电气安全有哪些规定？

GB 26164.1—2010《电业安全工作规程 第1部分：热力和机械》对生产厂房和工作场所一般电气安全有下列规定：

（1）所有电气设备的金属外壳应有良好的接地装置。使用中不应将接地装置拆除或对其进行任何工作。

（2）任何电气设备上的标示牌，除原来放置人员或负责的运行值班人员外，其他任何人员不准移动。

（3）不准靠近或接触任何有电设备的带电部分，特殊许可的工作，应执行 GB 26860—2011《电力安全工作规程 发电厂和变电站电气部分》中的有关规定。

（4）严禁用湿手去触摸电源开关以及其他电气设备。

（5）电源开关外壳和电线绝缘有破损不完整或带电部分外露时，应立即找电气人员修好，否则不准使用。不准使用破损的电源插头插座。

（6）敷设临时低压电源线路，应使用绝缘导线。架空高度室内应大于 2.5m，室外应大于 4m，跨越道路应大于 6m。严禁将导线缠绕在护栏、管道及脚手架上。

（7）厂房内应合理布置检修电源箱。电源箱箱体接地良好，接地、接零标志清晰，分级配置漏电保安器，宜采用插座式接线方式，方便使用。

（8）发现有人触电时，应立即切断电源，使触电人脱离电源，并进行急救。如在高空工作，抢救时必须采取防止高处坠落的措施。

（9）遇有电气设备着火时，应立即将有关设备的电源切断，然后进行救火。对可能带电的电气设备以及发电机、电动机等，应使用干式灭火器、二氧化碳灭火器或六氟丙烷灭火器灭火；对油开关、变压器（已隔绝电源）可使用干式灭火器、六氟丙烷灭火器等灭火，不能扑灭时再用泡沫式灭火器灭火，不得已时可用干砂灭火；地面上的绝缘油着火，应用干砂灭火。扑救可能产生有毒气体的火灾（如电缆着火等）时，扑救人员应使用正压式空气呼吸器。

351. 雷电时，能否允许在室外变电站或室内的架空引入线上进行检修或试验？

DL 408—1991《电业安全工作规程（发电厂和变电所电气部分）》规定：雷电时，禁止在室外变电所或室内的架空引入线上进行检修和试验。规定雷电时严禁测量线路绝缘。《国家电网公司电力安全工作规程》也规定雷电时严禁测量线路绝缘，以防发生雷击伤亡事故。

352. 什么是高处作业？ 高处作业有何规定？

凡在离地面 2m 以上地点进行的工作均为高处作业。

GB 26859—2011《电力安全工作规程 电力线路部分》规定：任何人从事高处作业，进入有磕碰、高处落物等危险的生产场所，均应戴安全帽。高处作业应使用安全带，安全带应采用高挂低用的方式，不应系挂在移动或不牢固的物件上。转移作业位置时不应失去安全带保护。高处作业应使用工具袋，较大的工具应予固定。上下传递物件应用绳索拴牢传递，不应上下抛掷。

在进行高处作业时，除有关人员外，不准他人在工作地点的下面通行或逗留，工作地点下面应设置围栏或装设其他保护装置，以防落物伤人。

《国家电网公司电力安全工作规程（变电站和发电厂电气部分）》中规定：凡在离地面（坠落高度基准面）2m 及以上的地点进行的工作，都应视作高处作业。

高处作业应使用安全带（绳），安全带（绳）使用前应进行检查，并定期进行试验。安全带（绳）应挂在牢固的构件上或专为挂安全带用的钢架或钢丝绳上，并不得低挂高用，禁止系挂在移动或不牢固的物件上［如避雷器、断路器（开关）、隔离开关（刀闸）、电流互感器、电压互感器等支持件上］。在没有脚手架或者在没有栏杆的脚手架上工作，且高度超过 1.5m 时，应使用安全带或采取其他可靠的安全措施。

高处作业应使用工具袋，较大的工具应固定在牢固的构件上，不准随便乱放，上下传递物件应用绳索拴牢传递，严禁上下抛掷。

在未做好安全措施的情况下，不准登在不坚固的结构上（如彩钢板屋顶）进行工作。

梯子应坚固完整，梯子的支柱应能承受作业人员及所携带的工具、材料攀登时的总质量，硬质梯子的横木应嵌在支柱上，梯阶的距离不应大于 40cm，并在距梯顶 1m 处设限高标志。梯子不宜绑接使用。

在户外变电站和高压室内搬动梯子、管子等长物，应两人放倒搬运，并与带电部分保持足够的安全距离。

在变、配电站（开关站）的带电区域内或邻近带电线路处，禁止使用金属梯子。

任何人进入生产现场（办公室、控制室、值班室和检修班组室除外），应戴安全帽。

353. 在哪些场合工作应戴安全帽？ 在哪些情况下应使用安全带？

在变电站构架、架空线路等检修现场，以及可能有上部落物的工作场所，必须戴安全帽。例如：

（1）立杆工作，工作人员应戴安全帽。

（2）在杆塔上工作，现场人员应戴安全帽。

（3）进入高空作业现场，应戴安全帽。

（4）登杆进行倒闸操作，操作人员应戴安全帽。

（5）爆破现场，工作人员应戴安全帽。

（6）带电测量工作，应戴安全帽。

高处作业时，必须按规定使用安全带。例如：

（1）在没有脚手架或者没有栏杆的脚手架上工作，且高度超过 1.5m 时，必须使用安全带。

（2）在塔顶、陡坡、屋顶、悬崖、杆塔、吊桥，以及其他危险的边缘进行工作，临空一面没有装设安全网或防护栏杆，必须使用安全带。

（3）使用吊篮工作，应使用安全带。

（4）在软梯上工作，应使用安全带。

（5）在悬崖陡壁上工作，应使用安全带。

（6）带电作业人员用绝缘棒操作，应使用安全带。

（7）在杆、塔上工作必须使用安全带。

（8）在高处悬挂滑轮工作，应使用安全带等。

安全带在使用前应进行仔细检查，保证质量合格。每隔 6 个月要进行静荷重试验，试验荷重 225kg，试验时间为 5min。不合格的安全带不准使用。

354. 线路上有作业时，电站、变电站值班人员应注意哪些安全事项？

（1）值班人员应按工作票的要求进行停电，并做好安全措施。

（2）不能约时停、送电。

（3）交竣工令时应问清接地线是否拆除，工作人员是否全部撤离工作现场。

（4）所有工作班全部交完竣工令后，请示有关人员同意，方可送电。

（5）送电时，如果断路器（开关）因继电保护装置动作而跳闸，此时不准强送，待查出原因，排除故障后方可再送电。

355. 对起重和搬运工作有哪些安全要求？ 哪些情况下不准进行起重工作？

GB 26164.1—2010《电业安全工作规程 第 1 部分：热力和机械》对起重和搬运工作有以下安全要求：

（1）在进行设备检修、改造工程与基本建设建筑安装工作前，必须在施工组织设计中明确规定起重工作所采用起重设备的规范与安全操作要求。

（2）起重能力在 50t 以上的起重设备，有关的工程设计单位应参加设备的订货、验收、试运转及鉴定起重设备的安全技术问题。

（3）交接起重设备时，应由交付单位提出设备构造、装配、安全操作与维护的说明书；接收单位按说明书及清单上的规定进行验收。

（4）对于需要经过安装、试车方可运行的起重设备，包括与之相关的电力等接线，行驶轨道或路面、路基的状况及标志的设置等，必须经有关的专业技术人员进行检查和试验，出具书面检验报告和发放合格证后，方可正式投入使用。特种设备应在特种设备安全监督管理部门登记并经检验检测机构检验合格。

（5）对于起重设备的停置、燃料或附属材料的存放环境，应制订相关的管理措施，并应事先进行查验或提出要求，以确保安全。

（6）起重机械只限于熟悉使用方法并经有关机构业务培训考试合格、取得操作资格证的人员操作。取得一种或几种起重设备合格证的驾驶人员，去承担另一种新型起重设备的驾驶工作前，应经过新设备的单独测验，取得相应的操作资格证后方可正式工作。

（7）起重机械和起重工具的工作负荷，不准超过铭牌规定。没有制造厂铭牌的各种起重机具，应经查算，并做荷重试验后，方准使用。

（8）各式起重机、各种简单起重机械、钢丝绳、麻绳、纤维绳、吊装带、吊环等的检查和试验等，可参考有关资料。

（9）一切重大物件的起重、搬运工作应由有经验的专人负责指挥，参加工作的人员应熟悉起重搬运方案和安全措施。起重搬运时应由一人指挥，指挥人员应经有关机构专业技术培训取得资格证的人员担任。

（10）各种起重机检修时，应将吊钩降放在地面。

（11）各种起重机械的安装、使用以及检查、试验等，除应遵守本部分的规定外，还应执行相关的国家、行业标准。

下列情况下不准进行起重工作：

（1）起重设备没有制造厂铭牌或起吊质量超过铭牌规定质量标准。

（2）起重设备缺乏安全装置或操作人员不熟悉操作方法，未经考试合格。

（3）大雾、照明不足，指挥人员看不清各工作地点或起重驾驶人员看不见指挥人员时，不准进行起重工作。

（4）遇有 6 级以上的大风时，禁止露天进行起重工作。

356. 起重设备在架空电力线路或带电设备两旁附近工作时，其安全距离不能小于多少？

GB 26164.1—2010《电业安全工作规程　第 1 部分：热力和机械》规定：移动式悬臂起重机不应在架空电力线路下面工作，如必须工作时，应事先与该线路的主管部门联系，做好防护措施或停止供电才可进行吊运工作。起重机在架空电力线路下面通过时，应将起重臂落下。在架空电力线路两旁附近工作时，起重设备（包括起吊物件）与线路（在最大偏斜时）的最小间隔距离不应小于表 11 - 4 的数值。

表 11 - 4　起重设备（包括起吊物）与线路（在最大偏斜时）的
最小间隔距离

供电线路电压（kV）	1 以下	1 ~ 20	35 ~ 110	220	330	500	750
与供电线路在最大偏斜时的最小间隔距离（m）	1.5	2.0	4.0	6.0	7.0	8.0	11

357. 电焊工作有哪些安全要求？　哪些情况下禁止进行焊接？

焊接工人在工作时，必须戴焊工手套、穿电工绝缘鞋，在金属容器中工作时还应戴头盔、护肘等防护用品。在有触电危险的场所进行焊接工作时，可采用特殊结构的安全焊钳，更换焊条应在断电情况下进行。为防止弧光对眼睛的伤害，焊工工作时应戴上带有滤光镜的面罩。为避免被弧光烧烤伤和熔化的金属粒飞溅烫伤皮肤，焊工工作时还需穿皮围裙或帆布工作服。在易燃易爆材料附近进行焊接时，必须符合规定距离，并要根据现场情况，做好安全措施，以防焊接时火花、火星溅到易燃易爆材料上，引发火灾、爆炸事故。

GB 26164.1—2010《电业安全工作规程　第 1 部分：热力和机械》规定，电焊工作有以下安全要求：

（1）在室内或露天进行电焊工作时应在周围设挡光屏，防止弧光伤害周围人员的眼睛。

（2）在潮湿地方进行电焊工作，焊工必须站在干燥的木板上或穿橡胶绝缘鞋。

（3）固定或移动的电焊机（电动发电机或电焊变压器）的外壳以及工作台，必须有良好的接地。焊机应采用空载自动断电装置等防止触电的安全措施。

（4）电焊工作所用的导线，必须使用绝缘良好的皮线。如有接头时，则应连接牢固，并包有可靠的绝缘。连接到电焊钳上的一端，至少有 5m 为绝缘软导线。

（5）电焊机必须装有独立的专用电源开关，其容量应符合要求。焊机超负荷时，应能自动切断电源，禁止多台焊机共用一个电源开关。

（6）禁止连接建筑物金属构架和设备等作为焊接电源回路。

（7）禁止使用氧气管道和乙炔管道等易燃易爆气体管道作为接地装置的自然接地极，防止由于产生电阻热或引弧时冲击电流的作用，产生火花而引爆。

（8）电焊设备的装设、检查和修理工作，必须在切断电源后进行。

（9）电焊钳必须符合下列基本要求：

1）应牢固地夹住焊条。

2）焊条和电焊钳的接触良好。

3）更换焊条必须便利。

4）握柄必须用绝缘耐热材料制成。

（10）电焊机的裸露导电部分和转动部分以及冷却用的风扇，均应装有保护罩。

（11）电焊工应备有下列防护用具：

1）镶有滤光镜的手把面罩或套头面罩，护目镜片。

2）电焊手套，工作服。

3）橡胶绝缘鞋。

4）清除焊渣用的白光眼镜（防护镜）。

（12）焊接作业的椅子，应用木材或其他绝缘材料制成。

（13）电焊工在合上电焊机开关前，应先检查电焊设备，如电动机外壳的接地线是否良好，电焊机的引出线是否有绝缘损伤、短路或接触不良等现象。

（14）合上或拉开电源开关时，应戴干燥的手套，不应接触电焊机的外壳。

（15）电焊工更换焊条时，必须戴电焊手套，以防触电。

（16）清理焊渣时必须戴上白光眼镜，并避免对着人的方向敲打焊渣。

（17）在起吊部件过程中，严禁边吊边焊的工作方法。只有在摘除钢丝绳后，方可进行焊接。

（18）不准将带电的绝缘电线搭在身上或踏在脚下。电焊导线经过通道时，应采取防护措施，防止外力损坏。

（19）当电焊设备正在通电时，严禁触摸导电部分。

（20）电焊工离开工作场所时，必须切断电源。

（21）电焊工应服从工作负责人的指挥，禁止在带压设备和重要设备上引弧。

下列情况下禁止进行焊接：

（1）带有压力（液压或气压）的设备上或带电设备上。

（2）装有易燃物品的容器上或油漆未干的结构和其他物体上。

（3）储存有易燃易爆物品的房间内。

（4）风力超过 5 级时，禁止露天进行焊接或气割。

（5）下雨雪时，不可露天进行焊接或切割。如必须进行焊接时，应采取防雨雪措施。

358. 使用携带式或移动式电动工具有哪些安全注意事项？

使用移动式电动工具安全注意事项如下：

（1）移动式电动工具，其金属外壳应有可靠的接地或接零保护。

（2）移动式电动工具的开关应用双极开关。采用插头时，应用三眼（单相设备）或四眼（三相设备）插头，并装有剩余电流动作保护器。

（3）移动式电动工具的电源线必须采用绝缘良好的多股铜芯橡胶绝缘护套软线或铜芯聚氯乙烯护套软线。

（4）对长期停用的移动式工具，使用前应摇测绝缘电阻。用500V绝缘电阻表测试，其绝缘电阻不应低于0.5MΩ。

（5）操作时应戴手套，使用砂轮时还应戴好目眼镜。

（6）移动式电器发生断线、短路、漏电、相线碰壳等事故情况时，应立即断开电源，不准再使用。移动式电器应装设专用电源开关及保护装置。

移动式电器在使用前必须认真检查，并符合要求，不符合要求者不准使用。

携带式及移动式电气设备应用极普遍，如工农业生产中常用的手提电钻、冲击电钻、手提砂轮机、手提行灯、电烙铁、电焊机等都是携带式或移动式电气设备，还有生活中用的电动理发工具、台风扇等家用电器等。这些设备在使用中经常移动，振动也大，在运行中经常会发生碰壳、漏电事故，加上使用这些设备时操作者紧握着这些设备，而且有很多使用者不是电气专业人员，缺乏安全用电知识，所以经常发生触电事故。这些设备的电源线的绝缘也容易由于拉、磨或其他机械原因而遭到损坏，也经常造成人身和设备事故。为此必须严格执行安全使用规定，在使用前必须认真检查，符合要求，正确使用。

携带式及移动式电气设备使用前应认真检查，并符合下列要求：

（1）操作手柄应完整无损，接线必须正确，电气保护及机械保护装置完好。

（2）带电部分对外壳的绝缘，用 500V 绝缘电阻表测试，其绝缘电阻不能低于 0.5MΩ。

（3）电源引线必须采用单相三芯、三相四芯橡套电缆或塑料护套软线，中间不应有接头。

（4）应配用符合国家现行技术标准的单相三脚或三相四脚插头，严禁电源引线不用插头，直接将线头插入插座孔内使用。插座容量必须与设备容量相符。

（5）电气设备的金属外壳应可靠进行保护接零或保护接地。

（6）工作行灯电压不超过 36V。

（7）理发用的电剪刀、电吹风、电烫发等用电器具的电源应装设剩余电流动作保护器或采用 36V 及以下安全电压。

搬动移动式电气设备时，必须先切断电源，电源线不准在地上随意拖动。如果不切断电源，搬动中万一碰到带电部分，就会造成触电事故。电源线如果在地上随意拖动，万一绝缘拉破、磨损，会造成漏电触电事故。电源插座板移动时也是这样，电源线不准在地上拖动。工作结束要收掉电源插座时，应先拔掉总电源插头，然后回收，以防电源线破损漏电造成人身触电。

359. 使用手持式电动工具时应遵守规定要求，手持电动工具的绝缘电阻必须达到规定数值，否则不能使用，具体要求有哪些？

为保证使用人员工作时的人身安全，在使用 380V 电压的手持式电动工具时必须戴绝缘手套、穿绝缘靴或站在绝缘垫上。手持式电动工具的金属外壳必须保护接地或保护接零。使用 220V 电压的手提电钻、手提砂轮等工具须配 1:1 双绕组隔离变压器供电，不准用自耦变压器作为安全电压的电源变压器。电源开关箱内应装设剩余电流动作保护器。

手持电动工具按触电保护方式分类可分为三类。① Ⅰ类电动工具（普通型电动工具）在防止触电方面除依靠基本绝缘外，还有一个附加的安全措施，即将可触及的可导电的金属部件与已安装的固定线路中的保护（接地）导线接起来。当基本绝缘失效后，可能意外带电的金属部件不致带来触电的危险。所以要用单相三眼插座、三相四眼插座。Ⅰ类手持电动工具外壳一般是金属。②Ⅱ类电动工具采用双重绝缘或加强绝缘，外壳一般为绝缘外壳。③Ⅲ类手持电动工具由安全电压供电。对经常使用的手持电动工具，每季度必须最少测试一次绝缘电阻；对于长期不用的手持电动工具，在使用前必须测试其绝缘电阻。

（1）用 500V 绝缘电阻表对手持电动工具的绝缘电阻进行测试时，必须达到规定要求，方能使用：

1）Ⅰ类手持电动工具带电零件与外壳绝缘电阻应大于 2MΩ。

2）Ⅱ类手持电动工具带电零件与外壳绝缘电阻应大于 7MΩ。

3）Ⅲ类手持电动工具带电零件与外壳绝缘电阻应大 1MΩ。

（2）现场手持电动工具必须由专人保管，并经常对下列项目进行检查：

1）外壳、手柄有无裂缝和破损。

2）保护接零或保护接地线连接是否正确可靠。

3）软电缆是否完好无损。

4）插头是否完整无损。

5）开关动作是否正常、灵活，有无缺陷、破裂。

6）电气保护装置是否良好。

7）机械防护装置是否完好。

8）工具的转动部分是否转动灵活、无障碍。

另外，Ⅰ类手持电动工具必须采用三芯（单相）或四芯（三相）铜芯橡套软电缆。其中黄绿双色线只能作为保护接地或保护接零。

手持电动工具如有损坏，必须由专职人员修理。电气绝缘部分经修理后，必须进行绝缘电阻测量和绝缘耐压试验，经测定合格和试运转后才能使用。

使用手持电动工具注意事项：①一般场所选用Ⅱ类工具。如果使用Ⅰ类工具，必须安装剩余电流动作保护器、安全隔离变压器等安全保护装置。使用者必须戴绝缘手套、穿绝缘鞋或站在绝缘垫（台）上。②在潮湿或金属构架等作业场所，必须使用Ⅱ类或Ⅲ类工具。如果使用Ⅰ类工具，必须装设额定动作电流不大于30mA、动作时间不大于0.1s的剩余电流动作保护器。③在锅炉、金属容器、管道等狭窄场所内作业时，应使用Ⅲ类工具。如果使用Ⅱ类工具，必须装设额定动作电流不大于15mA、动作时间不大于0.1s的剩余电流动作保护器。④特殊环境，如湿热、雨雪以及存在爆炸性或腐蚀性气体的环境，使用的电动工具必须符合相应的防护等级的安全技术要求。爆炸性气体场所除上述要求外，必须使用防爆型电动工具。

360. 为什么在带电设备周围严禁使用钢卷尺、皮卷尺和线尺进行测量？

钢卷尺、皮卷尺、线尺中都含有金属，而且长度较长，如果被风吹动或测量中尺反弹移位时，就很容易碰到设备的带电部位或离带电部位距离太近，造成放电事故。所以 GB 26860—2011《电力安全工作规程 发电厂和变电站电气部分》规定，在带电设备周围进行测量工作，不应使用钢卷尺、皮卷尺和线尺（夹有金属丝者）。

361. 在低压配电装置和低压导线上工作有何安全规定？

GB 26860—2011《电力安全工作规程 发电厂和变电站电气部分》规定，在低压配电装置和低压导线上的工作应符合停电工作及不停电工作时的安全要求。

（1）低压回路停电工作的安全措施：

1）停电、验电、接地、悬挂标示牌或采用绝缘遮蔽措施。

2）邻近的有电回路、设备加装绝缘隔板或绝缘材料包扎等措施。

3）停电更换熔断器后恢复操作时，应戴手套和护目眼镜。

（2）低压不停电工作时，应站在干燥的绝缘物上，使用有绝缘柄的工具，穿绝缘鞋和全棉长袖工作服，戴手套和护目眼镜。工作时，应采取措施防止相间或接地短路。DL/T 477—2010《农村电网低压电气安全工作规程》规定，在低压电气设备上工作时，保证安全的组织措施如下：

1）工作票制度。

2）工作许可制度。

3）工作监护制度和现场看守制度。

4）工作间断和转移制度。

5）工作终结、验收和恢复送电制度。

362. 安全色标的含义是什么？

我国安全色标的含义基本上与国际安全色标标准相同。安全色标的含义见表 11-5。

表 11-5 安全色标的含义

色标	含义	举例
红色	禁止、停止、消防	停止按钮、灭火器、仪表运行极限
黄色	注意、警告	"当心触电""注意安全"
绿色	安全、通过、允许、工作	如"在此工作""已接地"
黑色	警告	多用于文字、图形、符号
蓝色	强制执行	"必须戴安全帽"

363. 导体色标规定有哪些?

裸母线及电缆芯线的相色或极性标志见表 11-6。

表 11-6 裸母线及电缆芯线的相色或极性标志

类别	导体名称	新	旧
交流电路	L1	黄	黄
	L2	绿	绿
	L3	红	红
	N	淡蓝	黑
直流电路	正极	棕	赭
	负极	蓝	蓝
安全用接地线		绿/黄双色线[1]	黑

[1] 按国际标准和我国标准,在任何情况下,绿/黄双色线只能用作保护接地或保护接零。但日本及欧洲一些国家采用单一绿色线作为保护接地(零)线,我国出口这些国家的产品也是如此。使用这类产品时,必须注意仔细查阅使用说明书或用万用表判别,以免接错线造成触电。

364. 以"三铁"反"三违",杜绝"三高"确保安全生产,是什么意思?

各企业和单位深知抓安全生产不能停留在口头动员,必须从每个细节严格要求,以"三铁"反"三违"、杜绝"三高"就是针对生产活动中容易发生的事故总结出的抓好安全生产的经验之一。以"三铁"反"三违"、杜绝"三高"具体内容是以"铁的制度、铁的面孔、铁的处理",反"违章指挥、违章作业、违反劳动纪律",杜绝"领导干部高高在上、基层员工高枕无忧、规章制度束之高阁"的不良行为,确保安全生产。必须把"安全第一、预防为主、综合治理"方针严肃认真地贯彻落实到日常生产活动中去。"三违"是很多事故发生的重要原因,在生产活动中要坚决杜绝。

365. 操作手应做到"四懂三会"是指什么?

为了防止电气误操作、误调度、误整定等恶性事故发生,每位电气运行值班人员、电气操作人员、操作手必须对管辖范围内的电气设备做到"四懂三会",即对电气设备要做到懂原理、懂性能、懂构造、懂用途、会操作、会维护、会排除故障。只有这样才能做到正确操作、正确及时处理事故、正确及时排除故障,保障电气设备安全运行,保障安全生产。

电力技术发展非常迅速,新设备、新技术不断涌现,一定要不断学习,掌握电气专业技术和电气安全知识,在工作中、生产活动中和日常生活中要不断提高安全意识和自我保护能力,做到"不伤害自己,不伤害他人,不被他人伤害",以高度的责任性保障安全生产,保证设备安全和人身安全。

附录 中华人民共和国安全生产法

（2014 年 8 月 31 日发布，2014 年 12 月 1 日起实施）

总 则

第一条 为了加强安全生产工作，防止和减少生产安全事故，保障人民群众生命和财产安全，促进经济社会持续健康发展，制定本法。

第二条 在中华人民共和国领域内从事生产经营活动的单位（以下统称生产经营单位）的安全生产，适用本法；有关法律、行政法规对消防安全和道路交通安全、铁路交通安全、水上交通安全、民用航空安全以及核与辐射安全、特种设备安全另有规定的，适用其规定。

第三条 安全生产工作应当以人为本，坚持安全发展，坚持安全第一、预防为主、综合治理的方针，强化和落实生产经营单位的主体责任，建立生产经营单位负责、职工参与、政府监管、行业自律和社会监督的机制。

第四条 生产经营单位必须遵守本法和其他有关安全生产的法律、法规，加强安全生产管理，建立、健全安全生产责任制和安全生产规章制度，改善安全生产条件，推进安全生产标准化建设，提高安全生产水平，确保安全生产。

第五条 生产经营单位的主要负责人对本单位的安全生产工作全面负责。

第六条　生产经营单位的从业人员有依法获得安全生产保障的权利，并应当依法履行安全生产方面的义务。

第七条　工会依法对安全生产工作进行监督。

生产经营单位的工会依法组织职工参加本单位安全生产工作的民主管理和民主监督，维护职工在安全生产方面的合法权益。生产经营单位制定或者修改有关安全生产的规章制度，应当听取工会的意见。

第八条　国务院和县级以上地方各级人民政府应当根据国民经济和社会发展规划制定安全生产规划，并组织实施。安全生产规划应当与城乡规划相衔接。

国务院和县级以上地方各级人民政府应当加强对安全生产工作的领导，支持、督促各有关部门依法履行安全生产监督管理职责，建立健全安全生产工作协调机制，及时协调、解决安全生产监督管理中存在的重大问题。

乡、镇人民政府以及街道办事处、开发区管理机构等地方人民政府的派出机关应当按照职责，加强对本行政区域内生产经营单位安全生产状况的监督检查，协助上级人民政府有关部门依法履行安全生产监督管理职责。

第九条　国务院安全生产监督管理部门依照本法，对全国安全生产工作实施综合监督管理；县级以上地方各级人民政府安全生产监督管理部门依照本法，对本行政区域内安全生产工作实施综合监督管理。

国务院有关部门依照本法和其他有关法律、行政法规的规定，在各自的职责范围内对有关行业、领域的安全生产工作实施监督管理；县级以上地方各级人民政府有关部门依照本法和其他有关法律、法规的规定，在各自的职责范围内对有关行业、领域的安全生产工作实施监督管理。

安全生产监督管理部门和对有关行业、领域的安全生产工作实施监督管理的部门，统称负有安全生产监督管理职责的部门。

第十条　国务院有关部门应当按照保障安全生产的要求，依法及时制定有关的国家标准或者行业标准，并根据科技进步和经济发展适时修订。

生产经营单位必须执行依法制定的保障安全生产的国家标准或者行业标准。

第十一条　各级人民政府及其有关部门应当采取多种形式，加强对有关安全生产的法律、法规和安全生产知识的宣传，增强全社会的安全生产意识。

第十二条　有关协会组织依照法律、行政法规和章程，为生产经营单位提供安全生产方面的信息、培训等服务，发挥自律作用，促进生产经营单位加强安全生产管理。

第十三条　依法设立的为安全生产提供技术、管理服务的机构，依照法律、行政法规和执业准则，接受生产经营单位的委托为其安全生产工作提供技术、管理服务。

生产经营单位委托前款规定的机构提供安全生产技术、管理服务的，保证安全生产的责任仍由本单位负责。

第十四条　国家实行生产安全事故责任追究制度，依照本法和有关法律、法规的规定，追究生产安全事故责任人员的法律责任。

第十五条　国家鼓励和支持安全生产科学技术研究和安全生产先进技术的推广应用，提高安全生产水平。

第十六条　国家对在改善安全生产条件、防止生产安全事故、参加抢险救护等方面取得显著成绩的单位和个人，给予奖励。

生产经营单位的安全生产保障

第十七条　生产经营单位应当具备本法和有关法律、行政法规和国家标准或者行业标准规定的安全生产条件；不具备安全生产条件的，不得从事生产经营活动。

第十八条　生产经营单位的主要负责人对本单位安全生产工作负有下列职责：

（一）建立、健全本单位安全生产责任制；

（二）组织制定本单位安全生产规章制度和操作规程；

（三）组织制定并实施本单位安全生产教育和培训计划；

（四）保证本单位安全生产投入的有效实施；

（五）督促、检查本单位的安全生产工作，及时消除生产安全事故隐患；

（六）组织制定并实施本单位的生产安全事故应急救援预案；

（七）及时、如实报告生产安全事故。

第十九条　生产经营单位的安全生产责任制应当明确各岗位的责任人员、责任范围和考核标准等内容。

生产经营单位应当建立相应的机制，加强对安全生产责任制落实情况的监督考核，保证安全生产责任制的落实。

第二十条　生产经营单位应当具备的安全生产条件所必需的资金投入，由生产经营单位的决策机构、主要负责人或者个人经营的投资人予以保证，并对由于安全生产所必需的资金投入不足导致的后果承担责任。

有关生产经营单位应当按照规定提取和使用安全生产费用，专门用于改善安全生产条件。安全生产费用在成本中据实列支。安全生产费用提取、使用和监督管理的具体办法由国务院财政部门会同国务院安全生产监督管理部门征求国务院有关部门意见后制定。

第二十一条 矿山、金属冶炼、建筑施工、道路运输单位和危险物品的生产、经营、储存单位，应当设置安全生产管理机构或者配备专职安全生产管理人员。

前款规定以外的其他生产经营单位，从业人员超过一百人的，应当设置安全生产管理机构或者配备专职安全生产管理人员；从业人员在一百人以下的，应当配备专职或者兼职的安全生产管理人员。

第二十二条 生产经营单位的安全生产管理机构以及安全生产管理人员履行下列职责：

（一）组织或者参与拟订本单位安全生产规章制度、操作规程和生产安全事故应急救援预案；

（二）组织或者参与本单位安全生产教育和培训，如实记录安全生产教育和培训情况；

（三）督促落实本单位重大危险源的安全管理措施；

（四）组织或者参与本单位应急救援演练；

（五）检查本单位的安全生产状况，及时排查生产安全事故隐患，提出改进安全生产管理的建议；

（六）制止和纠正违章指挥、强令冒险作业、违反操作规程的行为；

（七）督促落实本单位安全生产整改措施。

第二十三条 生产经营单位的安全生产管理机构以及安全生产管理人员应当恪尽职守，依法履行职责。

生产经营单位作出涉及安全生产的经营决策，应当听取安全生产管理机构以及安全生产管理人员的意见。

　　生产经营单位不得因安全生产管理人员依法履行职责而降低其工资、福利等待遇或者解除与其订立的劳动合同。

　　危险物品的生产、储存单位以及矿山、金属冶炼单位的安全生产管理人员的任免，应当告知主管的负有安全生产监督管理职责的部门。

　　第二十四条　生产经营单位的主要负责人和安全生产管理人员必须具备与本单位所从事的生产经营活动相应的安全生产知识和管理能力。

　　危险物品的生产、经营、储存单位以及矿山、金属冶炼、建筑施工、道路运输单位的主要负责人和安全生产管理人员，应当由主管的负有安全生产监督管理职责的部门对其安全生产知识和管理能力考核合格。考核不得收费。

　　危险物品的生产、储存单位以及矿山、金属冶炼单位应当有注册安全工程师从事安全生产管理工作。鼓励其他生产经营单位聘用注册安全工程师从事安全生产管理工作。注册安全工程师按专业分类管理，具体办法由国务院人力资源和社会保障部门、国务院安全生产监督管理部门会同国务院有关部门制定。

　　第二十五条　生产经营单位应当对从业人员进行安全生产教育和培训，保证从业人员具备必要的安全生产知识，熟悉有关的安全生产规章制度和安全操作规程，掌握本岗位的安全操作技能，了解事故应急处理措施，知悉自身在安全生产方面的权利和义务。未经安全生产教育和培训合格的从业人员，不得上岗作业。

　　生产经营单位使用被派遣劳动者的，应当将被派遣劳动者纳入本单位从业人员统一管理，对被派遣劳动者进行岗位安全操作规程和安全操作技能的教育和培训。劳务派遣单位应当对被派遣劳动者进行必要的安全生产教育和培训。

生产经营单位接收中等职业学校、高等学校学生实习的，应当对实习学生进行相应的安全生产教育和培训，提供必要的劳动防护用品。学校应当协助生产经营单位对实习学生进行安全生产教育和培训。

生产经营单位应当建立安全生产教育和培训档案，如实记录安全生产教育和培训的时间、内容、参加人员以及考核结果等情况。

第二十六条　生产经营单位采用新工艺、新技术、新材料或者使用新设备，必须了解、掌握其安全技术特性，采取有效的安全防护措施，并对从业人员进行专门的安全生产教育和培训。

第二十七条　生产经营单位的特种作业人员必须按照国家有关规定经专门的安全作业培训，取得相应资格，方可上岗作业。

特种作业人员的范围由国务院安全生产监督管理部门会同国务院有关部门确定。

第二十八条　生产经营单位新建、改建、扩建工程项目（以下统称建设项目）的安全设施，必须与主体工程同时设计、同时施工、同时投入生产和使用。安全设施投资应当纳入建设项目概算。

第二十九条　矿山、金属冶炼建设项目和用于生产、储存、装卸危险物品的建设项目，应当按照国家有关规定进行安全评价。

第三十条　建设项目安全设施的设计人、设计单位应当对安全设施设计负责。

矿山、金属冶炼建设项目和用于生产、储存、装卸危险物品的建设项目的安全设施设计应当按照国家有关规定报经有关部门审查，审查部门及其负责审查的人员对审查结果负责。

第三十一条　矿山、金属冶炼建设项目和用于生产、储存、装卸危险物品的建设项目的施工单位必须按照批准的安全设施设计施工，并对安全设施的工程质量负责。

矿山、金属冶炼建设项目和用于生产、储存危险物品的建设项目竣工投入生产或者使用前，应当由建设单位负责组织对安全设施进行验收；验收合格后，方可投入生产和使用。安全生产监督管理部门应当加强对建设单位验收活动和验收结果的监督核查。

第三十二条　生产经营单位应当在有较大危险因素的生产经营场所和有关设施、设备上，设置明显的安全警示标志。

第三十三条　安全设备的设计、制造、安装、使用、检测、维修、改造和报废，应当符合国家标准或者行业标准。

生产经营单位必须对安全设备进行经常性维护、保养，并定期检测，保证正常运转。维护、保养、检测应当作好记录，并由有关人员签字。

第三十四条　生产经营单位使用的危险物品的容器、运输工具，以及涉及人身安全、危险性较大的海洋石油开采特种设备和矿山井下特种设备，必须按照国家有关规定，由专业生产单位生产，并经具有专业资质的检测、检验机构检测、检验合格，取得安全使用证或者安全标志，方可投入使用。检测、检验机构对检测、检验结果负责。

第三十五条　国家对严重危及生产安全的工艺、设备实行淘汰制度，具体目录由国务院安全生产监督管理部门会同国务院有关部门制定并公布。法律、行政法规对目录的制定另有规定的，适用其规定。

省、自治区、直辖市人民政府可以根据本地区实际情况制定并公布具体目录，对前款规定以外的危及生产安全的工艺、设备予以淘汰。

生产经营单位不得使用应当淘汰的危及生产安全的工艺、设备。

第三十六条　生产、经营、运输、储存、使用危险物品或者处置废弃危险物品的，由有关主管部门依照有关法律、法规的规定和国家标准或者行业标准审批并实施监督管理。

生产经营单位生产、经营、运输、储存、使用危险物品或者处置废弃危险物品，必须执行有关法律、法规和国家标准或者行业标准，建立专门的安全管理制度，采取可靠的安全措施，接受有关主管部门依法实施的监督管理。

第三十七条　生产经营单位对重大危险源应当登记建档，进行定期检测、评估、监控，并制定应急预案，告知从业人员和相关人员在紧急情况下应当采取的应急措施。

生产经营单位应当按照国家有关规定将本单位重大危险源及有关安全措施、应急措施报有关地方人民政府安全生产监督管理部门和有关部门备案。

第三十八条　生产经营单位应当建立健全生产安全事故隐患排查治理制度，采取技术、管理措施，及时发现并消除事故隐患。事故隐患排查治理情况应当如实记录，并向从业人员通报。

县级以上地方各级人民政府负有安全生产监督管理职责的部门应当建立健全重大事故隐患治理督办制度，督促生产经营单位消除重大事故隐患。

第三十九条　生产、经营、储存、使用危险物品的车间、商店、仓库不得与员工宿舍在同一座建筑物内，并应当与员工宿舍保持安全距离。

生产经营场所和员工宿舍应当设有符合紧急疏散要求、标志明显、保持畅通的出口。禁止锁闭、封堵生产经营场所或者员工宿舍的出口。

第四十条 生产经营单位进行爆破、吊装以及国务院安全生产监督管理部门会同国务院有关部门规定的其他危险作业，应当安排专门人员进行现场安全管理，确保操作规程的遵守和安全措施的落实。

第四十一条 生产经营单位应当教育和督促从业人员严格执行本单位的安全生产规章制度和安全操作规程；并向从业人员如实告知作业场所和工作岗位存在的危险因素、防范措施以及事故应急措施。

第四十二条 生产经营单位必须为从业人员提供符合国家标准或者行业标准的劳动防护用品，并监督、教育从业人员按照使用规则佩戴、使用。

第四十三条 生产经营单位的安全生产管理人员应当根据本单位的生产经营特点，对安全生产状况进行经常性检查；对检查中发现的安全问题，应当立即处理；不能处理的，应当及时报告本单位有关负责人，有关负责人应当及时处理。检查及处理情况应当如实记录在案。

生产经营单位的安全生产管理人员在检查中发现重大事故隐患，依照前款规定向本单位有关负责人报告，有关负责人不及时处理的，安全生产管理人员可以向主管的负有安全生产监督管理职责的部门报告，接到报告的部门应当依法及时处理。

第四十四条 生产经营单位应当安排用于配备劳动防护用品、进行安全生产培训的经费。

第四十五条　两个以上生产经营单位在同一作业区域内进行生产经营活动，可能危及对方生产安全的，应当签订安全生产管理协议，明确各自的安全生产管理职责和应当采取的安全措施，并指定专职安全生产管理人员进行安全检查与协调。

第四十六条　生产经营单位不得将生产经营项目、场所、设备发包或者出租给不具备安全生产条件或者相应资质的单位或者个人。

生产经营项目、场所发包或者出租给其他单位的，生产经营单位应当与承包单位、承租单位签订专门的安全生产管理协议，或者在承包合同、租赁合同中约定各自的安全生产管理职责；生产经营单位对承包单位、承租单位的安全生产工作统一协调、管理，定期进行安全检查，发现安全问题的，应当及时督促整改。

第四十七条　生产经营单位发生生产安全事故时，单位的主要负责人应当立即组织抢救，并不得在事故调查处理期间擅离职守。

第四十八条　生产经营单位必须依法参加工伤保险，为从业人员缴纳保险费。

国家鼓励生产经营单位投保安全生产责任保险。

从业人员的安全生产权利义务

第四十九条　生产经营单位与从业人员订立的劳动合同，应当载明有关保障从业人员劳动安全、防止职业危害的事项，以及依法为从业人员办理工伤保险的事项。

生产经营单位不得以任何形式与从业人员订立协议，免除或者减轻其对从业人员因生产安全事故伤亡依法应承担的责任。

第五十条　生产经营单位的从业人员有权了解其作业场所和

工作岗位存在的危险因素、防范措施及事故应急措施，有权对本单位的安全生产工作提出建议。

第五十一条 从业人员有权对本单位安全生产工作中存在的问题提出批评、检举、控告；有权拒绝违章指挥和强令冒险作业。

生产经营单位不得因从业人员对本单位安全生产工作提出批评、检举、控告或者拒绝违章指挥、强令冒险作业而降低其工资、福利等待遇或者解除与其订立的劳动合同。

第五十二条 从业人员发现直接危及人身安全的紧急情况时，有权停止作业或者在采取可能的应急措施后撤离作业场所。

生产经营单位不得因从业人员在前款紧急情况下停止作业或者采取紧急撤离措施而降低其工资、福利等待遇或者解除与其订立的劳动合同。

第五十三条 因生产安全事故受到损害的从业人员，除依法享有工伤保险外，依照有关民事法律尚有获得赔偿的权利的，有权向本单位提出赔偿要求。

第五十四条 从业人员在作业过程中，应当严格遵守本单位的安全生产规章制度和操作规程，服从管理，正确佩戴和使用劳动防护用品。

第五十五条 从业人员应当接受安全生产教育和培训，掌握本职工作所需的安全生产知识，提高安全生产技能，增强事故预防和应急处理能力。

第五十六条 从业人员发现事故隐患或者其他不安全因素，应当立即向现场安全生产管理人员或者本单位负责人报告；接到报告的人员应当及时予以处理。

第五十七条 工会有权对建设项目的安全设施与主体工程同

时设计、同时施工、同时投入生产和使用进行监督，提出意见。

工会对生产经营单位违反安全生产法律、法规，侵犯从业人员合法权益的行为，有权要求纠正；发现生产经营单位违章指挥、强令冒险作业或者发现事故隐患时，有权提出解决的建议，生产经营单位应当及时研究答复；发现危及从业人员生命安全的情况时，有权向生产经营单位建议组织从业人员撤离危险场所，生产经营单位必须立即作出处理。

工会有权依法参加事故调查，向有关部门提出处理意见，并要求追究有关人员的责任。

第五十八条　生产经营单位使用被派遣劳动者的，被派遣劳动者享有本法规定的从业人员的权利，并应当履行本法规定的从业人员的义务。

安全生产的监督管理

第五十九条　县级以上地方各级人民政府应当根据本行政区域内的安全生产状况，组织有关部门按照职责分工，对本行政区域内容易发生重大生产安全事故的生产经营单位进行严格检查。

安全生产监督管理部门应当按照分类分级监督管理的要求，制定安全生产年度监督检查计划，并按照年度监督检查计划进行监督检查，发现事故隐患，应当及时处理。

第六十条　负有安全生产监督管理职责的部门依照有关法律、法规的规定，对涉及安全生产的事项需要审查批准（包括批准、核准、许可、注册、认证、颁发证照等，下同）或者验收的，必须严格依照有关法律、法规和国家标准或者行业标准规定的安全生产条件和程序进行审查；不符合有关法律、法规和国家标准或者行业标准规定的安全生产条件的，不得批准或者验收通过。对未依法取得批准或者验收合格的单位擅自从事有关活动的，负责行政审批的部门发现或者接到举报后应当立即予以取缔，并依法予以处理。对已经依法取得批准的单位，负责行政审批的部门发现其不再具备安全生产条件的，应当撤销原批准。

第六十一条　负有安全生产监督管理职责的部门对涉及安全生产的事项进行审查、验收，不得收取费用；不得要求接受审查、验收的单位购买其指定品牌或者指定生产、销售单位的安全设备、器材或者其他产品。

第六十二条　安全生产监督管理部门和其他负有安全生产监督管理职责的部门依法开展安全生产行政执法工作，对生产经营单位执行有关安全生产的法律、法规和国家标准或者行业标准的情况进行监督检查，行使以下职权：

（一）进入生产经营单位进行检查，调阅有关资料，向有关单位和人员了解情况；

（二）对检查中发现的安全生产违法行为，当场予以纠正或者要求限期改正；对依法应当给予行政处罚的行为，依照本法和其他有关法律、行政法规的规定作出行政处罚决定；

（三）对检查中发现的事故隐患，应当责令立即排除；重大事故隐患排除前或者排除过程中无法保证安全的，应当责令从危险区域内撤出作业人员，责令暂时停产停业或者停止使用相关设施、设备；重大事故隐患排除后，经审查同意，方可恢复生产经营和使用；

（四）对有根据认为不符合保障安全生产的国家标准或者行业标准的设施、设备、器材以及违法生产、储存、使用、经营、运输的危险物品予以查封或者扣押，对违法生产、储存、使用、经营危险物品的作业场所予以查封，并依法作出处理决定。

监督检查不得影响被检查单位的正常生产经营活动。

第六十三条 生产经营单位对负有安全生产监督管理职责的部门的监督检查人员（以下统称安全生产监督检查人员）依法履行监督检查职责，应当予以配合，不得拒绝、阻挠。

第六十四条 安全生产监督检查人员应当忠于职守，坚持原则，秉公执法。

安全生产监督检查人员执行监督检查任务时，必须出示有效的监督执法证件；对涉及被检查单位的技术秘密和业务秘密，应当为其保密。

第六十五条 安全生产监督检查人员应当将检查的时间、地点、内容、发现的问题及其处理情况，作出书面记录，并由检查人员和被检查单位的负责人签字；被检查单位的负责人拒绝签字的，检查人员应当将情况记录在案，并向负有安全生产监督管理职责的部门报告。

第六十六条 负有安全生产监督管理职责的部门在监督检查中，应当互相配合，实行联合检查；确需分别进行检查的，应当互通情况，发现存在的安全问题应当由其他有关部门进行处理的，应当及时移送其他有关部门并形成记录备查，接受移送的部门应当及时进行处理。

第六十七条 负有安全生产监督管理职责的部门依法对存在重大事故隐患的生产经营单位作出停产停业、停止施工、停止使用相关设施或者设备的决定，生产经营单位应当依法执行，及时消除事故隐患。生产经营单位拒不执行，有发生生产安全事故的现实危险的，在保证安全的前提下，经本部门主要负责人批准，负有安全生产监督管理职责的部门可以采取通知有关单位停止供电、停止供应民用爆炸物品等措施，强制生产经营单位履行决定。通知应当采用书面形式,有关单位应当予以配合。

负有安全生产监督管理职责的部门依照前款规定采取停止供电措施,除有危及生产安全的紧急情形外,应当提前二十四小时通知生产经营单位。生产经营单位依法履行行政决定、采取相应措施消除事故隐患的,负有安全生产监督管理职责的部门应当及时解除前款规定的措施。

第六十八条 监察机关依照行政监察法的规定,对负有安全生产监督管理职责的部门及其工作人员履行安全生产监督管理职责实施监察。

第六十九条 承担安全评价、认证、检测、检验的机构应当具备国家规定的资质条件,并对其作出的安全评价、认证、检测、检验的结果负责。

第七十条 负有安全生产监督管理职责的部门应当建立举报制度,公开举报电话、信箱或者电子邮件地址,受理有关安全生产的举报;受理的举报事项经调查核实后,应当形成书面材料;需要落实整改措施的,报经有关负责人签字并督促落实。

第七十一条 任何单位或者个人对事故隐患或者安全生产违法行为,均有权向负有安全生产监督管理职责的部门报告或者举报。

第七十二条 居民委员会、村民委员会发现其所在区域内的生产经营单位存在事故隐患或者安全生产违法行为时,应当向当地人民政府或者有关部门报告。

第七十三条 县级以上各级人民政府及其有关部门对报告重大事故隐患或者举报安全生产违法行为的有功人员,给予奖励。具体奖励办法由国务院安全生产监督管理部门会同国务院财政部门制定。

第七十四条　新闻、出版、广播、电影、电视等单位有进行安全生产公益宣传教育的义务，有对违反安全生产法律、法规的行为进行舆论监督的权利。

第七十五条　负有安全生产监督管理职责的部门应当建立安全生产违法行为信息库，如实记录生产经营单位的安全生产违法行为信息；对违法行为情节严重的生产经营单位，应当向社会公告，并通报行业主管部门、投资主管部门、国土资源主管部门、证券监督管理机构以及有关金融机构。

生产安全事故的应急救援与调查处理

第七十六条　国家加强生产安全事故应急能力建设，在重点行业、领域建立应急救援基地和应急救援队伍，鼓励生产经营单位和其他社会力量建立应急救援队伍，配备相应的应急救援装备和物资，提高应急救援的专业化水平。

国务院安全生产监督管理部门建立全国统一的生产安全事故应急救援信息系统，国务院有关部门建立健全相关行业、领域的生产安全事故应急救援信息系统。

第七十七条　县级以上地方各级人民政府应当组织有关部门制定本行政区域内生产安全事故应急救援预案，建立应急救援体系。

第七十八条　生产经营单位应当制定本单位生产安全事故应急救援预案，与所在地县级以上地方人民政府组织制定的生产安全事故应急救援预案相衔接，并定期组织演练。

第七十九条　危险物品的生产、经营、储存单位以及矿山、金属冶炼、城市轨道交通运营、建筑施工单位应当建立应急救援组织；生产经营规模较小的，可以不建立应急救援组织，但应当指定兼职的应急救援人员。

危险物品的生产、经营、储存、运输单位以及矿山、金属冶炼、城市轨道交通运营、建筑施工单位应当配备必要的应急救援器材、设备和物资，并进行经常性维护、保养，保证正常运转。

第八十条　生产经营单位发生生产安全事故后，事故现场有关人员应当立即报告本单位负责人。

单位负责人接到事故报告后，应当迅速采取有效措施，组织抢救，防止事故扩大，减少人员伤亡和财产损失，并按照国家有关规定立即如实报告当地负有安全生产监督管理职责的部门，不得隐瞒不报、谎报或者迟报，不得故意破坏事故现场、毁灭有关证据。

第八十一条　负有安全生产监督管理职责的部门接到事故报告后，应当立即按照国家有关规定上报事故情况。负有安全生产监督管理职责的部门和有关地方人民政府对事故情况不得隐瞒不报、谎报或者迟报。

第八十二条　有关地方人民政府和负有安全生产监督管理职责的部门的负责人接到生产安全事故报告后，应当按照生产安全事故应急救援预案的要求立即赶到事故现场，组织事故抢救。

参与事故抢救的部门和单位应当服从统一指挥，加强协同联动，采取有效的应急救援措施，并根据事故救援的需要采取警戒、疏散等措施，防止事故扩大和次生灾害的发生，减少人员伤亡和财产损失。

事故抢救过程中应当采取必要措施，避免或者减少对环境造成的危害。

任何单位和个人都应当支持、配合事故抢救，并提供一切便利条件。

第八十三条　事故调查处理应当按照科学严谨、依法依规、实事求是、注重实效的原则，及时、准确地查清事故原因，查明事故性质和责任，总结事故教训，提出整改措施，并对事故责任者提出处理意见。事故调查报告应当依法及时向社会公布。事故调查和处理的具体办法由国务院制定。

事故发生单位应当及时全面落实整改措施，负有安全生产监督管理职责的部门应当加强监督检查。

第八十四条　生产经营单位发生生产安全事故，经调查确定为责任事故的，除了应当查明事故单位的责任并依法予以追究外，还应当查明对安全生产的有关事项负有审查批准和监督职责的行政部门的责任，对有失职、渎职行为的，依照本法第八十七条的规定追究法律责任。

第八十五条　任何单位和个人不得阻挠和干涉对事故的依法调查处理。

第八十六条　县级以上地方各级人民政府安全生产监督管理部门应当定期统计分析本行政区域内发生生产安全事故的情况，并定期向社会公布。

法律责任

第八十七条　负有安全生产监督管理职责的部门的工作人员，有下列行为之一的，给予降级或者撤职的处分；构成犯罪的，依照刑法有关规定追究刑事责任：

（一）对不符合法定安全生产条件的涉及安全生产的事项予以批准或者验收通过的；

（二）发现未依法取得批准、验收的单位擅自从事有关活动或者接到举报后不予取缔或者不依法予以处理的；

（三）对已经依法取得批准的单位不履行监督管理职责，发现其不再具备安全生产条件而不撤销原批准或者发现安全生产违法行为不予查处的；

（四）在监督检查中发现重大事故隐患，不依法及时处理的。

负有安全生产监督管理职责的部门的工作人员有前款规定以外的滥用职权、玩忽职守、徇私舞弊行为的，依法给予处分；构成犯罪的，依照刑法有关规定追究刑事责任。

第八十八条　负有安全生产监督管理职责的部门，要求被审查、验收的单位购买其指定的安全设备、器材或者其他产品的，在对安全生产事项的审查、验收中收取费用的，由其上级机关或者监察机关责令改正，责令退还收取的费用；情节严重的，对直接负责的主管人员和其他直接责任人员依法给予处分。

第八十九条　承担安全评价、认证、检测、检验工作的机构，出具虚假证明的，没收违法所得；违法所得在十万元以上的，并处违法所得二倍以上五倍以下的罚款；没有违法所得或者违法所得不足十万元的，单处或者并处十万元以上二十万元以下的罚款；对其直接负责的主管人员和其他直接责任人员处二万元以上五万元以下的罚款；给他人造成损害的，与生产经营单位承担连带赔偿责任；构成犯罪的，依照刑法有关规定追究刑事责任。

对有前款违法行为的机构，吊销其相应资质。

第九十条　生产经营单位的决策机构、主要负责人或者个人经营的投资人不依照本法规定保证安全生产所必需的资金投入，致使生产经营单位不具备安全生产条件的，责令限期改正，提供必需的资金；逾期未改正的，责令生产经营单位停产停业整顿。

有前款违法行为，导致发生生产安全事故的，对生产经营单位的主要负责人给予撤职处分，对个人经营的投资人处二万元以上二十万元以下的罚款；构成犯罪的，依照刑法有关规定追究刑事责任。

第九十一条 生产经营单位的主要负责人未履行本法规定的安全生产管理职责的，责令限期改正；逾期未改正的，处二万元以上五万元以下的罚款，责令生产经营单位停产停业整顿。

生产经营单位的主要负责人有前款违法行为，导致发生生产安全事故的，给予撤职处分；构成犯罪的，依照刑法有关规定追究刑事责任。

生产经营单位的主要负责人依照前款规定受刑事处罚或者撤职处分的，自刑罚执行完毕或者受处分之日起，五年内不得担任任何生产经营单位的主要负责人；对重大、特别重大生产安全事故负有责任的，终身不得担任本行业生产经营单位的主要负责人。

第九十二条 生产经营单位的主要负责人未履行本法规定的安全生产管理职责，导致发生生产安全事故的，由安全生产监督管理部门依照下列规定处以罚款：

（一）发生一般事故的，处上一年年收入百分之三十的罚款；

（二）发生较大事故的，处上一年年收入百分之四十的罚款；

（三）发生重大事故的，处上一年年收入百分之六十的罚款；

（四）发生特别重大事故的，处上一年年收入百分之八十的罚款。

第九十三条 生产经营单位的安全生产管理人员未履行本法规定的安全生产管理职责的，责令限期改正；导致发生生产安全事故的，暂停或者撤销其与安全生产有关的资格；构成犯罪的，依照刑法有关规定追究刑事责任。

第九十四条　生产经营单位有下列行为之一的，责令限期改正，可以处五万元以下的罚款；逾期未改正的，责令停产停业整顿，并处五万元以上十万元以下的罚款，对其直接负责的主管人员和其他直接责任人员处一万元以上二万元以下的罚款：

（一）未按照规定设置安全生产管理机构或者配备安全生产管理人员的；

（二）危险物品的生产、经营、储存单位以及矿山、金属冶炼、建筑施工、道路运输单位的主要负责人和安全生产管理人员未按照规定经考核合格的；

（三）未按照规定对从业人员、被派遣劳动者、实习学生进行安全生产教育和培训，或者未按照规定如实告知有关的安全生产事项的；

（四）未如实记录安全生产教育和培训情况的；

（五）未将事故隐患排查治理情况如实记录或者未向从业人员通报的；

（六）未按照规定制定生产安全事故应急救援预案或者未定期组织演练的；

（七）特种作业人员未按照规定经专门的安全作业培训并取得相应资格，上岗作业的。

第九十五条　生产经营单位有下列行为之一的，责令停止建设或者停产停业整顿，限期改正；逾期未改正的，处五十万元以上一百万元以下的罚款，对其直接负责的主管人员和其他直接责任人员处二万元以上五万元以下的罚款；构成犯罪的，依照刑法有关规定追究刑事责任：

（一）未按照规定对矿山、金属冶炼建设项目或者用于生产、储存、装卸危险物品的建设项目进行安全评价的；

（二）矿山、金属冶炼建设项目或者用于生产、储存、装卸危险物品的建设项目没有安全设施设计或者安全设施设计未按照规定报经有关部门审查同意的；

（三）矿山、金属冶炼建设项目或者用于生产、储存、装卸危险物品的建设项目的施工单位未按照批准的安全设施设计施工的；

（四）矿山、金属冶炼建设项目或者用于生产、储存危险物品的建设项目竣工投入生产或者使用前，安全设施未经验收合格的。

第九十六条 生产经营单位有下列行为之一的，责令限期改正，可以处五万元以下的罚款；逾期未改正的，处五万元以上二十万元以下的罚款，对其直接负责的主管人员和其他直接责任人员处一万元以上二万元以下的罚款；情节严重的，责令停产停业整顿；构成犯罪的，依照刑法有关规定追究刑事责任：

（一）未在有较大危险因素的生产经营场所和有关设施、设备上设置明显的安全警示标志的；

（二）安全设备的安装、使用、检测、改造和报废不符合国家标准或者行业标准的；

（三）未对安全设备进行经常性维护、保养和定期检测的；

（四）未为从业人员提供符合国家标准或者行业标准的劳动防护用品的；

（五）危险物品的容器、运输工具，以及涉及人身安全、危险性较大的海洋石油开采特种设备和矿山井下特种设备未经具有专业资质的机构检测、检验合格，取得安全使用证或者安全标志，投入使用的；

（六）使用应当淘汰的危及生产安全的工艺、设备的。

第九十七条 未经依法批准，擅自生产、经营、运输、储存、使用危险物品或者处置废弃危险物品的，依照有关危险物品安全管理的法律、行政法规的规定予以处罚；构成犯罪的，依照刑法有关规定追究刑事责任。

第九十八条 生产经营单位有下列行为之一的，责令限期改正，可以处十万元以下的罚款；逾期未改正的，责令停产停业整顿，并处十万元以上二十万元以下的罚款，对其直接负责的主管人员和其他直接责任人员处二万元以上五万元以下的罚款；构成犯罪的，依照刑法有关规定追究刑事责任：

（一）生产、经营、运输、储存、使用危险物品或者处置废弃危险物品，未建立专门安全管理制度、未采取可靠的安全措施的；

（二）对重大危险源未登记建档，或者未进行评估、监控，或者未制定应急预案的；

（三）进行爆破、吊装以及国务院安全生产监督管理部门会同国务院有关部门规定的其他危险作业，未安排专门人员进行现场安全管理的；

（四）未建立事故隐患排查治理制度的。

第九十九条 生产经营单位未采取措施消除事故隐患的，责令立即消除或者限期消除；生产经营单位拒不执行的，责令停产停业整顿，并处十万元以上五十万元以下的罚款，对其直接负责的主管人员和其他直接责任人员处二万元以上五万元以下的罚款。

第一百条 生产经营单位将生产经营项目、场所、设备发包或者出租给不具备安全生产条件或者相应资质的单位或者个人的，责令限期改正，没收违法所得；违法所得十万元以上的，并处违法所得二倍以上五倍以下的罚款；没有违法所得或者违法所得不足十万元的，单处或者并处十万元以上二十万元以下的罚款；对其直接负责的主管人员和其他直接责任人员处一万元以上二万元以下的罚款；导致发生生产安全事故给他人造成损害的，与承包方、承租方承担连带赔偿责任。

生产经营单位未与承包单位、承租单位签订专门的安全生产管理协议或者未在承包合同、租赁合同中明确各自的安全生产管理职责，或者未对承包单位、承租单位的安全生产统一协调、管理的，责令限期改正，可以处五万元以下的罚款，对其直接负责的主管人员和其他直接责任人员可以处一万元以下的罚款；逾期未改正的，责令停产停业整顿。

第一百零一条　两个以上生产经营单位在同一作业区域内进行可能危及对方安全生产的生产经营活动，未签订安全生产管理协议或者未指定专职安全生产管理人员进行安全检查与协调的，责令限期改正，可以处五万元以下的罚款，对其直接负责的主管人员和其他直接责任人员可以处一万元以下的罚款；逾期未改正的，责令停产停业。

第一百零二条　生产经营单位有下列行为之一的，责令限期改正，可以处五万元以下的罚款，对其直接负责的主管人员和其他直接责任人员可以处一万元以下的罚款；逾期未改正的，责令停产停业整顿；构成犯罪的，依照刑法有关规定追究刑事责任：

（一）生产、经营、储存、使用危险物品的车间、商店、仓库与员工宿舍在同一座建筑内，或者与员工宿舍的距离不符合安全要求的；

（二）生产经营场所和员工宿舍未设有符合紧急疏散需要、标志明显、保持畅通的出口，或者锁闭、封堵生产经营场所或者员工宿舍出口的。

第一百零三条　生产经营单位与从业人员订立协议，免除或者减轻其对从业人员因生产安全事故伤亡依法应承担的责任的，该协议无效；对生产经营单位的主要负责人、个人经营的投资人处二万元以上十万元以下的罚款。

第一百零四条　生产经营单位的从业人员不服从管理，违反安全生产规章制度或者操作规程的，由生产经营单位给予批评教育，依照有关规章制度给予处分；构成犯罪的，依照刑法有关规定追究刑事责任。

第一百零五条　违反本法规定，生产经营单位拒绝、阻碍负有安全生产监督管理职责的部门依法实施监督检查的，责令改正；拒不改正的，处二万元以上二十万元以下的罚款；对其直接负责的主管人员和其他直接责任人员处一万元以上二万元以下的罚款；构成犯罪的，依照刑法有关规定追究刑事责任。

第一百零六条　生产经营单位的主要负责人在本单位发生生产安全事故时，不立即组织抢救或者在事故调查处理期间擅离职守或者逃匿的，给予降级、撤职的处分，并由安全生产监督管理部门处上一年年收入百分之六十至百分之一百的罚款；对逃匿的处十五日以下拘留；构成犯罪的，依照刑法有关规定追究刑事责任。

生产经营单位的主要负责人对生产安全事故隐瞒不报、谎报或者迟报的，依照前款规定处罚。

第一百零七条　有关地方人民政府、负有安全生产监督管理职责的部门，对生产安全事故隐瞒不报、谎报或者迟报的，对直接负责的主管人员和其他直接责任人员依法给予处分；构成犯罪的，依照刑法有关规定追究刑事责任。

第一百零八条　生产经营单位不具备本法和其他有关法律、行政法规和国家标准或者行业标准规定的安全生产条件，经停产停业整顿仍不具备安全生产条件的，予以关闭；有关部门应当依法吊销其有关证照。

第一百零九条　发生生产安全事故，对负有责任的生产经营单位除要求其依法承担相应的赔偿等责任外，由安全生产监督管理部门依照下列规定处以罚款：

（一）发生一般事故的，处二十万元以上五十万元以下的罚款；

（二）发生较大事故的，处五十万元以上一百万元以下的罚款；

（三）发生重大事故的，处一百万元以上五百万元以下的罚款；

（四）发生特别重大事故的，处五百万元以上一千万元以下的罚款；情节特别严重的，处一千万元以上二千万元以下的罚款。

第一百一十条　本法规定的行政处罚，由安全生产监督管理部门和其他负有安全生产监督管理职责的部门按照职责分工决定。予以关闭的行政处罚由负有安全生产监督管理职责的部门报请县级以上人民政府按照国务院规定的权限决定；给予拘留的行政处罚由公安机关依照治安管理处罚法的规定决定。

第一百一十一条　生产经营单位发生生产安全事故造成人员伤亡、他人财产损失的，应当依法承担赔偿责任；拒不承担或者其负责人逃匿的，由人民法院依法强制执行。

生产安全事故的责任人未依法承担赔偿责任，经人民法院依法采取执行措施后，仍不能对受害人给予足额赔偿的，应当继续履行赔偿义务；受害人发现责任人有其他财产的，可以随时请求人民法院执行。

附　则

第一百一十二条　本法下列用语的含义：

危险物品，是指易燃易爆物品、危险化学品、放射性物品等能够危及人身安全和财产安全的物品。

重大危险源，是指长期地或者临时地生产、搬运、使用或者储存危险物品，且危险物品的数量等于或者超过临界量的单元（包括场所和设施）。

第一百一十三条　本法规定的生产安全一般事故、较大事故、重大事故、特别重大事故的划分标准由国务院规定。

国务院安全生产监督管理部门和其他负有安全生产监督管理职责的部门应当根据各自的职责分工，制定相关行业、领域重大事故隐患的判定标准。

第一百一十四条　本法自 2002 年 11 月 1 日起施行。